高等职业院校精品教材系列

集中供热工程施工

主　编　王宇清　边喜龙

主　审　王　盈

电子工业出版社

Publishing House of Electronics Industry

北京·BEIJING

内 容 简 介

本书根据教育部高职院校建筑类技能型紧缺人才培养指导方案以及作者多年的教学与工程实践进行编写。本书以任务为载体，按照真实工程项目以"工作过程"为导向设置内容，主要内容包括：识读集中供热系统施工图，集中供热系统的计算，绘制热水网路的水压图，集中热水网路的水力工况，集中热水供热系统的供热调节，室外供热管网的施工安装，室外供热管道附属设备的施工安装，室外供热管道的防腐与保温施工，室外供热管道的试验、清洗、试运行与质量验收等。

本书为高等职业本专科院校建筑类专业相应课程的教材，也可作为开放大学、成人教育、自学考试、中职学校、培训班的教材，以及自学者与工程技术人员的学习参考书。

本书提供免费的电子教学课件、习题参考答案等资源，详见前言。

图书在版编目（CIP）数据

集中供热工程施工/王宇清，边喜龙主编. —北京：电子工业出版社，2018.2

全国高等院校规划教材·精品与示范系列

ISBN 978-7-121-33558-7

Ⅰ. ①集… Ⅱ. ①王… ②边… Ⅲ. ①集中供热－工程施工－高等学校－教材 Ⅳ. ①TU995

中国版本图书馆 CIP 数据核字（2018）第 018027 号

策划编辑：陈健德（E-mail：chenjd@phei.com.cn）
责任编辑：陈健德
印　　刷：北京虎彩文化传播有限公司
装　　订：北京虎彩文化传播有限公司
出版发行：电子工业出版社
　　　　　北京市海淀区万寿路 173 信箱　邮编　100036
开　　本：787×1 092　1/16　印张：14.25　字数：364.8 千字
版　　次：2018 年 2 月第 1 版
印　　次：2024 年 2 月第 6 次印刷
定　　价：45.00 元

凡所购买电子工业出版社图书有缺损问题，请向购买书店调换。若书店售缺，请与本社发行部联系，联系及邮购电话：（010）88254888，88258888。

质量投诉请发邮件至 zlts@phei.com.cn，盗版侵权举报请发邮件至 dbqq@phei.com.cn。

本书咨询联系方式：chenjd@phei.com.cn。

前　言

　　《集中供热工程施工》是高等职业院校建筑类多个专业的一门专业核心课程。黑龙江建筑职业技术学院热能工程技术学院摒弃了传统学科体系的教学形式，坚持贯彻以素质为基础、以能力为本位、以实用为主导的指导思想，构建了以任务为载体的工学结合型课程教学模式。为了突出高等职业教育的特色，专业知识以必须、够用为度，教学内容贴近企业工程实际的需要，经常从合作企业的工程实践中选择应用案例开展教学，尽量做到理论联系实际。

　　本书内容按照高职教育专业教学标准和人才培养方案要求进行设置，同时介绍了行业工程应用的新设备、新工艺、新材料、新技术，力求能适应和满足集中供热系统设计、施工的需求，具有一定的先进性。编写中遵循实用、全面、简明的原则，努力做到图文并茂，论述通俗易懂，内容符合专业需要，语言精炼、准确、通畅，方便教学和技能训练。所用名词、符号和计量单位符合现行国家和行业标准规定。

　　本书以任务为载体，按照真实工程项目以"工作过程"为导向进行编写。全书共有 9 个学习任务：任务 1　识读集中供热系统施工图；任务 2　集中供热系统的计算；任务 3　绘制热水网路的水压图；任务 4　集中热水网路的水力工况；任务 5　集中热水供热系统的供热调节；任务 6　室外供热管网的施工安装；任务 7　室外供热管道附属设备的施工安装；任务 8　室外供热管道的防腐与保温施工；任务 9　室外供热管道的试验、清洗、试运行与质量验收。本课程计划总学时为 70 学时，各校可根据实训环境和专业技能要求进行适当调整。

　　本书由黑龙江建筑职业技术学院王宇清教授、边喜龙教授主编，由王盈高级工程师主审，全书由王宇清统稿。其中具体编写分工：任务 1 由边喜龙编写；任务 2、任务 4 由王宇清编写；任务 3、任务 6 由石焱编写；任务 5 由哈尔滨博海瑞林自动化设备开发有限公司苏海林编写；任务 7、任务 8 由讷河市水务局北引扩建灌区工程建设管理处韩坤编写；任务 9 由黑龙江建筑职业技术学院刘芳编写。

　　本书为高等职业本专科院校建筑类专业相应课程的教材，也可作为开放大学、成人教育、自学考试、中职学校、培训班的教材，以及自学者与工程技术人员的学习参考书。

　　由于编者水平有限，难免存在疏漏与不妥之处，敬请广大读者批评指正。

　　本书配有免费的电子教学课件与习题参考答案等资源，请有此需要的教师登录华信教育资源网（http：//www.hxedu.com.cn）免费注册后再进行下载。如有问题请在网站留言或与电子工业出版社联系（E-mail：hxedu@phei.com.cn）。

编　者

目 录

任务 1

识读集中供热系统施工图

教学**导航**	教	知识重点	通过项目教学活动，培养学生具备确定集中供热系统方案的能力、选择集中供热系统形式的能力、具备识读集中供热系统施工图的能力

	知识重点	通过项目教学活动，培养学生具备确定集中供热系统方案的能力、选择集中供热系统形式的能力、具备识读集中供热系统施工图的能力
教	**知识难点**	具备识读集中供热系统施工图的能力
	教学方式	讲授法、任务驱动法、现场教学法、自主学习法
	学时	8 学时
学	**学习目标**	1. 掌握集中供热系统的组成与方案选择的方法； 2. 掌握集中供热系统的用户热力站形式特点； 3. 掌握集中热水供热系统连接形式特点； 4. 掌握识读集中供热系统施工图的方法； 5. 掌握集中蒸汽供热系统形式特点
	能力目标	培养学生良好的职业道德、自我学习能力、实践动手能力和耐心细致分析处理问题的能力，以及诚实、守信、善于沟通和合作的专业素养

知识分布网络

识读集中供热系统施工图
- 集中供热系统的组成与方案选择
- 集中供热系统的用户热力站
- 集中热水供热系统连接形式特点
- 集中热水供热系统施工图
- 集中蒸汽供热系统形式特点

1.1　集中供热系统的组成与方案选择

1.1.1　集中供热系统的组成及分类

集中供热是指一个或几个热源通过热网向一个区域（居住小区或厂区）或城市的各热用户供热的方式，集中供热系统是由热源、热网和热用户三部分组成。

在热能工程中，热源是泛指能从中吸取热量的任何物质、装置或天然能源。供热系统的热源是指供热热媒的来源，由热源向热用户输送和分配供热介质的管线系统称为热网。利用集中供热系统热能的用户称为热用户，如室内供暖、通风、空调、热水供应以及生产工艺等用热系统。

集中供热系统向许多不同的热用户供给热能，供应范围广，热用户所需的热媒种类和参数不一，锅炉房或热电厂供给的热媒及其参数，往往不能满足所有用户的需求。因此，必须选择与热用户需求相适应的供热系统形式。

集中供热系统，可按下列方式进行分类：

（1）根据热媒不同，分为热水供热系统和蒸汽供热系统。

（2）根据热源不同，主要有热电厂供热系统和区域锅炉房供热系统。另外，也有以核供热站、地热、工业余热等作为热源的供热系统。

（3）根据供热管道的不同，可分为单管制、双管制和多管制的供热系统。

1.1.2　集中供热系统方案的选择

1. 集中供热系统方案的选择确定原则

集中供热系统方案的选择确定是一个重要和复杂的问题，涉及国家的能源政策、环境保护政策、资源利用情况、燃料价格、近期与远期规划等重大原则事项。因此，必须由国家或地方主管机关组织有关部门人员，在认真调查研究的基础上，进行技术、经济分析比较，提出可行性研究报告后，最终确定出技术上先进、适用可靠，经济上合理的最佳方案。

集中供热系统方案确定的基本原则是：有效利用并节约能源，投资少，见效快，运行经济，符合环境保护要求，符合国家各项政策法规的要求并适应当地经济发展的要求等。

2. 选择集中供热系统的热源形式

集中供热系统热源形式的确定，应根据当地的发展规划以及能源利用政策、环境保护政策等诸多因素来确定。这是集中供热系统方案确定的首要问题，必须慎重地、科学地把握好这一环节。

集中供热系统的热源形式有区域锅炉房集中供热、热电厂集中供热，此外也可以利用核能、地热、电能、工业余热作为集中供热系统的热源。具体情况应根据实际需要、现实条件、发展前景等多方面因素，经多方论证，对几种不同方案加以比较确定。

以区域锅炉房（装置热水锅炉或蒸汽锅炉）为热源的供热系统称为区域锅炉房供热系统，包括区域热水锅炉房供热系统、区域蒸汽锅炉房供热系统和区域蒸汽—热水锅炉房供热系统。在区域蒸汽—热水锅炉房供热系统中，锅炉房内分别装设蒸汽锅炉和热水锅炉或

换热器，使之各自组成独立的供热系统。

以热电厂作为热源的供热系统称为热电厂集中供热系统。由热电厂同时供应电能和热能的能源综合供应方式称为热电联产。在热电厂供热系统中，根据选用汽轮机组的不同，有抽汽式、背压式以及凝汽式低真空热电厂供热系统。

3. 确定集中供热系统热媒的种类

集中供热系统的热媒主要有热水和蒸汽，应根据建筑物的用途、供热情况以及当地气象条件等，进行技术、经济比较后选择确定。

（1）以水作为热媒与蒸汽相比，具有以下优点：

① 热水供热系统的热能利用率高。由于在热水供热系统中，没有凝结水和蒸汽泄漏及二次蒸汽的热损失，因而热能利用率比蒸汽供热系统好。实践证明，一般可节约燃料20%～40%；

② 以水作为热媒用于供暖系统时，可以改变供水温度来进行供热调节（质调节），既能减少热网热损失，又能较好地满足卫生要求；

③ 热水供暖系统的蓄热能力高。由于系统中水量多，水的比热大，因此在水力工况和热力工况短时间失调时，也不会引起供暖状况的很大波动；

④ 热水可以远距离输送，系统供热半径大。

（2）以蒸汽作为热媒与热水相比，具有以下优点：

① 蒸汽作为热媒，适用面广，能满足多种热用户的要求，特别是生产工艺用热，多要求以蒸汽作为热媒进行供热；

② 与热网输送循环水量所耗的电能相比，蒸汽网路中输送凝结水所耗的电能少得多；

③ 蒸汽在散热器或热交换器中，因温度和传热系数都比水高，可以减少散热设备面积，降低设备费用；

④ 蒸汽的密度小，在一些地形起伏很大的地区或高层建筑中，不会产生如热水系统那样大的静水压力，而且用户的连接方式简单，运行也较方便。

区域热水锅炉房供热系统按热水温度高低，可分为低温热水区域锅炉房供热系统和高温热水区域锅炉房供热系统。前者多用于住宅小区供暖，后者则适用于区域内热用户供暖、通风与空调、热水供应、生产工艺多方面的用热需要。

区域蒸汽锅炉房供热系统，根据热用户的要求不同，可分为蒸汽供热系统、供热交换器的蒸汽—热水供热系统及蒸汽喷射热水供热系统等多种形式，可根据实际情况，经技术、经济分析比较，确定其中的一种。

热电厂供热系统中，可以利用低位热能的热用户（如供暖、通风、热水供应等）应首先考虑以热水作为热媒，因为以水作为热媒，可按质调节方式进行供热调节，并能利用供热汽轮机的低压抽汽来加热网路循环水，对热电联产的经济效益更为有利；生产工艺的热用户，通常以蒸汽作为热媒，蒸汽通常由供热汽轮机的高压抽汽或背压排汽供应。

承担民用建筑物供暖、通风、空调及生活热水热负荷的城镇供热管网应采用水作为供热介质。同时承担生产工艺热负荷和供暖、通风、空调、生活热水热负荷的城镇供热管网，供热介质应按下列原则确定：

① 当生产工艺热负荷为主要负荷，且必须采用蒸汽供热时，应采用蒸汽作供热介质；

② 当以水为供热介质能够满足生产工艺需要（包括在用户处转换为蒸汽），且在技术、经济合理时，应采用水作供热介质；

③ 当供暖、通风、空调热负荷为主要负荷，生产工艺又必须采用蒸汽供热，经技术、经济比较，认为合理时，可同时采用水和蒸汽两种供热介质。

4．确定集中供热系统热媒的参数

热水供热管网设计的最佳供、回水温度，应结合具体工程条件，考虑热源、供热管网、热用户系统等方面的因素，进行技术、经济比较确定。以区域锅炉房为热源的热水供热系统，提高供水温度，对热源不存在降低热能利用率的问题时，提高供水温度和加大供、回水温差，可使热网采用较小的管径，降低输送网路循环水的电能消耗和用户用热设备的散热面积，在经济上是合适的。但供、回水温差过大，对管道及设备的耐压要求会提高，运行管理水平也相应提高。以小型区域锅炉房为热源时，设计供、回水温度可采用户内供暖系统的设计温度。

以热电厂为热源的供热系统，由于供热量主要由供热汽轮机做功发电后的蒸汽供给，因而，热媒参数的确定，要涉及热电厂的经济效益问题。若提高热网供水温度，就要相应提高抽汽压力，这对节约燃料不利，但提高热网供水温度，加大供、回水温差，却能降低热网基建费用和减少输送网路循环水的电能消耗。因此，热媒参数的确定应结合具体条件，考虑热源、管网、用户系统等方面的因素，进行技术、经济比较后确定。目前，国内的热电厂供热系统，设计供水温度一般为 110～150 ℃，回水温度约 70 ℃或更低一些。热电厂采用一级加热时，供水温度取较小值；采用二级加热（包括串联尖峰锅炉）时，供水温度取较大值。

蒸汽供热系统的蒸汽参数（压力和温度）的确定比较简单，以区域锅炉房为热源时，蒸汽的起始压力主要取决于用户要求的最高使用压力；以热电厂为热源时，当用户的最高使用压力给定后，采用较低的抽汽压力，将有利于热电厂的经济运行，但蒸汽管网管径相应粗些，因而，也有一个通过技术、经济比较确定热电厂的最佳抽汽压力的问题。

多热源联网运行的供热系统中，各热源的设计供、回水温度应一致。当区域锅炉房与热电厂联网运行时，应采用以热电厂为热源供热系统的最佳供、回水温度。

1.2 集中供热系统的用户热力站

热源供热一般有两种基本方式。第一种方式为热媒由热源经过热网直接进入热用户，如图 1-1 所示。

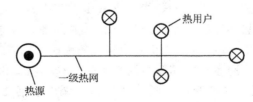

图 1-1 热源直接供热方式

第二种方式为热媒由热源经过热网进入热力站（也叫热力点），再进入各个热用户，如

图 1-2 所示。

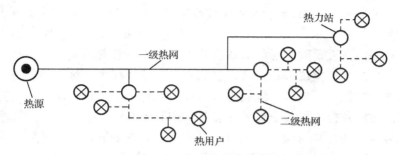

图 1-2　热力站供热方式

热力站是指城市集中供热系统中热网与用户的连接站。民用建筑的室外管网大多根据热网的工况和用户的需要，通过用户热力站进行控制，采用合理的连接方式，将热网输送的供热介质（热媒）加以调节转换，向用户系统分配以满足用户需要，并根据需要进行集中计量、检测供热介质（热媒）的参数和数量。

热力站可以是单独的建筑，也可以设在某一建筑物内，最终的目的是向供热系统的热用户提供热能。其分类如下：

（1）根据热网输送热媒的不同，可分为热水供热热力站和蒸汽供热热力站。

（2）根据热力站位置和功能不同，可分为用户热力站（点）、小区热力站、区域性热力站。

（3）根据服务对象不同，可分为工业热力站和民用热力站。

1.2.1　用户热力站

用户热力站又叫用户引入口，设置在单幢民用建筑及公共建筑的地沟入口或建筑物底层的专用房间、建筑物的地下室、入口竖井内，通过它向该用户或相邻几个用户分配热能。主要作用：为用户分配、转换和调节供热量，以达到设计要求；监测并控制进入用户的热媒参数；计量、统计热媒流量和用热量。因此，用户引入口是按局部系统需要进行热量分配、转换、调节、控制、计量的枢纽。

在用户引入口处，用户供、回水总管上均应设置阀门、压力表和温度计，热计量供热系统的用户引入口处还应设置热量表。为了能对用户进行供热调节，应在用户供水管上设置手动调节阀或流量调节器，在用户进水管上还应安装除污器，避免室外管网中的杂质进入室内系统。如果用户引入口前的分支管线较长，应在用户供、回水总管的阀门前设置旁通管，当用户停止供热或检修时，可将用户引入口总阀门关闭，将旁通管阀门打开，使水在分支管线内循环，避免分支管线内的水冻结。用户引入口示意图，如图 1-3 所示。

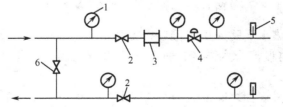

1—压力表；2—用户供、回水总管阀门；3—除污器；4—手动调节阀；5—温度计；6—旁通管阀门

图 1-3　用户引入口示意图

用户引入口要求有足够的操作和检修空间，净高一般不小于 2 m，各设备之间检修、操作通道不应小于 0.7 m。对于位置较高而需要经常操作的入口装置应设操作平台、扶梯和防护栏等设施。应有良好的照明、通风设施，还应考虑设置集水坑或其他排水设施。

建筑物热力入口在设置时，若不具备安装调节和计量装置的条件，可根据建筑物使用特点、热负荷变化规律、室内系统形式、供热介质温度及压力、调节控制方式等，分系统设置管网。通常，建筑物热力入口装置宜设在建筑物地下室、楼梯间，当设在室外检查室内时，检查室的防水及排水设施应能满足设备、控制阀和计量仪表对使用环境的要求。当建筑物热力入口设二次循环泵或混水泵时，循环泵和混水泵应采用调速泵。同时，在满足室内各环路水力平衡和供热计量的前提下，宜减少建筑物热力入口的数量。

1.2.2 热水供热热力站

热水供热热力站称为集中热力站，通常又叫小区热力站，多设在单独的建筑物内，也可布置在建筑物的底层或地下室内，向一个或多个房屋或建筑小区分配热能。集中热力站比用户引入口装置更完善，设备更复杂，功能更齐全。

热水供热热力站示意图，如图 1-4 所示。热水供应用户 a 与热水网路采用间接连接方式，用户的回水和城市生活给水一起进入水—水换热器 4，被外网水加热，用户供水靠循环水泵 6 提供动力在用户循环管路中流动，热网与热水供应用户的水力工况完全隔开。温度调节器 5 是依据用户的供水温度要求，调节进入循环环路的水量，并通过设置在用户上水管的上水流量计 8 统计热水供应用户的用水量。

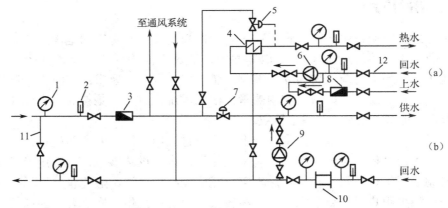

1—压力表；2—温度计；3—热网流量计；4—水—水换热器；5—温度调节器；6—热水供应循环水泵；7—手动调节阀；8—上水流量计；9—供暖系统混合水泵；10—除污器；11—旁通管；12—热水供应循环管路

图 1-4 热水供热热力站示意图

供暖热用户 b 与热水网路采用直接连接方式，该系统热网供水温度高于供暖用户的设计水温，在热力站内设混合水泵 9，抽引供暖系统的回水，与热网供水混合后直接送入用户。

热力站内水加热器外表面之间或距墙面应有不小于 0.7 m 的净通道，前端应留有抽出加热排管的空间和放置检修加热排管操作面的空间。热力站内所有阀门应设置在便于控制操作和便于检修时拆卸的位置。

　　在热计量供热系统中，室内供暖系统通过散热器温控阀调节室内管网的水力工况，这使得室内管网的水力工况经常发生变化，如果没有相应的室外管网的控制措施，很难保证户内设备正常工作。以往供热系统多采用在集中式热力站处或锅炉房内集中改变网路供、回水温度的质调节方法，进行供热调节，这种调节方式虽然简单、方便，但不能满足各种运行工况的要求，而且耗电多，不利于节能。还有的供热系统在集中式热力站处或锅炉房内采用多泵并联的方式，分阶段改变系统流量，但调节范围小，耗电大，运行效果并不理想，这就要求室外管网采取必要的控制措施，以提高供热质量和运行效率。设置小区热力站，可以在热力站处根据室内管网的工况变化进行调节，能满足各种热用户的需要，还能够集中计量、检测热媒的参数和流量。

　　设置小区热力站比在每幢建筑物设热力引入口能减少运行管理工作量，便于检测、计量和遥控，可以提高管理水平和供热质量。但热力站后的二级管网的投资费用会增加，因此，热力站的数量与规模一般应通过技术、经济比较后确定，供热半径不宜超过 800 m。热力站供热区域内建筑高度相差不宜过大，以便选择相同的连接方式。从热力站本身来看，初投资较高，但建筑入口的小型热力站可直接设在建筑物的底层，省去了集中热力站的占地面积。从运行上看，输配管网由二次改为一次，减小了输配管管径，降低了管网费用，而且，小型热力站调节灵活，运行费用也相对较低。新建的居住小区，每小区只设一个热力站为宜，旧的居住小区，应尽量利用小区原有的室外管网和供暖系统，减少热力站的数目。

　　建筑入口设小型热力站的形式增加了系统的稳定性，减少了用户间的相互影响，随着生活水平的提高，以及用户对舒适度的更高要求，建筑入口所设的热力站将趋于小型化。

1.2.3　蒸汽供热热力站

　　蒸汽供热热力站常用于工厂企业用热单位，如图 1-5 所示。

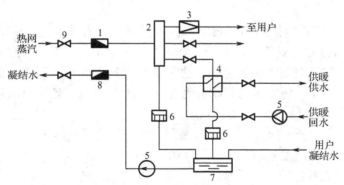

1—蒸汽流量计；2—分汽缸；3—减压阀；4—汽—水换热器；5—水泵；
6—疏水器；7—凝结水箱；8—凝结水表；9—阀门

图 1-5　蒸汽供热热力站

　　热网蒸汽首先进入分汽缸，根据各类热用户要求的工作压力、温度，经减压阀（减温器）调节后输送出去。如工厂采用热水供暖系统，则多采用汽—水式换热器，将热水供暖系统的二次水加热，用循环水泵输送，或采用蒸汽喷射器，利用蒸汽压力推动循环，并把

水加热。

热力站内应装置热水、蒸汽和返回凝结水的计量仪表以及一些检测供热介质温度、压力的仪表，以便对热力站和用户的运行工况进行监测，并依据它们进行调节和收费。

由于热负荷具有随生产工艺过程、季节和时间变化的特点，只有采用自动调节才能使供热介质的数量和参数适应需要，避免浪费。流量调节器、温度调节器、压差调节器、压力调节器等各种供热专用的自动调节设备可应用于热力站中，热力站的规模随连接用户的数量和复杂程度而异，一个热力站可只带一幢建筑（通常也称热力点），也可以带一个建筑群，可以单独建立，也可以设在建筑物内。

1.2.4 热力站设计注意事项

（1）二级热网系统应进行补水，补给水应进行处理，以保证热力站换热设备的正常运行。补给水的处理方法主要有：

① 在热力站内设置简易的补给水水处理设备，把处理后的城市给水补入二级热网，如整体式水处理装置、复合隔膜加药装置等；

② 若当二级热网系统对补水水质要求较高，且水量不大时，将一级热网的回水作为二级热网补水，此补水方案在这种情况下可以考虑采用，但是会增加一级热网的失水量，使热源处的水处理量增大。由于二级热网水温不高，一般不会超过 90 ℃，不必进行除氧处理，采用简单的水处理即可满足水质要求。但是这种将一级热网的回水作为二级热网补水的处理方案不够经济。

（2）蒸汽热力站应根据生产工艺、供暖、通风、空调及生活热负荷的需要，应在分汽缸、蒸汽主管和分支管上装设阀门。当各种负荷需要不同的参数时，应分别设置分支管、减压减温装置和独立安全阀。

（3）热力站的汽—水换热器宜采用带有凝结水过冷段的换热设备，并应设凝结水水位调节装置。

（4）蒸汽热力网用户宜采用闭式凝结水回收系统，热力站中应采用闭式凝结水箱。当凝结水量小于 10 t/h 或热力站距热源小于 500 m 时，可采用开式凝结水回收系统，此时凝结水温度不应低于 95 ℃。凝结水箱的总储水量宜按 10～20 min 最大凝结水量计算。全年工作的凝结水箱宜设置 2 个，每个水箱容积应为总储水量的 50%；当凝结水箱季节性工作且凝结水量在 5 t/h 以下时，可只设 1 个凝结水箱。

（5）凝结水泵不应少于 2 台，其中 1 台备用，并应符合下列规定：

① 凝结水泵的适用温度应满足介质温度的要求；

② 凝结水泵的流量应按进入凝结水箱的最大凝结水流量计算，扬程应按凝结水管网水压图的要求确定，并应留有 30～50 kPa 的富裕压力。

（6）热力站内应设凝结水取样点。取样管宜设在凝结水箱最低水位以上、中轴线以下。

（7）凝结水回收设备是蒸汽供热热力站的重要组成部分，主要包括凝结水泵、凝结水箱等。以蒸汽作为加热热媒的热力站中，蒸汽加热后的凝结水一般应回收，且应尽可能利用凝结水的二次汽化的余热。

1.3　集中热水供热系统连接形式特点

1.3.1　区域热水锅炉房集中供热系统的特点

以区域锅炉房（装置热水锅炉或蒸汽锅炉）为热源的供热系统称为区域锅炉房集中供热系统。图 1-6 为区域热水锅炉房集中供热系统。热源处主要设备有热水锅炉、循环水泵、补给水泵及水处理设备，室外管网由一条供水管和一条回水管组成，热用户包括供暖用户、生活热水供应用户等。系统中的水在锅炉中被加热到需要的温度，以循环水泵作动力使水沿供水管路流入各用户，散热后的回水沿回水管路返回锅炉，水不断地在系统中循环流动。系统在运行过程中的漏水量或被用户消耗的水量，由补给水泵把经过处理的水从回水管补充到系统内，补充水量的多少可通过压力调节阀控制。除污器设在循环水泵吸入口侧，用以清除水中的污物、杂质，避免进入水泵与锅炉内。

区域热水锅炉房集中供热系统可适当提高供水温度，加大供、回水温差，这可以缩小热网管径，降低网路的电耗和用热设备的散热面积。

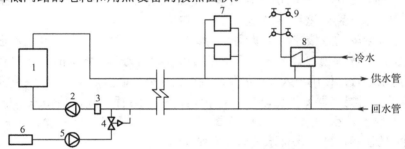

1—热水锅炉；2—循环水泵；3—除污器；4—压力调节阀；5—补给水泵；6—补充水处理装置；
7—供暖散热器；8—生活热水加热器；9—水龙头

图 1-6　区域热水锅炉房集中供热系统

1.3.2　闭式集中热水供热系统和开式集中热水供热系统的特点

集中热水供热系统的供热对象多为供暖、通风和热水供应热用户。按用户是否直接取用热网循环水，集中热水供热系统又分为闭式系统和开式系统。

1. 闭式系统

热用户不从热网中取用热水，热网循环水仅作为热媒，起转移热能的作用，供给用户热量。闭式系统从理论上讲流量不变，但实际上热水在系统中循环流动时，总会有少量循环水向外泄漏，使系统的流量减少。在正常情况下，一般系统的泄漏水量不应超过系统总水量的 1%，泄漏的水靠热源处的补水装置补充。闭式系统容易监测网路系统的严密程度，补水量大，就说明网路的漏水量大。

2. 开式系统

热用户全部或部分地取用热网循环水，热网循环水直接消耗在生产和热水供应用户上，只有部分热水返回热源。开式系统由于热用户直接耗用外网循环水，即使系统无泄漏，补给水量仍很大，系统补水量应为热水用户的消耗水量和系统泄漏水量之和。开式系统的补给水由热源处的补水装置补充，热水供应系统用水量波动较大，无法用热源补水量的变化情况判别热水网路的漏水情况。

1.3.3 闭式双管热水供热系统中各连接形式的特点

闭式双管热水供热系统是应用最广泛的一种供热系统形式。闭式热水供热系统热用户与热水网路的连接方式分为直接连接和间接连接两种。

直接连接：热用户直接连接在热水网路上，热用户与热水网路的水力工况直接发生联系，热网水进入用户系统。

间接连接：外网水进入表面式水—水换热器加热用户系统的水，热用户与外网各自是独立的系统，二者温度不同，水力工况互不影响。

图 1-7 为闭式双管热水供热系统，闭式热水供热系统中，用户与热水网路的常见连接方式有：

（1）无混合装置的直接连接供暖系统，如图 1-7（a）所示。当热用户与外网水力工况和温度工况一致时，热水经外网供水管直接进入供暖系统热用户，在散热设备散热后，回水直接返回外网回水管路。这种连接形式简单，造价低。

（2）装设水喷射器的直接连接供暖系统，如图 1-7（b）所示。外网高温水进入喷射器，由喷嘴高速喷出后，喷嘴出口处形成低于用户回水管的压力，回水管的低温水被抽入水喷射器，与外网高温水混合，使用户入口处的供水温度低于外网温度，符合用户系统的要求。

水喷射器（又叫混水器）无活动部件，构造简单、运行可靠，网路系统的水力稳定性好。但由于水喷射器抽引回水时需消耗能量，通常要求管网供、回水管在用户入口处留有0.08～0.12 MPa 的压差，才能保证水喷射器正常工作。

（3）装设混合水泵的直接连接供暖系统，如图 1-7（c）所示。当建筑物用户引入口处外网的供、回水压差较小，不能满足水喷射器正常工作所需的压差，或装设集中泵站将高温水转为低温水向建筑物供热时，可采用设混合水泵的直接连接方式。

混合水泵设在建筑物入口或专设的热力站处，外网高温水与水泵加压后的用户回水混合，降低温度后送入用户供热系统，混合水的温度和流量可通过调节混合水泵的阀门或外网供、回水管进出口处阀门的开启度进行调节。为防止混合水泵扬程高于外网供、回水管的压差，将外网回水抽入外网供水管，在外网供水管入口处应装设止回阀。混合水泵的连接方式是目前高温水供热系统中应用较多的一种直接连接方式，但其造价较设水喷射器的方式高，运行中需要经常维护并消耗电能。

（4）装设换热器的间接连接供暖系统，如图 1-7（d）所示。外网高温水通过设置在用户引入口或热力站处的表面式水—水换热器，将热量传递给供暖用户的循环水，在换热器内冷却后的回水，返回外网回水管。用户循环水靠用户水泵的驱动循环流动，用户循环系统内部设置膨胀水箱、集气罐及补给水装置，形成独立系统。

间接连接供热系统造价比直接连接供热系统高得多，而且运行管理费用也较高，适用于局部用户系统必须和外网水力工况隔绝的情况。例如外网水在用户入口处的压力超过了散热器的承压能力，或个别高层建筑供暖系统要求压力较高，又不能普遍提高整个热水网路的压力时采用。另外外网为高温水，而用户是低温水供暖用户时，也可以采用这种间接连接形式。

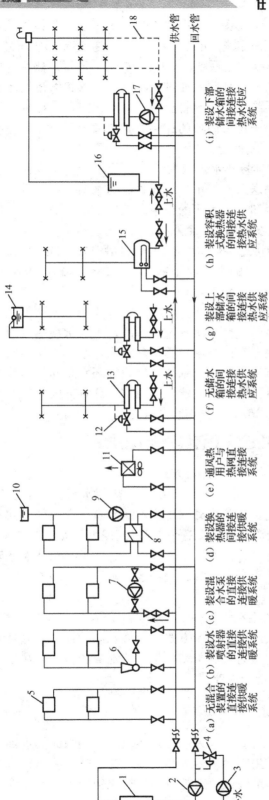

图1-7 闭式双管热水供热系统

1—热源的加热设备；2—网路循环水泵；3—补给水泵；4—补给水压力调节器；5—散热器；6—水喷射器；7—混合水泵；8—表面式水-水换热器；9—供暖热用户系统的循环水泵；10—膨胀水箱；11—空气加热器；12—温度调节器；13—一次水-水式换热器；14—储水箱；15—容积式水-水换热器；16—下部储水箱；17—热水供应系统的循环水泵；18—热水供应系统的循环管路

（5）通风热用户与热网直接连接系统，如图 1-7（e）所示。如果通风系统的散热设备承压能力较高，对热媒参数无严格限制，可采用最简单的直接连接形式与外网相连。

（6）无储水箱的间接连接热水供应系统，如图 1-7（f）所示。热水供应用户与外网间接连接时，必须设有水—水换热器，外网水通过水—水换热器将城市生活给水加热，冷却后的回水返回外网回水管。该系统用户供水管上应设温度调节器，控制系统供水温度不随用水量的改变而剧烈变化。这是一种最简单的连接方式，适用于一般住宅或公共建筑连续用热水且用水量较稳定的热水供应系统上。

（7）装设上部储水箱的间接连接热水供应系统，如图 1-7（g）所示。城市生活给水被表面式水—水换热器加热后，先送入设在用户最高处的储水箱，再通过配水管输送到各配水点，上部储水箱起着储存热水和稳定水压的作用。适用于用户需要稳压供水且用水时间较集中，用水量较大的浴室、洗衣房或工矿企业处。

（8）装设容积式换热器的间接连接热水供应系统，如图 1-7（h）所示。容积式加热器不仅可以加热水，还可以储存一定的水量，不需要设上部储水箱，但需要较大的换热面积。适用于工业企业和小型热水供应系统。

（9）装设下部储水箱的间接连接热水供应系统，如图 1-7（i）所示。该系统设有下部储水箱、热水循环管和循环水泵。当用户用水量较小时，水—水换热器的部分热水直接流入用户，另外的部分流入储水箱储存；当用户用水量较大，水—水换热器供水量不足时，储水箱内的水被城市生活给水挤出供给用户系统。装设循环水泵和循环管的目的是使热水在系统中不断流动，保证用户打开水龙头就能流出热水。这种方式复杂、造价高，但工作稳定可靠，适用于对热水供应要求较高的宾馆或高级住宅。

1.3.4 开式双管热水供热系统中各连接形式的特点

开式双管热水供热系统与热水网路的连接方式有：

（1）无储水箱的连接方式，如图 1-8（a）所示。热网水直接经混合三通送入热水用户，混合水温由温度调节器控制。为防止外网供应的热水直接流入外网回水管，回水管上应设止回阀。这种方式网路最简单，适用于任何时候外网压力都大于用户压力的情况。

（2）装设上部储水箱的连接方式，如图 1-8（b）所示。网路供水和回水经混合三通送入热水用户的高位储水箱，热水再沿配水管路送到各配水点。这种方式常用于浴室、洗衣房或用水量较大的工业厂房内。

（3）与城市生活给水混合的连接方式，如图 1-8（c）所示。当热水供应用户用水量很大并且需要的水温较低时，可采用这种连接方式。混合水温同样可用温度调节器控制。为了便于调节水温，外网供水管的压力应高于城市生活给水管的压力，在生活给水管上要安装止回阀，以防止外网水流入生活给水管。

1.3.5 选择供热管网形式

（1）热水供热管网宜采用双管制闭式系统。以热电厂为热源的热水供热管网，同时有生产工艺、供暖、通风、空调、生活热水多种热负荷，在生产工艺热负荷与供暖热负荷所需供热介质参数相差较大，或季节性热负荷占总热负荷比例较大，且技术、经济合理时，可采用多管制闭式系统。

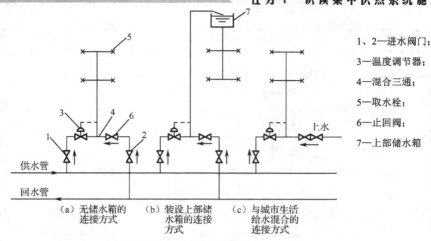

1、2—进水阀门；

3—温度调节器；

4—混合三通；

5—取水栓；

6—止回阀；

7—上部储水箱

图 1-8 开式热水供热系统

（2）当热水供热管网满足下列条件，且技术、经济合理时，可采用开式供热管网：

① 具有水处理费用较低的、丰富的补给水资源；

② 具有与生活热水热负荷相适应的廉价低位能热源。

开式热水供热管网在生活热水热负荷足够大且技术、经济合理时，可不设回水管。

（3）供热建筑面积大于 $1\ 000 \times 10^4\ m^2$ 的供热系统应采用多热源供热，且各热源热力干线应连通。在技术、经济合理时，供热管网干线宜连接成环状管网。

供热系统的主环线或多热源供热系统中热源间的连通干线设计时，各种事故工况下的最低供热量保证率应符合表 1-1 的规定，并应考虑不同事故工况下的切换手段。

表 1-1 事故工况下的最低供热量保证率

供暖室外计算温度 t（℃）	最低供热保证率（％）
$t > -10$	40
$-20 \leqslant t \leqslant -10$	55
$t < -20$	65

自热源向同一方向引出的干线之间宜设连通管线。连通管线应结合分段阀门设置。连通管线可作为输配干线使用。连通管线设计时，应使故障段切除后，其余热用户的最低供热量保证率符合表 1-1 的规定。对供热可靠性有特殊要求的用户，有条件时应由两个热源供热，或者设置自备热源。

1.4 集中热水供热系统施工图

1.4.1 室外供热管网施工图图例

室外供热管网施工图图例，如表 1-2 所示。

表 1-2 室外供热管网施工图图例

名　称	符　号	备　注
闸阀	▷◁	
手动调节阀	▷◁	
阀门（通用）、截止阀	▷◁ 或 ┬	

续表

名　　称	符　号	备　　注
球阀转心阀		
角阀	或	
平衡阀		
三通阀	或	
四通阀		
节流阀		
膨胀阀	或	
快放阀		
减压阀	或	左图小三角为高压，右图右侧为高压端
安全阀	、　、	左图为通用，中图为弹簧安全阀，右图为重锤安全阀
蝶阀		
止回阀	或	左图为通用，右图为升降式，流向同左
浮球阀	或	
补偿器		
套管补偿器		
方形补偿器		
弧形补偿器		
波纹管补偿器		
除污器（过滤器）	或	左图为立式除污器，右图为卧式除污器
节流孔板、减压孔板		
水泵		
疏水器		
变径管（异径管）	或	左图为同心异径管，右图为偏心异径管
活接头		
法兰		
法兰盖		
丝堵		

名　称	符　号	备　注
可曲挠橡胶软接头	—〇—	
金属软管	—〰〰—	
绝热管	—〜〜—	
保护套管	—▭—	
固定支架	—✳— 或 ✕╫✕	
流向	—▶ 或 ━▷	
坡度及坡向	$i=0.3\%$ ▷ 或 ━▷ $i=0.3\%$	

1.4.2 识读室外供热管网的平面图

室外供热管网的平面图，是在城市或厂区地形测量平面图的基础上，将供热管网的线路表示出来的平面布置图。将管网上所有的阀门、补偿器、固定支架、检查室等与管线一同标在图上，从而形象地展示了供热管网的布置形式、敷设方式及规模，具体反映了管道的规格和平面尺寸，管网上附件和设备的规格、型号和数量，检查室的位置和数量等。供热管网的平面图是进行管网技术、经济分析和方案审定的主要依据；是编制工程概预算，确定工程造价、编制施工组织设计及进行施工的重要依据。在工程设计中，管网平面图是整个管网设计中最重要的图纸，是绘制其他图纸的依据。

为了清晰、准确地把管线表示在平面图上，绘制供热管网平面图时，应满足下列要求：

（1）供水管道，应敷设在供热介质前进方向的右侧。

（2）供水管用粗实线表示，回水管用粗虚线表示。

（3）在平面图上应绘出经纬网络平面定位线（即城市平面测绘图上的坐标尺寸线）。

（4）在管线的转点及分支点处，标出其坐标位置。一般情况下，东西向坐标用"X"表示，南北向坐标用"Y"表示。

（5）管路上阀门、补偿器、固定点等的确切位置，各管段的平面尺寸和管道规格，管线转角的度数等均需在图上标明。

（6）将检查室、放气井、放水井、固定点进行编号。

（7）局部改变敷设方式的管段应予以说明。

（8）标出与管线相关的街道和建筑物的名称。

从理论上讲，用 X、Y 坐标来确定管线的位置是合理的，但从工程角度看，易出现误差，且施工不便。在工程设计中，通常在管线的某些特殊部位以永久性建筑物为基准，标出管线的具体位置，与坐标定位相配合。

1.4.3 识读室外供热管网的纵断面图

室外供热管网的纵断面图是依据管网平面图所确定的管道线路，在室外地形图的基础上绘制出管道的纵向断面图和地形竖向规划图。在管道的纵断面图上，应表示出：

（1）自然地面和设计地面的标高、管道的标高。

（2）管道的敷设方式。

（3）管道的坡向、坡度。

（4）检查室、排水井和放气井的位置及标高。

（5）与管线交叉的公路、铁路、桥涵、水沟等。

（6）与管线交叉的设施、电缆及其他管道等（如果它们位于供热管道的下方，应注明其顶部标高。如果它们在供热管道的上方，应注明其底部标高）。

由于管道纵断面图没能反映出管线的平面变化情况，所以需将管线平面展开图与纵断面图共同绘制在同一图上，这样纵断面图就更完整全面了。供热管道纵断面图中，纵坐标与横坐标并不相同，通常横坐标的比例采用 1∶500 和 1∶100 的比例尺；纵坐标采用 1∶50、1∶100、1∶200 的比例尺。

案例 1　某小区低温热水供暖热网设计

设计与施工说明

本设计为某小区低温热水供暖热网设计，供暖设计供、回水温度为 60 ℃/50 ℃，满足小区室内地热供暖设计要求，敷设管网最大管径为 DN200，最小管径为 DN125，部分管道在地下车库棚下敷设，其余全部采用直埋敷设方式。小区内供热管网结合小区建筑物室内供暖分区情况敷设，其施工技术要求要符合《城市供热管网工程施工及验收技术规范》（CJJ28—2014）和《城镇供热直埋热水管道技术规程》（CJJT81—2013）有关规定。

1）直埋保温管

直埋保温管采用"黑夹克"聚氨酯泡沫塑料保温管，具体规格如下：

内钢管规格 mm	塑料外套管规格 mm	保温厚度 mm
219×6	300×3.5	37
159×5	240×3.5	37
133×5	215×3.5	37.5

当内钢管外径为 219 mm 时，采用双面焊螺旋缝埋弧焊钢管，钢号 Q235-B，其质量符合行业技术标准《城市供热用螺旋缝埋弧焊钢管》的规定；当外径≤159 mm 时，采用无缝钢管，钢号 20，其质量符合国家标准《流体输送用无缝钢管》（TB/T 8163—2008）的规定。

2）直埋保温弯头

直埋保温弯头采用预制保温弯头，不准在管沟内发泡制作。弯头采用压制钢弯头，钢号与直管相同，压力级别为 PN1.6 MPa，弯曲半径 R=1.5DN。保温弯头的保温层厚度和塑料外套管规格与直管相同。

3）变径管

管线上的变径管采用挤制变径管，钢号与直管相同，压力级别为 PN1.6 MPa。不得采用收口或抽条办法制作变径管。

4）管沟开挖与回填

管沟深度按控制保温管最小埋深确定，保温管管顶埋深最小为 0.8 m。沟底填 200 mm 厚的砂垫层，回填土中不得有砖头、石块，并要分层回填、分层夯实，特别是在

固定墩和检查井周围要注意夯实。

5）管线安装

管网的施工程序建议先敷设管线，后修建检查井，然后再安装井内阀门和附件。管线按不小于 0.2% 的坡度敷设。

在保温管管口焊接前，必须清除管内的砂土、铁锈和污物。在管线安装间断期内，敞开的管口，要临时点焊盲板，防止砂土和污物进入管内。

6）管道开孔及焊接

管道分支开孔的具体处理方法见施工方法通用图。

直埋管道采用氩弧焊打底的焊接方法。焊缝质量要符合《现场设备、工业管道焊接工程及验收规范》（GB 50236—2011）的规定。

7）管网水压试验和冲洗

管网水压试验分为强度性试压和严密性试压。

（1）强度性试压是在管道阀门及附件没有安装以前，按安装区段进行的水压试验，试压合格后进行保温管"补口"，然后回填土。强度性水压试验的试验压力为 1.2 MPa。

（2）严密性试压是在管线、阀门、管路附件安装完毕和固定点固定牢后进行的水压试验，试验压力为 1.0MPa。严密性水压试验按单根管进行，不得两根同时进行试压。

水压试验完毕后，紧接着进行管线冲洗。用压力水流将管内污物冲洗干净。

8）横穿过路管道

为防止检修更换管道破坏小区路面，建议横穿路面下的管道应设套管。

9）检查室（井）管道及阀门

检查室（井）内管道及阀门均应保温。保温材料采用 30 mm 厚的海藻石，外涂红调和漆两遍，阀门保温后须在保温层外标明介质流向、压力及管径。

10）检查室土建施工

详见土建施工说明和土建通用图。

11）其他

以上未尽事项，均执行《城市供热管网工程施工及验收技术规范》（CJJ28—2014）和《城镇供热直埋热水管道技术规程》（CJJ T81—2013）的有关规定。

图　例

图 1-9 是城市集中供热管网中一段管道的平面布置图，制图比例为 1∶500。

图 1-10 是供热管道纵断面图（图 1-9 的管道纵断面图），该图的比例：横坐标（管线沿线高度尺寸坐标）为 1∶500；纵坐标（管道标高数值坐标）为 1∶100。供热管纵断面图上，长度以"m"为单位，取至小数点后一位数；高程以"m"为单位，取至小数点后两位数；坡度以千或万分之有效数字表示。

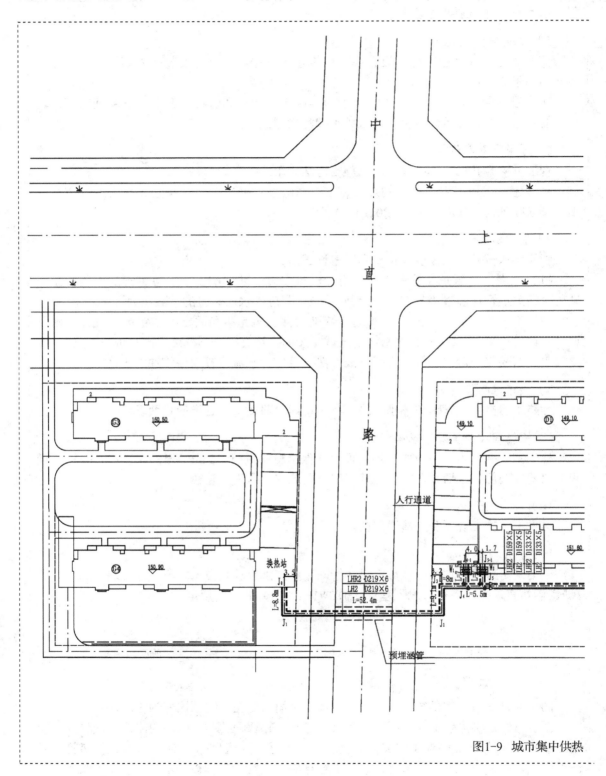

图1-9 城市集中供热

北

1:500

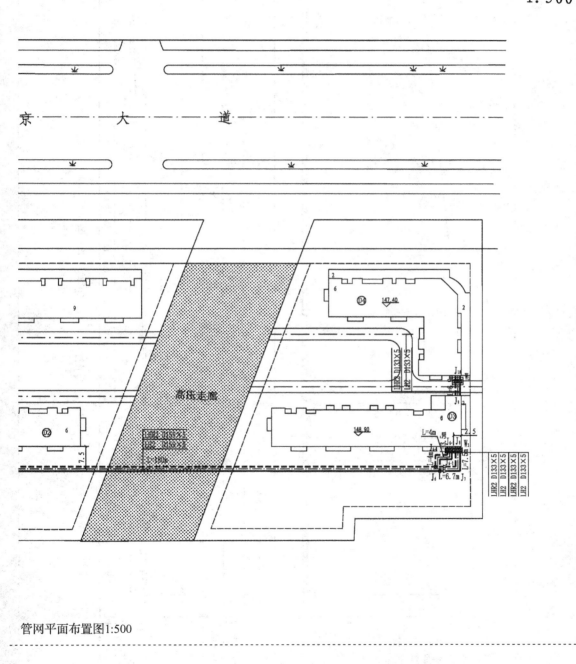

管网平面布置图1:500

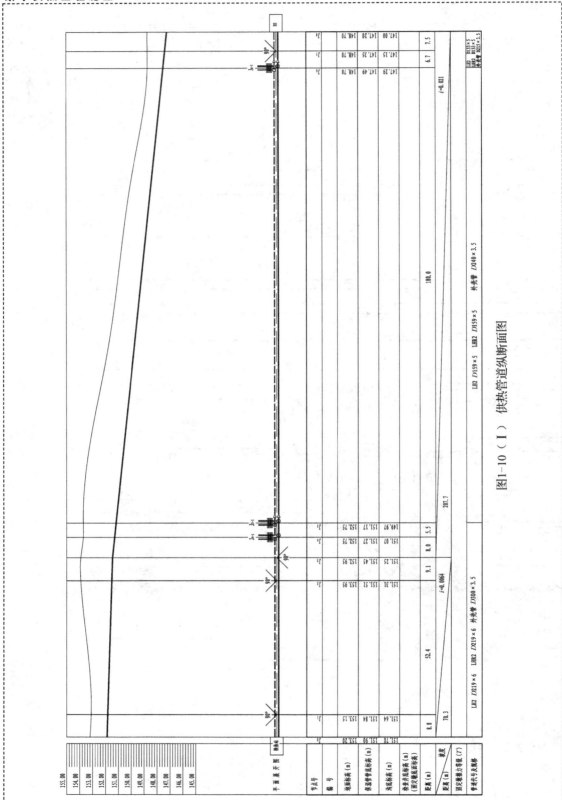

图1-10（Ⅰ） 供热管道纵断面图

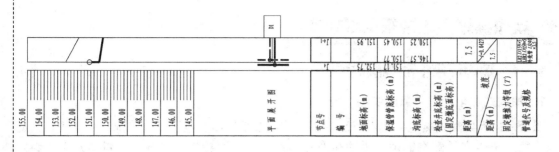

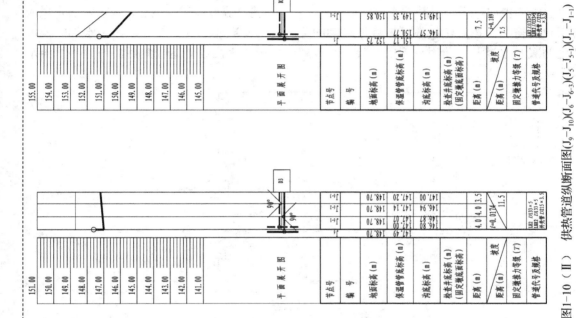

图1-10（Ⅱ）　供热管道纵断面图[(J₉—J₁₀)(J₆—J₆₋₃)(J₅—J₅₋₁)(J₁—J₁₋₁)]

1.5　集中蒸汽供热系统形式特点

1.5.1　热电厂集中蒸汽供热系统

1. 抽汽式热电厂集中蒸汽供热系统

图 1-11 为抽汽式热电厂集中蒸汽供热系统，该系统以热电厂作为热源，可以进行热能和电能的联合生产。蒸汽锅炉产生的高温高压蒸汽进入汽轮机膨胀做功，带动发电机组发出电能。该汽轮机组带有中间可调节抽汽口，故称抽汽式，可以从绝对压力为 0.8～1.3 MPa 的抽汽口抽出蒸汽，向工业用户直接供应蒸汽。也可以从绝对压力为 0.12～0.25 MPa 的抽汽口抽出蒸汽用以加热热网循环水，通过主加热器可使水温达到 95～118 ℃，再通过高峰加热器进一步加热后，水温可达到 130～150 ℃甚至更高温度以满足供暖、通风与热水供应等用户的需要。在汽轮机最后一级做完功的乏汽排入冷凝器后变成凝结水，和水加热器内产生的凝结水以及工业用户返回的凝结水一起，经凝结水回收装置收集后，作为锅炉给水送回锅炉。

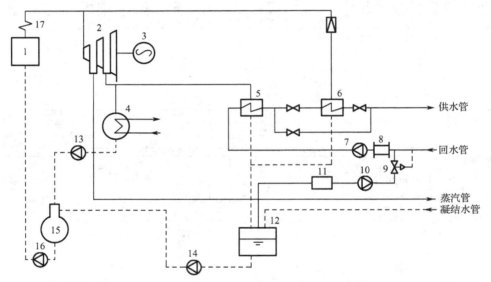

1—蒸汽锅炉；2—汽轮机；3—发电机；4—冷凝器；5—主加热器；6—高峰加热器；

7—循环水泵；8—除污器；9—压力调节阀；10—补给水泵；11—补充水处理装置；

12—凝结水箱；13、14—凝结水泵；15—除氧器；16—锅炉给水泵；17—过热器

图 1-11　抽汽式热电厂集中蒸汽供热系统

2. 背压式热电厂集中蒸汽供热系统

图 1-12 为背压式热电厂集中蒸汽供热系统，因为该系统汽轮机最后一级排出的乏汽压力在 0.1 MPa（绝对压力）以上，故称背压式。一般排汽压力为 0.3～0.6 MPa 或 0.8～1.3 MPa，可将该压力下的蒸汽直接供给工业用户，同时还可以通过冷凝器加热热网循环水。

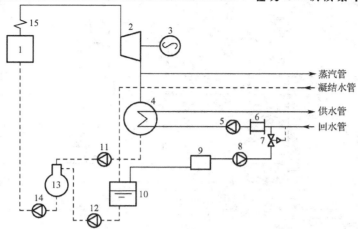

1—蒸汽锅炉；2—汽轮机；3—发电机；4—冷凝器；5—循环水泵；6—除污器；7—压力调节阀；8—补给水泵；

9—水处理装置；10—凝结水箱；11、12—凝结水泵；13—除氧器；14—锅炉给水泵；15—过热器

图 1-12　背压式热电厂集中蒸汽供热系统

3. 凝汽式低真空热电厂供热系统

当汽轮机组排出的乏汽压力低于 0.1 MPa（绝对压力）时，称为凝汽式低真空供热系统。纯凝汽式乏汽压力为 6 kPa，温度只有 36 ℃，不能用于供热，若适当提高乏汽压力达到 50 kPa，温度在 80 ℃以上时，就可以用来加热热网循环水，满足供暖用户的需要。其原理与背压式供热系统相同。

热电厂集中蒸汽供热系统中，生产工艺的热用户，可以利用供热汽轮机的高压抽汽或背压排汽，以蒸汽作为热媒进行供热。使用热电厂供热系统时，用户要求的最高使用压力给定后，可以采用较低的抽汽压力，这有利于电厂的经济运行，但蒸汽管网的管径会相应粗些，应经过技术、经济比较后确定热电厂的最佳抽汽压力。

1.5.2　区域蒸汽锅炉房集中供热系统

图 1-13、图 1-14 为区域蒸汽锅炉房集中供热系统。蒸汽锅炉产生的蒸汽，通过蒸汽干管输送到各热用户，如供暖、通风、热水供应和生产工艺用户等。也可根据用热要求，在锅炉房内设置水加热器，集中加热热网循环水向各热用户供热。各室内用热系统的凝结水经疏水器和凝结水干管返回锅炉房的凝结水箱，再由锅炉补给水泵将水送进锅炉重新被加热。

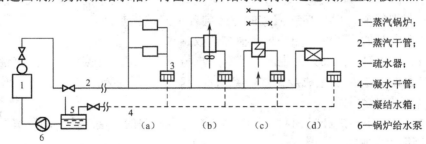

1—蒸汽锅炉；

2—蒸汽干管；

3—疏水器；

4—凝水干管；

5—凝结水箱；

6—锅炉给水泵

（a）供暖用热系统；（b）通风用热系统；（c）热水供应用热系统；（d）生产工艺用热系统

图 1-13　区域蒸汽锅炉房集中供热系统（Ⅰ）

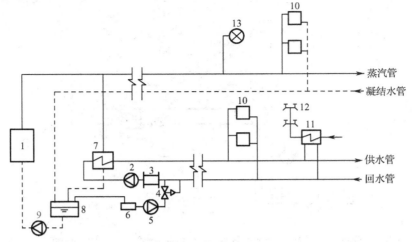

1—蒸汽锅炉；2—循环水泵；3—除污器；4—压力调节阀；5—补给水泵；

6—补充水处理装置；7—热网水加热器；8—凝结水箱；9—锅炉给水泵；

10—供暖散热器；11—生活热水加热器；12—水龙头；13—用汽设备

图 1-14　区域蒸汽锅炉房供热系统（Ⅱ）

如果系统中只有供暖、通风和热水供应热负荷，可采用高温水作热媒。工业区内的集中供热系统，如果既有生产工艺热负荷，又有供暖、通风热负荷，生产工艺用热可采用蒸汽作热媒，供暖、通风用热可根据具体情况，经过全面的技术、经济比较确定热媒。如果以生产用热为主，供暖用热量不大，且供暖时间又不长时，宜全部采用蒸汽供热系统，对其室内供暖系统部分可考虑用蒸汽换热器加热室内热水的供暖系统或直接利用蒸汽供暖。如果供暖用热量较大，且供暖时间较长，宜采用单独的热水供暖系统向建筑物供热。

区域锅炉房蒸汽供热系统的蒸汽起始压力主要取决于用户要求的最高使用压力。蒸汽供热系统能够向供暖、通风空调和热水供应用户提供热能，同时还能满足各类生产工艺用热的要求，它在工业企业中得到了广泛的应用。蒸汽供热管网一般采用双管制，即一根蒸汽管，一根凝结水管。有时，根据需要还可以采用三管制，即一根管道供应生产工艺用汽和加热生活热水用汽，一根管道供应供暖、通风用汽，它们的回水共用一根凝结水管道返回热源。

蒸汽供热管网与用户的连接方式取决于外网蒸汽的参数和用户的使用要求，也分为直接连接和间接连接两大类。图 1-15 为蒸汽供热管网与用户的连接方式，锅炉生产的高压蒸汽进入蒸汽管网，以直接或间接的方式向各用户提供热能，凝水经凝水管网返回热源凝水箱，经凝水泵加压后注入锅炉重新被加热成蒸汽。

（1）图中 1-15（a）为生产工艺热用户与蒸汽网路的直接连接。蒸汽经减压阀减压后送入用户系统，放热后生成凝结水，凝结水经疏水器后流入用户凝水箱，再由用户凝水泵加压后返回凝水管网。

（2）图中 1-15（b）为蒸汽供暖用户与蒸汽网路的直接连接，高压蒸汽经减压阀减压后向供暖用户供热。

（3）图中 1-15（c）为热水供暖用户与蒸汽网路的间接连接。高压蒸汽减压后，经蒸汽—水换热器将用户循环水加热，用户内部采用热水供暖形式。

（4）图中 1-15（d）是采用蒸汽喷射器的直接连接。蒸气经喷射器喷嘴喷出后，产生低于热水供暖系统回水的压力，回水被抽进喷射器，混合加热后送入用户供暖系统，用户系统的多余凝水经水箱溢流管返回凝水管网。

（5）图中 1-15（e）是通风系统与蒸汽网路的直接连接，如果蒸汽压力过高，可用入口处减压阀调节。

（6）图中 1-15（f）是设上部储水箱的蒸汽直接加热热水的热水供热系统。

（7）图中 1-15（g）是采用容积式汽—水换热器的间接连接热水供热系统。

（8）图中 1-15（h）是无储水箱的间接连接热水供热系统。

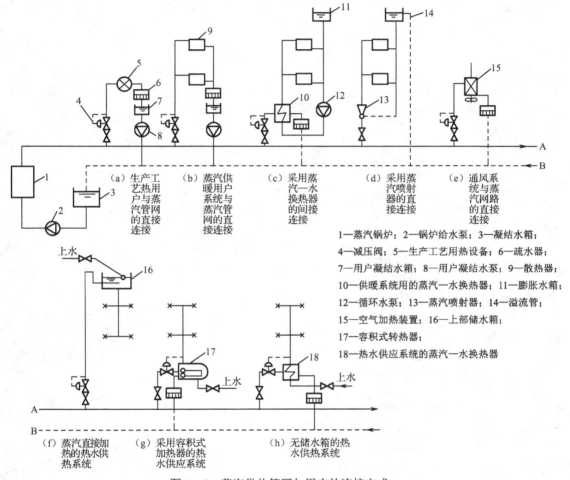

图 1-15　蒸汽供热管网与用户的连接方式

1—蒸汽锅炉；2—锅炉给水泵；3—凝结水箱；
4—减压阀；5—生产工艺用热设备；6—疏水器；
7—用户凝结水箱；8—用户凝结水泵；9—散热器；
10—供暖系统用的蒸汽—水换热器；11—膨胀水箱；
12—循环水泵；13—蒸汽喷射器；14—溢流管；
15—空气加热装置；16—上部储水箱；
17—容积式转热器；
18—热水供应系统的蒸汽—水换热器

知识梳理与总结

通过项目教学活动，培养学生具备确定集中供热系统方案的能力、选择集中供热系统形式的能力、具备识读集中供热系统施工图的能力。培养学生良好的职业道德、自我学习能力、实践动手能力和耐心细致分析处理问题的能力，以及诚实、守信、善于沟通和合作

的专业素养。该任务的重点如下：

1. 集中供热系统的组成与方案选择的方法；
2. 集中供热系统的用户热力站形式特点；
3. 集中热水供热系统连接形式特点；
4. 识读集中供热系统施工图的方法；
5. 集中蒸汽供热系统形式特点。

任务 2

集中供热系统的计算

教 **学** **导** **航**	**教**	知识重点	通过项目教学活动,培养学生具备进行热负荷及年耗热量计算、集中热水供热系统水力计算、集中蒸汽供热系统水力计算的能力
		知识难点	集中热水供热系统水力计算
		教学方式	讲授法、任务驱动法、自主学习法、练习法、读书指导法、案例教学法
		学时	10 学时
	学	学习目标	1. 掌握热负荷及年耗热量计算的方法; 2. 掌握集中热水供热系统水力计算的方法; 3. 掌握集中蒸汽供热系统水力计算的方法
		能力目标	培养学生良好的职业道德、自我学习能力、实践动手能力和耐心细致分析处理问题的能力,以及诚实、守信、善于沟通和合作的专业素养

知识分布网络

集中供热系统的计算
- 集中供热系统的热负荷及年耗热量
- 集中热水供热系统的水力计算
- 集中蒸汽供热系统的水力计算

2.1 集中供热系统的热负荷及年耗热量

2.1.1 集中供热系统热负荷的分类

集中供热系统主要由供暖、通风、热水供应、空气调节和生产工艺等热用户组成，正确合理地确定这些用户系统的热负荷，是确定供热方案、选择锅炉和进行管网水力计算的主要依据。集中供热系统的热负荷分成季节性和常年性热负荷两大类。

季节性热负荷包括供暖、通风、空调等系统的用热热负荷。这类热负荷与室外温度、湿度、风速、风向和太阳辐射强度等气候条件密切相关，其中室外温度对季节性热负荷的大小起决定作用。

常年性热负荷包括生产工艺用热系统和生活用热（主要指热水供应）系统的用热负荷。这类热负荷与气候条件的关系不大，用热量比较稳定，在全年中变化较小。但在全天中由于生产班制和生活用热人数的变化，用热负荷的变化幅度较大。

2.1.2 各类热用户热负荷的估算

热水供热管网设计时，应计算建筑物的设计热负荷，对既有建筑应调查历年实际热负荷、耗热量及建筑节能改造情况，按实际耗热量确定设计热负荷。集中供热系统进行规划和初步设计时，如果某些单位建筑物资料不全或尚未进行各类建筑物的具体设计工作时，可利用概算指标来估算各类热用户的热负荷。

1. 供暖设计热负荷的估算

供暖设计热负荷可采用体积热指标或面积热指标法进行估算。

1）体积热指标法

$$Q_n=q_v V_w(t_n-t_{wn})\times 10^{-3} \tag{2-1}$$

式中，Q_n 为建筑物的供暖设计热负荷（kW）；V_w 为建筑物的外围体积（m^3）；t_n 为供暖室内计算温度（℃）；t_{wn} 为供暖室外计算温度（℃）；q_v 为建筑物的供暖体积热指标[W/($m^3\cdot$℃)]。

建筑物的供暖体积热指标 q_v 表示各类建筑物在室内外温差为 1 ℃时，1 m^3 建筑物外围体积的供暖设计热负荷，它的大小取决于建筑物围护结构的特点及外形尺寸。围护结构的传热系数越大，采光率越大，外部体积越小，长宽比越大，建筑物单位体积的热损失越大，也就是体积热指标越大。从建筑节能角度出发，想要降低建筑物的供暖设计热负荷就应减小供暖体积热指标 q_v。

各类建筑物的供暖体积热指标 q_v 可通过对已建成建筑物进行理论计算或对已有数据进行归纳统计得出，也可查阅有关设计手册获得。

2）面积热指标法

$$Q_n= q_f F\times 10^{-3} \tag{2-2}$$

式中，Q_n 为建筑物的供暖设计热负荷（kW）；F 为建筑物的建筑面积（m^2）；q_f 为建筑物供暖面积热指标（W/m²）。

建筑物的面积热指标 q_f 表示各类建筑物每 $1\ m^2$ 建筑面积的供暖设计热负荷。各类建筑面积热指标的推荐值见表 2-1。

表 2-1　建筑物供暖面积热指标（W/m²）

建筑物类型	供暖热指标 q_f	
	未采取节能措施	采取节能措施
住宅	58～64	40～45
综合居住区	60～67	45～55
学校、办公	60～80	50～70
医院、幼儿园	65～80	55～70
旅馆	60～70	50～60
商店	65～80	55～70
食堂、餐厅	115～140	100～130
影剧院、展览馆	95～115	80～105
大礼堂、体育馆	115～165	100～150

注：1. 表中数值适用于我国东北、华北、西北地区；
　　2. 热指标中已包括约 5% 的管网热损失。

设计选用热指标时，总建筑面积大，围护结构热工性能好，窗户面积小时，采用较小值；反之采用较大值。本节提供热指标的依据为我国"三北"地区的实测资料，南方地区应根据当地的气象条件及相同类型建筑物的热指标资料确定。现有面积热指标是针对于北方大多数地区，在分析了体形系数、建筑面积对单层建筑供暖面积热指标的影响，并进行实例计算得出的。一般仅适用于 $80\ m^2$ 以上的单层建筑，在估算小面积的单层建筑热负荷时，应考虑建筑物体形系数、建筑面积等因素的影响。

需要强调的是，采用热指标计算房间的热负荷，只能适应一般的概略计算，对于正规的工程设计或一些特殊建筑物，均应按照规范规定的计算方法进行仔细计算，以求计算得更准确可靠一些。

建筑物热量的传递主要是通过垂直的外围护结构（墙、门、窗等）向外传递的，它与建筑物外围护结构的平面尺寸和层高有关，而不是直接取决于建筑物的平面面积，用体积热指标法更能清楚地说明这一点。但用面积热指标更容易计算，所以现在多采用面积热指标法估算供暖设计热负荷。

2. 通风、空调设计热负荷的估算

在供暖季节里，为满足生产厂房、公共建筑及居住建筑的清洁度和温湿度要求，将室外的新鲜空气加热后送入空调房间所消耗的热量称为通风、空调设计热负荷。

1）通风设计热负荷可采用百分数法估算

$$Q_T = K_T Q_n \qquad\qquad (2\text{-}3)$$

式中，Q_T 为建筑物的通风设计热负荷（kW）；Q_n 为建筑物的供暖设计热负荷（kW）；K_T 为建筑物通风热负荷的计算系数，一般取 0.3～0.5。

应注意，对于一般民用建筑，室外冷空气无组织地从门窗缝隙渗入室内，被加热成室温所消耗的热量，在供暖设计热负荷的冷风渗透耗热量和冷风侵入耗热量中已计算过，不必再次计算。

2）空调冬季热负荷的估算

$$Q_a = q_a A_k \times 10^{-3} \tag{2-4}$$

式中，Q_a 为空调冬季设计热负荷（kW）；q_a 为空调热指标（W/m²），可按表 2-2 选用；A_k 为空调建筑物的建筑面积（m²）。

3）空调夏季热负荷的估算

$$Q_c = \frac{q_c A_k}{COP} \times 10^{-3} \tag{2-5}$$

式中，Q_c 为空调夏季设计热负荷（kW）；q_c 为空调冷指标（W/m²），可按表 2-2 选用；A_k 为空调建筑物的建筑面积（m²）；COP 为吸收式制冷机的制冷系数，可取 0.7～1.2。

表 2-2　空调热指标、冷指标推荐值（W/m²）

建筑物类型	热指标 q_a	冷指标 q_c
办公	80～100	80～110
医院	90～120	70～100
餐馆、宾馆	90～120	80～110
商店、展览馆	100～120	125～180
影剧院	115～140	150～200
体育馆	130～190	140～200

注：1. 表中数值适用于我国东北、华北、西北地区；

2. 寒冷地区热指标取较小值，冷指标取较大值；严寒地区热指标取较大值，冷指标取较小值。

3. 生活用热设计热负荷的估算

日常生活中浴室、食堂、热水供应等方面消耗的热量称为生活用热设计热负荷，它的大小取决于人们的生活水平、生活习惯和生产设备情况。

（1）一般居住区热水供应的平均热负荷按下式估算：

$$Q_{spj} = q_s F \times 10^{-3} \tag{2-6}$$

式中，Q_{spj} 为居住区供暖期生活热水的平均热负荷（kW）；F 为居住区的总建筑面积（m²）；q_s 为居住区热水供应热指标（W/m²），可按表 2-3 选用。

建筑物或居住区的热水供应最大热负荷取决于该建筑物或居住区每天使用热水的规律，最大热负荷 Q_{smax} 与平均热负荷 Q_{spj} 的比值称为小时变化系数 K。

（2）居住区生活热水最大热负荷：

$$Q_{smax} = K Q_{spj} \tag{2-7}$$

式中，Q_{smax} 为居住区供暖期生活热水的最大热负荷 Q_{smax}（kW）；K 为小时变化系数，一般可取 2～3。

表 2-3　居住区供暖期生活热水日平均热指标（W/m²）

用水设备情况	热指标 q_s
住宅无生活热水设备，只对公共建筑供热水时	2～3
全部住宅有沐浴设备，并供给生活热水时	5～15

注：1. 冷水温度较高时取较小值，冷水温度较低时取较大值；

　　2. 热指标中已包括约 10% 的管网热损失。

建筑物或居住区用水单位数越多，全天中的最大热负荷 Q_{smax} 越接近于全天的平均热负荷 Q_{spj}，小时变化系数 K 值越接近于 1。城市集中供热系统的热网干线，由于用水单位数目很多，干线热水供应设计热负荷可按热水供应的平均热负荷 Q_{spj} 计算。

计算热力网设计热负荷时，生活热水设计热负荷应按下列规定取用：

（1）对热力网干线，应采用生活热水平均热负荷；

（2）对热力网支线，当用户有足够容积的储水箱时，应采用生活热水平均热负荷；当用户无足够容积的储水箱时，应采用生活热水最大热负荷，最大热负荷叠加时应考虑同时使用系数。

4. 生产工艺热负荷

生产中用于烘干、加热、蒸煮、洗涤等方面的用热或作为动力驱动机械设备的耗热量称为生产工艺热负荷。生产工艺热负荷的大小、热媒的种类和类型，主要取决于生产工艺的性质、用热设备的形式，以及工厂的工作性质等因素。生产工艺热负荷很难用固定的公式表述，一般由生产工艺设计人员提供或根据用热设备产品样本确定。

当无工业建筑供暖、通风、空调、生活及生产工艺热负荷的设计资料时，对现有企业，应采用生产建筑和生产工艺的实际耗热数据，并考虑今后可能的变化；对规划建设的工业企业，可按不同行业项目估算指标中典型生产规模进行估算，也可按同类型、同地区企业的设计资料或实际耗热定额计算。当生产工艺热用户或用热设备较多时，供热管网中各热用户的最大热负荷往往不会同时出现，因而在计算集中供热系统的热负荷时，应取经核实后的各热用户最大热负荷之和乘以同时使用系数。同时使用系数可按 0.6～0.9 取值。考虑了同时使用系数后，管网总热负荷可以降低，可以减少集中供热系统的投资费用。

以热电厂为热源的城镇供热管网，应发展非供暖期热负荷，包括制冷热负荷和季节性生产热负荷。

2.1.3　集中供热系统的年耗热量

1. 供暖年耗热量

$$Q_{na}=0.0864Q_n N \frac{(t_n-t_{pj})}{(t_n-t_{wn})} \tag{2-8}$$

式中，Q_{na} 为供暖年耗热量（GJ/a）；Q_n 为供暖设计热负荷（kW）；N 为供暖期天数（d）；t_{wn} 为供暖室外计算温度（℃）；t_n 为供暖室内计算温度（℃）；t_{pj} 为供暖期室外平均温度（℃）。

2. 通风、空调年耗热量

$$Q_{ta}=0.0036ZQ_tN\frac{(t_n-t_{pj})}{(t_n-t_{wt})} \qquad (2-9)$$

式中，Q_{ta} 为通风、空调年耗热量（GJ/a）；Q_t 为通风、空调设计热负荷（kW）；t_{wt} 为冬季通风、空调室外计算温度（℃）；Z 为供暖期内通风空调装置每日平均运行小时数（h/d），N 和 t_n 含义同上。

3. 生活热水供应年耗热量

$$Q_{ra}=30.24Q_{rp} \qquad (2-10)$$

式中，Q_{ra} 为供暖期生活热水供应年耗热量（GJ）；Q_{rp} 为供暖期生活热水供应的平均热负荷（kW）。

4. 供冷期制冷耗热量

$$Q_{la}=0.0036Q_cT_{c.max} \qquad (2-11)$$

式中，Q_{la} 为供冷期制冷耗热量（GJ）；Q_c 为空调夏季热负荷（kW）；$T_{c.max}$ 为空调夏季最大负荷利用小时数（h）。

2.2 集中热水供热系统的水力计算

室外热水供热管网水力计算的任务主要有：已知热媒流量和压力损失，确定管道直径；已知热媒流量和管道直径，计算管道的压力损失，进而确定网路循环水泵的流量和扬程；已知管道直径和允许的压力损失，校核计算管道中的流量。

室外热水供热管网水力计算的基本原理与室内热水供暖系统的水力计算原理完全相同。

2.2.1 沿程压力损失的计算

因室外管网流量较大，所以计算每米长沿程压力损失（比摩阻）的公式中，流量用 t/h 作单位，即：

$$R=6.25\times10^{-2}\frac{\lambda G^2}{\rho d^5} \qquad (2-12)$$

式中，R 为每米管长的沿程压力损失（Pa/m）；G 为管段的热媒流量（t/h）；λ 为沿程阻力系数；ρ 为热媒密度（kg/m³）；d 为管道内径（m）。

通常室外管网内水的流速大于 0.5 m/s，水的流动状态多处于紊流的粗糙区，沿程阻力系数 λ 可用公式 $\lambda=0.11\left(\dfrac{K}{d}\right)^{0.25}$ 计算（K 为管道内壁面的绝对粗糙度，室外热水网路取 $K=0.5$ mm）。

将沿程阻力系数 $\lambda=0.11\left(\dfrac{K}{d}\right)^{0.25}$ 代入公式（2-12）中，得：

$$R=6.88\times10^{-3}K^{0.25}\frac{G^2}{\rho d^{5.25}} \qquad (2-13)$$

附录 A 是根据公式（2-13）编制的室外热水网路水力计算表，该表的编制条件为绝对粗糙度 $K=0.5$ mm，温度 $t=100$ ℃，密度 $\rho=958.38$ kg/m^3，运动粘滞系数 $\nu=0.295\times10^{-6}$ m^2/s。

如果管道的实际绝对粗糙度与制表的绝对粗糙度不符，则应对比摩阻进行修正，即：

$$R_{sh}=\left(\frac{K_{sh}}{K_b}\right)^{0.25}R_b=mR_b \qquad (2-14)$$

式中，R_b、K_b 为制表中的比摩阻和表中规定的管道绝对粗糙度；R_{sh}、K_{sh} 为热媒的实际比摩阻和管道的实际绝对粗糙度；m 为绝对粗糙度 K 的修正系数，见表 2-4。

表 2-4　K 值修正系数 m 和 β 值

K/mm	0.1	0.2	0.5	1.0
m	0.669	0.795	1.0	1.189
β	1.495	1.26	1.0	0.84

如果流体的实际密度与制表的密度不同，但质量流量相同，则应对流速、比摩阻和管径进行修正，即：

$$v_{sh}=\left(\frac{\rho_b}{\rho_{sh}}\right)v_b \qquad (2-15)$$

$$R_{sh}=\left(\frac{\rho_b}{\rho_{sh}}\right)R_b \qquad (2-16)$$

$$d_{sh}=\left(\frac{\rho_b}{\rho_{sh}}\right)^{0.19}d_b \qquad (2-17)$$

式中，ρ_b、v_b、R_b、d_b 为制表密度和表中查得的流速、比摩阻、管径；ρ_{sh}、v_{sh}、R_{sh}、d_{sh} 为热媒的实际密度和实际密度下的流速、比摩阻、管径。

在热水网路的水力计算中，由于水的密度随温度变化很小，一般可以不考虑不同密度下的修正计算。但在蒸汽管网和余压凝水管网中，流体沿管道输送过程中密度变化很大，需按上述公式进行不同密度下的修正计算。

2.2.2　局部压力损失的计算

在室外管网的水力计算中，经常采用当量长度法进行管网局部压力损失的计算。局部阻力的当量长度 $L_d=\sum\xi\dfrac{d}{\lambda}$，将公式 $\lambda=0.11\left(\dfrac{K}{d}\right)^{0.25}$ 代入得：

$$L_d = 9.1 \sum \xi \left(\frac{d^{1.25}}{K^{0.25}} \right) \qquad (2-18)$$

式中，L_d 为管段的局部阻力当量长度（m）；$\sum \xi$ 为管段的总局部阻力系数。

附录 B 为 $K=0.5$ mm 条件下，一些局部构件的局部阻力系数和当量长度值。如果使用条件下的绝对粗糙度与制表的绝对粗糙度不符，应对当量长度 L_d 进行修正，即：

$$L_{dsh} = \left(\frac{K_b}{K_{sh}} \right)^{0.25} L_{db} = \beta L_{db} \qquad (2-19)$$

式中，K_b、L_{db} 为制表的绝对粗糙度及表中查得的当量长度；K_{sh} 为管网的实际绝对粗糙度；L_{dsh} 为实际粗糙度条件下的当量长度；β 为绝对粗糙度的修正系数，见表 2-4。

室外管网的总压力损失：

$$\Delta p = \sum R (L + L_d) = \sum R L_{zh} \qquad (2-20)$$

式中，L_{zh} 为管段的折算长度（m）。

进行压力损失的估算时，局部阻力的当量长度 L_d 可按管道实际长度 L 的百分数估算，即：

$$L_d = \alpha_j L \qquad (2-21)$$

式中，α_j 为局部阻力当量长度百分数（%），见附录 C，为热网管道局部损失与沿程损失的估算比值；L 为管段的实际长度（m）。

案例 2　某厂区闭式双管热水供热系统管网水力计算

已知条件：某厂区闭式双管热水供热系统网路平面布置，如图 2-1 所示，管网中各管段长度、阀门的位置、方形补偿器的个数及各个用户的热负荷（kW）已标注图中。管网设计供水温度 t'_g=130 ℃，回水温度 t'_h=70 ℃，各用户内部已确定压力损失均为 50 kPa。试进行该厂区闭式双管热水供热系统管网的水力计算。

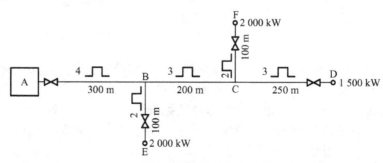

图 2-1　某厂区闭式双管热水供热网路

解　计算步骤：

1）首先确定各段流量

外网水力计算时，各管段的计算流量应根据管段所担负的各热用户的计算流量确定。

如果热用户只有热水供暖用户，流量可按下式确定：

$$G = \frac{3\,600Q}{4.187 \times 10^3 \times (t'_\text{g} - t'_\text{h})} = \frac{0.86Q}{(t'_\text{g} - t'_\text{h})} \qquad (2\text{-}22)$$

式中，G 为各管段流量（t/h）；Q 为各管段的热负荷（kW）；t'_g、t'_h 为外网的供、回水温度（℃）。

热用户 D：

$$G_\text{D} = \frac{0.86Q}{(t'_\text{g} - t'_\text{h})} = \frac{0.86 \times 1\,500}{130 - 70} = 21.5 \text{ t/h}$$

热用户 E、F 流量计算方法同上，$G_\text{E} = G_\text{F} = 28.67$ t/h，各管段计算流量见表 2-5。

表 2-5　室外热水管网水力计算表

管段编号	热负荷 Q/kW	流量 G /（t/h）	管段长度 L/m	管径 DN/mm	流速 v /（m/s）	比摩阻 R /（Pa/m）	局部阻力当量长度 L_d /m	折算长度 L_zh /m	压力损失 $p=RL_\text{zh}$/Pa
1	2	3	4	5	6	7	8	9	10
主干线 A—D									
A–B	5 500	78.84	300	200	0.68	26.29	96.96	396.96	10 436.08
B–C	3 500	50.17	200	150	0.82	58.21	52.36	252.36	14 689.88
C–D	1 500	21.5	250	100	0.79	91.65	35.33	285.33	26 150.49
Δp_AD=51 276.45 Pa									
支线 B-E　　资用压力$\Delta p_{\text{资}\text{BE}}$=40 840.37 Pa									
B–E	2 000	28.67	100	100	1.06	162.77	26.2	126.2	20 541.57
支线 C-F　　资用压力$\Delta p_{\text{资}\text{CF}}$=26150.49 Pa									
C–F	2 000	28.67	100	100	1.06	162.77	26.2	126.2	20 541.57

2）主干线的水力计算

（1）确定热水网路的主干线及其平均比摩阻。热水网路的水力计算应从主干线开始计算，主干线是允许平均比摩阻最小的一条管线。一般情况下，热水网路各用户要求预留的作用压力基本相等，所以热源到最远用户的管线是主干线。本设计中，各用户内部压力损失均为 50 kPa，所以从热源 A 到最远用户 D 的管线是主干线。

主干线的比摩阻宜采用经济平均比摩阻 R_pj，即在规定的计算年限内总费用最小的平均比摩阻。经济平均比摩阻 R_pj 是综合考虑管网和热力站的投资与运行电耗及热损失费用等得出的最佳管径下的设计平均比摩阻值，《供暖通风与空气调节设计规范》中规定：热水网路主干线的设计平均比摩阻可取 30～70 Pa/m。

（2）根据主干线各管段流量和平均比摩阻，查附录 A，确定各管段管径和实际比摩阻。

例如管段 A—B，热负荷 Q=2 000+2 000+1 500=5 500 kW，流量 $G_\text{AB} = \dfrac{0.86 \times 5\,500}{130 - 70} =$

78.84 t/h，再根据推荐的平均比摩阻 30～70 Pa/m，查附录 A 确定：DN=200 mm，R=26.29 Pa/m，v=0.68 m/s。

其他各管段的计算结果见表 2-5。

（3）根据各管段的管径和局部构件的类型，查附录 B 确定各管段的局部阻力当量长度 L_d，计算各管段的折算长度 $L_{zh}=(L+L_d)$，确定各管段的总压降 $\Delta p=\sum R L_{zh}$。

例如管段 A—B，DN=200 mm，局部阻力当量长度 L_d：

闸阀 3.36×1=3.36 m

方形补偿器 23.4×4=93.6 m

局部阻力当量长度 $\sum L_d$ =3.36+93.6=96.96 m

管段 A—B 的折算长度 $L_{zh}=(L+L_d)$=396.96 m

管段 A—B 的总压降 $\Delta p=\sum R L_{zh}$=10 436.08 Pa

管段 B—C，DN=150 mm，局部阻力当量长度 L_d：

分流三通 5.6×1=5.6 m

异径接头 0.56×1=0.56 m

方形补偿器 15.4×3=46.2 m

局部阻力当量长度 $\sum L_d$ =5.6+0.56+46.2=52.36 m

管段 C—D，DN=100 mm，局部阻力当量长度 L_d：

分流三通 3.3×1=3.3 m

异径接头 0.98×1=0.98 m

方形补偿器 9.8×3=29.4 m

闸阀 1.65×1=1.65 m

局部阻力当量长度 $\sum L_d$ =3.3+0.98+29.4+1.65=35.33 m

用同样的方法，各管段的计算结果见表 2-5。

（4）计算主干线的总压降。主干线 A—D 的总压降为：

$$\Delta p_{AD}=\Delta p_{AB}+\Delta p_{BC}+\Delta p_{CD}=10\ 436.08+14\ 689.88+26\ 150.49=51\ 276.45\ \text{Pa}$$

3）支线水力计算

首先确定支线资用压力，根据资用压力计算其平均比摩阻，再根据平均比摩阻查附录 A 确定管径、实际比摩阻和实际流速。

在支线水力计算中有两个控制指标，即热水流速 v 不应大于 3.5 m/s；支干线比摩阻 R 不应大于 300 Pa/m。连接一个热力站的支线比摩阻可大于 300 Pa/m。

例如管段 B—E，根据节点压力平衡的原则，其资用压力为 $\Delta p_{资BE}=\Delta p_{BC}+\Delta p_{CD}$=14 689.88+26 150.49=40 840.37 Pa

热水网路中局部损失与沿程损失的估算比值 α_j，查附录 C 可知，带方形补偿器的输配干线，α_j 为 0.6，则管段 B—E 的平均比摩阻：

$$R_{pj}=\frac{\Delta p_{资BE}}{L_{BE}(1+\alpha_j)}=\frac{40\ 840.37}{100(1+0.6)}=255.25\ \text{Pa/m}$$

符合控制比摩阻 $R \leqslant 300$ Pa/m 的要求。

根据流量 $G_E = 28.67$ t/h，$R_{pj} = 255.25$ Pa/m，查附录 A 确定。

$$DN_{BE} = 100 \text{ mm}, \quad R = 162.77 \text{ Pa/m}, \quad v = 1.06 \text{ m/s}$$

符合控制流速 $v \leqslant 3.5$ m/s 的要求。

管段 B—E 的局部阻力当量长度 L_d，DN=100 mm，查附录 B 确定。

分流三通 4.95×1=4.95 m

闸阀 1.65×1=1.65 m

方形补偿器 9.8×2=19.6 m

局部阻力当量长度 $\sum L_d = 4.95 + 1.65 + 19.6 = 26.2$ m

管段 B—E 的折算长度 $L_{zh} = (L + L_d) = 26.2 + 100 = 126.2$ m

管段 B—E 的总压降 $\Delta p_{BE} = R L_{zh} = 20\,541.57$ Pa

可用同样方法计算支线 C—F，计算结果见表 2-5。

各用户入口处剩余压力可安装调压板、调压阀门或流量调节器消除。

2.3　集中蒸汽供热系统的水力计算

2.3.1　集中蒸汽供热系统水力计算原理

蒸汽供热系统管网的水力计算是由蒸汽管网的水力计算和凝结水管网的水力计算两部分组成。热水管网水力计算的基本公式对蒸汽管网同样适用，通常也可根据这些基本公式制成水力计算图表。

附录 D 是室外高压蒸汽管路水力计算表，表中的绝对粗糙度 $K = 0.2$ mm，密度 $\rho = 1$ kg/m³。

室外高压蒸汽管网压力高、流速大、管线长、压力损失也较大。蒸汽沿途流动时，密度的变化非常大，如果计算管段的蒸汽密度 ρ_{sh} 与水力计算表的制表密度 ρ_b 不同，应对表中查出的流速 v_b 和比摩阻 R_b 进行修正，即：

$$v_{sh} = (\rho_b / \rho_{sh}) v_b$$
$$R_{sh} = (\rho_b / \rho_{sh}) R_b$$

如果蒸汽管网的绝对粗糙度 K_{sh} 与水力计算表中的绝对粗糙度 K_b 不同，也应对表中查出的比摩阻进行修正，即：

$$R_{sh} = (K_{sh} / K_b)^{0.25} R_b$$

蒸汽供热管网的局部压力损失用当量长度法进行计算，即：

$$L_d = \sum \xi \frac{d}{\lambda}$$

室外蒸汽管网局部阻力的当量长度，可以采用附录 B 热水网路局部阻力当量长度的数值乘以修正系数 $\beta = 1.26$ 确定。

蒸汽管网的计算总压降：

$$\Delta P = R(L + L_d) = RL_{zh}$$

2.3.2 蒸汽网路水力计算方法

蒸汽管网水力计算的任务是合理地选择蒸汽管网各管段管径，保证各用户所需的蒸汽压力和流量。

进行蒸汽管网水力计算前应先绘制出管网平面布置图，图中应注明各热用户的热负荷、热源位置及供汽参数、各管段编号及长度、阀门、补偿器的形式、位置、数量。下面举例说明蒸汽管网水力计算的方法和步骤。

案例 3 某厂区蒸汽管网的水力计算

某厂区室外高压蒸汽管网平面布置如图 2-2 所示，已知蒸汽锅炉出口饱和蒸汽表压力为 10×10^5 Pa，其他已知条件已标于图中，试进行蒸汽管网的水力计算。

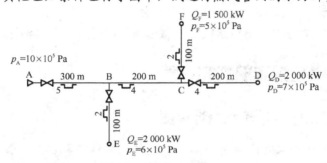

图 2-2　室外高压蒸汽管网平面布置

解

1）确定各热用户的计算流量和各管段的计算流量

各用户的计算流量：

$$G = \frac{3.6Q}{\gamma} \tag{2-23}$$

式中，G 为热用户的计算流量（t/h）；Q 为热用户的计算热负荷（kW）；γ 为用汽压力下的汽化潜热（kJ/kg）。

如用户 D：

$$G_D = \frac{3.6 \times 2\,000}{2\,047.5} = 3.52 \text{ t/h}$$

用户 F：

$$G_F = \frac{3.6 \times 1\,500}{2\,086} = 2.59 \text{ t/h}$$

用户 E

$$G_E = \frac{3.6 \times 2\,000}{2\,065.8} = 3.49 \text{ t/h}$$

各管段的计算流量见表 2-6。

表 2-6　室外高压蒸汽管网水力计算表

管段编号	蒸汽流量 G/(t/h)	公称直径 DN/mm	管段长度 实际长度 L/m	当量长度 L_d/m	折算长度 L_{zh}/m	管段始端表压力 (×10⁵ Pa)	管段末端表压力 (×10⁵ Pa)	假设蒸汽平均密度 ρ_f/(kg/m³)	管段平均比摩阻 R_{pj}/(Pa/m)	ρ=1 kg/m³ 条件下 比摩阻 R_b/(Pa/m)	流速 v_b/(m/s)	比摩阻 R_{pj}/(Pa/m)	平均密度 ρ_{pj} 条件下 流速 v_{pj}/(m/s)	管段压力损失 ΔP_j (×10⁵ Pa)	管段末端表压力 P_w (×10⁵ Pa)	实际平均密度 ρ_{pj}/(kg/m³)
1	2	3	4	5	6	7	8	9	10	11	12	13	14	15	16	17
主干线																
AB	9.6	159×4.5	300	128.02	428.02	10	8.71	5.32	1265.91	1601.32	151.0	301.0	28.38	1.29	8.71	5.32
BC	6.11	133×4	200	69.1	269.1	8.71	7.86	4.79	1140.45	1724.45	139.64	360.01	29.15	0.97	7.74	4.76
CD	3.52	108×4	200	70.98	270.98	7.74	7	4.34	1033.31	1813.0	124.6	417.74	29.12	1.13	6.61	4.237
								4.237	1008.79	1813.0	124.6	427.90	29.41	1.16	6.58	4.23
分支线																
BE	3.49	108×4	100	47.94	147.94	8.71	6	4.33	6519.06	1783.6	123.6	411.92	28.55	0.61	8.10	4.85
								4.85	7301.97	1783.6	123.6	367.75	25.48	0.54	8.17	4.86
CF	2.59	89×3.5	100	37.57	137.57	7.74	5	3.85	5860.55	2791.04	136.5	724.95	35.45	0.997	6.74	4.27
								4.27	6499.88	2791.04	136.5	653.64	31.97	0.899	6.84	4.295

注：局部阻力当量长度

管段 AB　DN159×4.5 mm
截止阀 1个　24.6 m×1
方形补偿器 5个　15.4 m×5
局部阻力当量长度 L_d=1.26×(24.6+15.4×5)=128.02 m

管段 BC　DN133×4 mm
方形补偿器 4个　12.5 m×4
直流三通 1个　4.4 m×1
异径接头 1个　0.44 m×1
局部阻力当量长度 L_d=1.26×(12.5×4+4.4+0.44)=69.1m

管段 CD　DN108×4 mm
方形补偿器 4个　9.84 m×4
直流三通 1个　3.3 m×1
异径接头 1个　0.33 m×1
截止阀 1个　13.5 m×1
局部阻力当量长度 L_d=1.26×(9.8×4+3.3+0.33+13.5)=70.98 m

管段 BE　DN108×4 mm
分流三通 1个　4.95 m×1
截止阀 1个　13.5 m×1
方形补偿器 2个　9.8 m×2
局部阻力当量长度 L_d=1.26×(4.95+13.5+9.8×2)=47.94 m

管段 CF　DN89×3.5 mm
分流三通 1个　3.82 m×1
截止阀 1个　10.2 m×1
方形补偿器 2个　7.9 m×2
局部阻力当量长度 L_d=1.26×(3.82+10.2+7.9×2)=37.57 m

2）确定主干线及其平均比摩阻 R_{pj}

主干线是允许单位长度平均比摩阻最小的一条管线。本案例中从锅炉出口 A 到用户 D 的管线是主干线。主干线的平均比摩阻可按下式计算：

$$R_{pj} = \frac{\Delta p}{(1+\alpha_j)\sum L} \qquad (2\text{-}24)$$

式中，Δp 为热网主干线始端到末端的蒸汽压差（Pa）；$\sum L$ 为主干线长度（m）；α_j 为局部损失与沿程损失的估算比值，查附录 C，高压蒸汽带方形补偿器的输配干线取 $\alpha_j = 0.8$。

主干线 AD 的平均比摩阻：

$$R_{pj} = \frac{(10-7)\times 10^5}{(1+0.8)\times(300+200+200)} = 238.09 \text{ Pa/m}$$

3）进行主干线各管段的水力计算

计算锅炉出口管段 AB。

（1）已知 A 点蒸汽压力 $p_{SA} = 10\times 10^5$ Pa（表压），根据平均比摩阻按比例可假设出 B 点蒸汽压力（表压）：

$$p_{SB} = p_{SA} - \frac{\Delta p L_{AB}}{\sum L} = 10\times 10^5 - \frac{(10-7)\times 10^5 \times 300}{700} = 8.71\times 10^5 \text{ Pa}$$

（2）根据管段始、末端蒸汽压力，求出该管段假设的平均密度：

$$\rho_{pj} = \frac{(\rho_s + \rho_m)}{2}$$

式中，ρ_s、ρ_m 为为计算管段始端和末端的蒸汽密度（kg/m³）。

查附录 E，饱和水与饱和蒸汽的热力特性表。

当始端蒸汽绝对压力为： $p_A = (10+1)\times 10^5 = 11\times 10^5$ Pa

$$\rho_A = 5.64 \text{ kg/m}^3$$

当末端蒸汽绝对压力为： $p_B = (8.71+1)\times 10^5 = 9.71\times 10^5$ Pa

$$\rho_B = 4.99 \text{ kg/m}^3$$

AB 管段假设的平均密度：

$$\rho_{pj} = \frac{(\rho_A + \rho_B)}{2} = \frac{(5.64+4.99)}{2} = 5.32 \text{ kg/m}^3$$

（3）根据该管段假设的平均密度 ρ_{pj}，将主干线的平均比摩阻 R_{pj} 换算成蒸汽管路水力计算表中密度 ρ_b 下的平均比摩阻 R_{pjb} 值，水力计算表的密度为 $\rho_b = 1$ kg/m³，则：

$$\frac{R_{pjb}}{R_{pj}} = \frac{\rho_{pj}}{\rho_b}$$

AB 管段的表中平均比摩阻为：

$$R_{pjb} = R_{pj}\frac{\rho_{pj}}{\rho_b} = \frac{238.09\times 5.32}{1} = 1\,266.64 \text{ Pa/m}$$

（4）根据该管段的计算流量 G 和水力计算表 ρ_b 密度下的 R_{pjb} 值，查附录 D，选定蒸汽管段的直径 d、实际比摩阻 R_b 和蒸汽在管道中的实际流速 v_b。

AB 管段的蒸汽流量为(3.52+2.59+3.49) t/h=9.6 t/h，R_{pjb}=1 266.64 Pa/m，查附录 D，该管段选用管子的公称直径为 DN159×4.5 mm 的无缝钢管，表中实际比摩阻 R_b=1 601.32 Pa/m，实际流速 v_b=151.0 m/s。

（5）根据该管段假设的平均密度，将水力计算表中查得的比摩阻 R_b 和流速 v_b，换算成假设平均密度 ρ_{pj} 条件下的实际比摩阻 R_{sh} 和实际流速 v_{sh}，水力计算表的密度为 ρ_b=1 kg/m³，则：

$$R_{sh} = \left(\frac{1}{\rho_{pj}}\right) R_b$$

$$v_{sh} = \left(\frac{1}{\rho_{pj}}\right) v_b$$

应注意，蒸汽在管路中流动时，最大允许流速不得大于下列规定。

过热蒸汽：

公称直径 DN >200 mm 时，$v \leqslant 80$ m/s；

公称直径 DN ≤200 mm 时，$v \leqslant 50$ m/s。

饱和蒸汽：

公称直径 DN >200 mm 时，$v \leqslant 60$ m/s；

公称直径 DN ≤200 mm 时，$v \leqslant 35$ m/s。

将表中查得的 R_b 和 v_b 换算成假设平均密度 ρ_{pj}=5.32 kg/m³ 条件下的实际比摩阻 R_{sh} 和实际流速 v_{sh}，则：

$$R_{sh} = \left(\frac{1}{5.32}\right) \times 1\,601.32 = 301 \text{ Pa/m}$$

$$v_{sh} = \left(\frac{1}{5.32}\right) \times 151 = 28.38 \text{ m/s}$$

没有超过规定值。

（6）根据选择的管径，查附录 B 确定计算管段的局部阻力当量长度 L_d，并计算该管段的实际压降。

AB 管段：DN159×4.5 mm（150 mm）。

局部阻力有：1 个截止阀，5 个方形补偿器（锻压弯头）。查附录 B，管段 AB 的局部阻力当量长度：

$$L_d = (24.6 + 15.4 \times 5) \times 1.26 = 128.02 \text{ m}$$

管段 AB 的折算长度：

$$L_{zh} = L + L_d = (300 + 128.02) = 428.02 \text{ m}$$

该管段的实际压降：

$$\Delta p_{sh} = R_{sh}\, L_{zh} = 301 \times 428.02 = 128\,834.02 \approx 1.29 \times 10^5 \text{ Pa}$$

（7）根据该管段的始端压力和实际末端压力确定该管段中蒸汽的实际平均密度。管段 AB 的实际末端表压力：

$$p_B = p_A - \Delta p_{sh} = (10 \times 10^5 - 1.29 \times 10^5) = 8.71 \times 10^5 \text{ Pa}$$

查附录 E，当始端蒸汽绝对压力 $p_A = (10+1) \times 10^5 = 11 \times 10^5 \text{ Pa}$

$$\rho_A = 5.64 \text{ kg/m}^3$$

当末端蒸汽绝对压力 $p_B = (8.71+1) \times 10^5 = 9.71 \times 10^5 \text{ Pa}$

$$\rho_B = 4.99 \text{ kg/m}^3$$

管段的实际平均密度：

$$\rho_{pj} = \frac{(\rho_A + \rho_B)}{2} = \frac{(5.64 + 4.99)}{2} = 5.32 \text{ kg/m}^3$$

原假设的蒸汽密度 $\rho_{pj} = 5.32 \text{ kg/m}^3$，两者一致，不需重新计算。

如果管段实际平均密度 ρ_{pj} 与原假设的蒸汽平均密度相差较大，则应重新假设 ρ_{pj}，按上述方法重新计算，直到两者相等或差别很小为止。

（8）可用相同方法依次计算主干线其余管段，将主干线各管段的计算结果列于表 2-6 中。

4）分支管线的水力计算

（1）根据主干线的水力计算结果，主干线与分支管线 CF 的节点 C 点处蒸汽表压力为 $7.74 \times 10^5 \text{ Pa}$。

分支线 CF 的平均比摩阻为：

$$R_{pj} = \frac{(7.74-5) \times 10^5}{(1+0.8) \times 100} = 1522.22 \text{ Pa/m}$$

（2）根据分支管线始、末端蒸汽压力，确定假设的蒸汽平均密度。

查附录 E，始端蒸汽绝对压力 $p_C = 8.74 \times 10^5 \text{ Pa}$，$\rho_C = 4.52 \text{ kg/m}^3$；末端蒸汽绝对压力 $p_F = 6 \times 10^5 \text{ Pa}$，$\rho_F = 3.17 \text{ kg/m}^3$。

分支管线 CF 段假设的平均密度为：

$$\rho_{pj} = \left(\frac{\rho_C + \rho_F}{2}\right) = \left(\frac{4.52 + 3.17}{2}\right) = 3.85 \text{ kg/m}^3$$

（3）将平均比摩阻换算成水力计算表 $\rho_b = 1 \text{ kg/m}^3$ 下的平均比摩阻，即：

$$R_{pjb} = R_{pj} \times \rho_{pj} = 1522.22 \times 3.85 = 5860.55 \text{ Pa/m}$$

（4）查附录 D 确定合适的管径，查出表中相应的比摩阻 R_b 和流速 v_b。

流量 $G = 2.59 \text{ t/h}$，选用管径 DN89×3.5 mm 的无缝钢管，相应的比摩阻 $R_b = 2791.04 \text{ Pa/m}$，流速 $v_b = 136.5 \text{ m/s}$。

（5）换算成假设蒸汽密度条件下的实际比摩阻 R_{sh} 和实际流速 v_{sh}，即：

$$R_{sh} = \left(\frac{1}{\rho_{pj}}\right) R_b = \left(\frac{1}{3.85}\right) \times 2791.04 = 724.95 \text{ Pa/m}$$

$$v_{sh} = \left(\frac{1}{\rho_{pj}}\right) v_b = \left(\frac{1}{3.85}\right) \times 136.5 = 35.45 \text{ m/s}$$

（6）计算分支管线的当量长度和折算长度。分支管线 CF：分流三通 1 个，截止阀 1 个，方形补偿器 2 个。

查附录 B 确定局部阻力当量长度：

$$L_d = (3.82 + 10.2 + 7.9 \times 2) \times 1.26 = 37.57 \text{ m}$$

折算长度：

$$L_{zh} = L + L_d = 100 + 37.57 = 137.57 \text{ m}$$

该管段的实际压降为：

$$\Delta p_{sh} = R_{sh} \ L_{zh} = 724.95 \times 137.57 = 0.997 \times 10^5 \text{ Pa}$$

（7）根据该管段的始端压力和实际末端压力确定该管段中蒸汽的实际平均密度。

管段 CF 的实际末端表压力为：

$$p_F = p_C - \Delta p_{CF} = (7.74 \times 10^5 - 0.997 \times 10^5) = 6.74 \times 10^5 \text{ Pa}$$

查附录 E，始端蒸汽绝对压力 $p_C = (7.74 + 1) \times 10^5 = 8.74 \times 10^5$ Pa，$\rho_C = 4.52$ kg/m³；末端蒸汽绝对压力 $p_F = (6.74 + 1) \times 10^5$ Pa $= 7.74 \times 10^5$ Pa，$\rho_F = 4.02$ kg/m³。

管段的实际平均密度为：

$$\rho_{pj} = \left(\frac{\rho_C + \rho_F}{2} \right) = \left(\frac{4.52 + 4.02}{2} \right) = 4.27 \text{ kg/m}^3$$

原假设的蒸汽密度 $\rho_{pj} = 3.85$ kg/m³，两者相差过大，需重新计算。

重新计算结果列于表 2-6 中。最后求出到达热用户 F 的蒸汽表压力为 6.84×10^5 Pa，满足使用要求。

用同样的方法，分支管线 BE 的计算结果见表 2-6。

2.3.3　凝结水管路的管径选择与计算

凝结水在凝结水管网中流动时，按凝水回流动力的不同，分为重力回水、余压回水和加压回水方式。室外余压凝水管网中，流体的流动仍按乳状混合物的满管流进行计算，管网的水力计算方法与室内凝水管路完全相同。室外余压凝水管网指的是疏水器后到分站凝水箱或热源凝水箱之间的管路，管线较长，见图 2-3。

1．一个用户的凝结水管网水力计算

现以一个包括各种流动状况的凝结水管网为例，介绍各种凝水管网的水力计算方法。

案例 4　某凝结水回收系统部分凝水管管径的确定

如图 2-3 所示为一个余压凝结水回收系统，系统始端压力为 $p = 4 \times 10^5$ Pa，用气设备 1 的凝结水计算流量为 2.0 t/h，疏水器前凝结水表压力 $p_1 = 3 \times 10^5$ Pa，疏水器后的压力 $p_2 = 1.5 \times 10^5$ Pa，二次蒸发箱 3 的表压力为 $p_3 = 0.3 \times 10^5$ Pa，计算管段 $L_1 = 120$ m，疏水器后凝水的提升高度 $H_1 = 5$ m，二次蒸发箱下面多级水封出口与凝水箱回形管之间的高差 $H_2 = 3$ m，外网管段长度 $L_2 = 250$ m，分站闭式凝水箱 5 内的压力为 $p_4 = 0.3 \times 10^4$ Pa，试确定各部分凝水管管径。

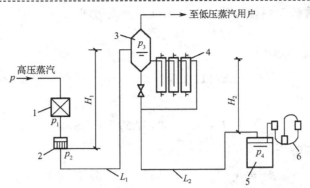

1—用汽设备；2—疏水器；3—二次蒸发箱；4—多级水封；5—分站凝水箱；6—安全水封

图 2-3　凝结水回收系统

解

1）从疏水器出口至二次蒸发箱（或高位水箱）之间的管段

（1）确定管段内汽水混合物的密度。由于凝结水通过疏水器时会形成二次蒸汽，再加上疏水器漏汽的影响，该管段内凝水的流动状态属于复杂的汽液两相流动。工程设计中认为疏水器之后的余压凝水管路中的凝水属于满管流的乳状混合物。可用下式计算乳状混合物的密度：

$$\rho_h = \frac{1}{v_h} = \frac{1}{x(v_q - v_s) + v_s} \tag{2-25}$$

式中，v_h 为汽水混合物的比体积（m^3/kg）；v_q 为二次蒸发箱或闭式凝水箱压力下饱和蒸汽的比体积（m^3/kg）；v_s 为凝结水的比体积（m^3/kg），可近似取 $0.001\ m^3/kg$；x 为 1 kg 汽水混合物中所含蒸汽的质量百分数（kg/kg（水））。

通常疏水器后凝结水管路中的蒸汽是由疏水器漏汽和二次蒸汽两部分构成，即：

$$x = x_1 + x_2 \tag{2-26}$$

式中，x_1 为疏水器的漏汽量（%），与疏水器类型、产品质量、工作条件和管理水平有关，一般可取 1%～3%；x_2 为凝水流经疏水器阀孔及在管内流动时，由于压力下降而产生的二次蒸汽量。

本案例中疏水器的漏汽率 x_1 取为 0.02。

沿途产生的二次蒸汽量 x_2，可以利用公式：$x_2 = \dfrac{h_1 - h_3}{\gamma_3}$ 计算。

式中，h_1 为疏水器前 p_1 压力下饱和凝水的焓（kJ/kg）；h_3 为二次蒸发箱或闭式凝水箱 p_3 压力下饱和凝水的焓（kJ/kg）；γ_3 为二次蒸发箱或凝水箱压力下蒸汽的汽化潜热（kJ/kg）。

也可查附录 F 确定二次蒸发汽数量 x_2。

本案例疏水器前的绝对压力 $p_1 = (3+1) \times 10^5 = 4 \times 10^5\ Pa$；

二次蒸发箱的绝对压力 $p_3 = (1+0.3) \times 10^5 = 1.3 \times 10^5\ Pa$；

查附录 F，二次蒸汽量 $x_2 = 0.069$ kg/kg（水）。

该余压凝水管段中的蒸汽量：

$$x = x_1 + x_2 = (0.02 + 0.069) \, \text{kg/kg}_{(水)} = 0.089 \, \text{kg/kg}_{(水)}$$

v_q 为二次蒸发箱压力下饱和蒸汽的比体积，二次蒸发箱表压力为 1.3×10^5 Pa，查附录 E，得 $v_q = 1.333 \, \text{m}^3/\text{kg}$。

汽水混合物的密度：

$$\rho_h = \frac{1}{v_h} = \frac{1}{x(v_q - v_s) + v_s} = \frac{1}{0.089 \times (1.333 - 0.001) + 0.001} = 8.365 \, \text{kg/m}^3$$

（2）计算该管段平均比摩阻。由下列公式得：

$$R_{pj} = \frac{(p_2 - p_3 - \rho_h gh)\alpha}{\sum L} \tag{2-27}$$

该式中 ρ_h 应为已计算出汽水混合物的密度，但计算平均比摩阻时，从安全角度出发，考虑系统重新启动时管路中会充满凝结水，所以取 $\rho_h = 1\,000 \, \text{kg/m}^3$；$g$ 为重加速度，$g = 9.81 \, \text{m/s}^2$，因此：

$$R_{pj} = \frac{1.5 \times 10^5 - 0.3 \times 10^5 - 1\,000 \times 9.81 \times 5}{120} \times 0.8 = 473 \, \text{Pa/m}$$

（3）将平均比摩阻 R_{pj} 换算成附录 G 凝结水水力计算表条件下的平均比摩阻 R_{bpj}，再查水力计算表确定管径。

$$R_{bpj} = \frac{R_{pj} \rho_{sh}}{\rho_b}$$

如果余压凝水管路中汽水混合物的密度 ρ_{sh} 和壁的绝对粗糙度 K_{sh} 与水力计算表中规定的介质密度 ρ_b 和管壁的绝对粗糙度 K_b 不同，需要将实际平均比摩阻 R_{pj} 换算成制表条件下的平均比摩阻 R_{bpj}。

在闭式凝水系统中，凝水管道的实际绝对粗糙度 $K = 0.5$ mm；开式凝水系统中，凝水管道的实际绝对粗糙度 $K = 1.0$ mm。附录 G 凝结水管径水力计算表的制表条件为 $\rho_b = 10.0 \, \text{kg/m}^3$，$K_b = 0.5$ mm。

本案例中疏水器至二次蒸发箱之间的闭式凝结水管路中汽水混合物的密度 ρ 与制表密度不同，平均比摩阻需要换算。

$$R_{bpj} = \frac{R_{pj} \rho_{sh}}{\rho_b} = \frac{473 \times 8.365}{10} = 395.67 \, \text{Pa/m}$$

式中，R_{bpj}、ρ_b 为制表条件下的平均比摩阻和密度；R_{pj}、ρ_{sh} 为实际使用条件下的平均比摩阻和密度。

该管段凝结水的计算流量 $G = 2$ t/h，查附录 G，选用管径 $DN 89 \times 3.5$ mm，表中 $R_b = 217.5$ Pa/m，流速 $v_b = 10.52$ m/s。

（4）将表中平均比摩阻 R_b 和流速 v_b 换算成实际比摩阻 R_{sh} 和流速 v_{sh}。

$$R_{sh} = R_b (\rho_b / \rho_h) = 217.5 \times (10 / 8.365) = 260.02 \, \text{Pa/m}$$

$$v_{sh} = v_b (\rho_b / \rho_h) = 10.52 \times (10 / 8.365) = 12.58 \, \text{m/s}$$

至此，该管段计算结束。

2）从二次蒸发箱至分站凝水箱之间的管段

（1）确定该管段的作用压力。该管段中凝水全部充满管路，靠二次蒸发箱与凝水箱

之间的压力差和水面高差而流动，该管段是湿式凝水管。计算该管段的作用压力 Δp 时，应按最不利情况计算，也就是将二次蒸发箱看成是开式水箱，设其表压力 $p_3=0$，则该管段的作用压力 Δp 可用下式计算：

$$\Delta p = \rho g h_2 - p_4 \qquad (2\text{-}28)$$

式中，h_2 为二次蒸发箱（或高位水箱）水面与凝水箱回形管顶的标高差（m）；p_4 为凝结水箱的表压力（Pa）。对于开式凝水箱，表压力 $p_4=0$；对于闭式凝水箱，表压力应为安全水封限制的压力；ρ 为管段中凝水密度，对于不再汽化的过冷凝水取 $\rho=1\,000\ \text{kg/m}^3$；$g$ 为重力加速度，$g=9.81\ \text{m/s}^2$。

本设计中将公式（2-28）变成：

$$\Delta p = \rho g\,(h_2 - 0.5) - p_4$$

式中的 0.5 m 为富裕值，是为了防止管段内产生虹吸作用使多级水封的最后一级失效而设置的。

$$\Delta p = 1\,000 \times 9.81 \times (3 - 0.5) - 0.3 \times 10^4 = 21\,525\ \text{Pa}$$

（2）计算该管段的平均比摩阻 R_{pj}：

$$R_{pj} = \frac{\Delta p}{L_2(1+\alpha)}$$

α_j 是室外凝水管网中局部损失与沿程损失的比值，查附录 C 取 $\alpha_j = 0.6$。

$$R_{pj} = \frac{21\,525}{250(1 + 0.6)} = 53.8\ \text{Pa/m}$$

（3）从用户系统的疏水器到热源或凝水分站处的凝水箱之间的管道，因为是凝结水满管流动的湿式凝水管，可查附录 A 热水网路的水力计算表，确定管径。

本设计中该管段按流过最大冷凝水量考虑 $G=2\ \text{t/h}$，查附录 A，选用管径 DN50 mm，比摩阻 $R=31.9\ \text{Pa/m}<53.8\ \text{Pa/m}$，流速 $v=0.3\ \text{m/s}$，至此，该管段计算结束。

2. 多个用户的凝结水管网水力计算

具有多个疏水器并联工作的余压凝水管网进行水力计算时，首先也应进行主干线的水力计算，通常从凝结水箱的总干管开始进行主干线各管段的水力计算，直到最不利用户。各管段中，也需要逐段求出汽水混合物的密度。但在实际计算中，从偏向设计安全方面考虑，通常以管段末端的密度作为管段汽水混合物的平均密度。

主干线各计算管段的二次蒸汽量，可用下式计算：

$$x_2 = \frac{\sum G_i x_i}{\sum G_i} \qquad (2\text{-}29)$$

式中，x_i 为计算管段所连接的用户，由于凝水压降产生的二次蒸汽量（kg/kg$_{(水)}$）；G_i—计算管段所连接的用户凝水计算流量（t/h）。下面通过案例来介绍多用户凝结水管网水力计算方法。

案例 5　某厂区余压凝水回收系统各管段水力计算

某厂区余压凝水回收系统如图 2-4 所示，用户 a 的凝水计算流量 $G_a=6.0\ \text{t/h}$，疏水器前的凝水表压力 $p_{a1}=3.0 \times 10^5\ \text{Pa}$。用户 b 的凝水计算流量 $G_b=2.5\ \text{t/h}$，疏水器前的凝水表

压力 $p_{b1} = 2.5 \times 10^5$ Pa。各管段管线长度标于图中，凝水借疏水器后的压力，集中输送回热源处的开式凝结水箱 I。总凝水箱回形管与疏水器之间的标高差为 1.0 m，试进行各管段水力计算。

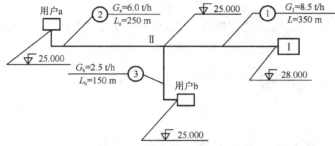

图 2-4 某厂区余压凝水回收系统

解

1）确定主干线和允许的平均比摩阻

从用户 a 到总凝结水箱 I 的管线允许的平均比摩阻最小，为主干线。其平均比摩阻为：

$$R_{pj} = \frac{(p_{a2} - p_1) - (H_I - H_a)\rho_n g}{\sum L(1+\alpha_j)} \qquad (2\text{-}30)$$

其中，p_{a2} 为用户 a 疏水器之后的背压，$p_{a2} = 0.5 P_{a1}$。

$$R_{pj} = \frac{(3 \times 0.5 - 0) \times 10^5 - (28 - 25) \times 1\,000 \times 9.81}{(350 + 250) \times (1 + 0.6)} = 125.59 \text{ Pa/m}$$

2）管段①的水力计算

（1）确定管段①凝水中的二次蒸汽量：

$$x_2 = \frac{G_a x_a + G_b x_b}{G_a + G_b} \text{ kg/kg}_{(水)}$$

根据用户 a 疏水器前的表压力为 3.0×10^5 Pa，热源处开式水箱的表压力为 0 Pa，查附录 F，得 $x_a = 0.083$ kg/kg$_{(水)}$；同理查得 $x_b = 0.074$ kg/kg$_{(水)}$。

因此

$$x_2 = \frac{6 \times 0.083 + 2.5 \times 0.074}{(6 + 2.5)} = 0.08 \text{ kg/kg}_{(水)}$$

加上疏水器的漏汽率 $x_1 = 0.02$ kg/kg$_{(水)}$，管段①中凝水的含汽量：$x = 0.02 + 0.08 = 0.1$ kg/kg$_{(水)}$

（2）求该管段汽水混合物的密度 ρ。

凝结水箱表压力 $p_I = 0$ Pa 时，查附录 E，饱和蒸汽的比体积 $v_q = 1.694\,6$ m³/kg，因此汽水混合物的密度为：

$$\rho_h = \frac{1}{x(v_q - v_s) + v_s} = \frac{1}{0.1 \times (1.694\,6 - 0.001) + 0.001} = 5.87 \text{ kg/m}^3$$

（3）将管段流量 $G_1 = 8.5$ t/h，管壁的绝对粗糙度 $K = 1.0$ mm，密度 $\rho = 5.87$ kg/m³ 代入公式（2-13）中，可求出相应 $R_{pj} = 125.59$ Pa/m 时的理论管内径 d_{ln}。

$$R_{pj} = 6.88 \times 10^{-3} K^{0.25} \frac{G^2}{\rho d^{5.25}}$$

$$125.59 = 6.88 \times 10^{-3} \times 1.0^{0.25} \frac{8.5^2}{5.87 d^{5.25}}$$

得到 $d_{ln} = 0.249$ m。

（4）确定管段的实际管径、实际比摩阻和实际流速。

现选用接近管内径 d_{ln} 的管径规格为 273 mm×7 mm，管子的实际内径 d_{sh} =259 mm。管中的实际比摩阻：

$$R_{sh} = \left(\frac{d_{ln}}{d_{sh}}\right)^{5.25} R_{pj} = \left(\frac{0.249}{0.259}\right)^{5.25} \times 125.59 = 102.14 \text{ Pa/m}$$

管中的实际流速：

$$v_{sh} = \frac{1\,000 G}{900 \pi d_{sh}^2 \rho_h} = \frac{1\,000 \times 8.5}{900 \pi \times 0.259^2 \times 5.87} = 7.64 \text{ m/s}$$

（5）确定管段①的压力损失和节点Ⅱ的压力。

管段①的实际长度 L=350 m，局部损失与沿程损失的比值 α_j=0.6，则其折算长度为：

$$L_{zh} = L(1 + \alpha_j) = 350 \times (1 + 0.6) = 560 \text{ m}$$

该管段的压力损失：

$$\Delta P_① = R_{sh} L_{zh} = 102.14 \times 560 = 0.57 \times 10^5 \text{ Pa}$$

节点Ⅱ（计算管段①的始端）表压力为：

$$p_{11} = p_I + \Delta p_① + (H_I - H_{11})\rho g = 0 + 0.57 \times 10^5 + (28 - 25) \times 1\,000 \times 9.81 = 0.86 \times 10^5 \text{ Pa}$$

3）管段②的水力计算

管段②疏水器前的绝对压力 $p_{al} = (3 + 1) \times 10^5$ Pa，节点Ⅱ处的绝对压力 $p = 1.86 \times 10^5$ Pa，根据公式 $x_2 = \frac{h_2 - h_3}{\gamma}$，得出：

$$x_2 = \frac{(604.7 - 494.9)}{2\,208.64} = 0.05 \text{ kg/kg}_{(水)}$$

设 $x_1 = 0.02$，则管段②的凝水含汽量 x 为：

$$x = 0.05 + 0.02 = 0.07 \text{ kg/kg}_{(水)}$$

汽水混合物的密度为：

$$\rho = \frac{1}{0.07 \times (0.941\,2 - 0.001) + 0.001} = 14.97 \text{ kg/m}^3$$

按上述方法和步骤，得：

$$R_{pj} = 6.88 \times 10^{-3} K^{0.25} \frac{G^2}{\rho d^{5.25}}$$

$$125.59 = 6.88 \times 10^{-3} \times 1.0^{0.25} \frac{6^2}{14.97 d^{5.25}}$$

可计算出理论管内径 d_{ln} =0.18 m，选用管径为 219 mm×6 mm，实际管内径为 d_{sh}=207 mm。

计算结果列于表2-7中。

用户 a 疏水器的背压为 1.5×10^5 Pa，稍大于表中计算得出的主干线始端表压力 $p_{sh} = 1.116 \times 10^5$ Pa。

主干线水力计算可结束。

4）分支线③的水力计算

分支线平均比摩阻按下式计算：

$$R_{pj} = \frac{(p_{b2} - p_{11}) - (H_{11} - H_{b2})\rho\, g}{\sum L(1 + \alpha_j)} = \frac{(2.5 \times 0.5 - 0.86) \times 10^5}{150 \times (1 + 0.6)} = 162.5 \text{ Pa/m}$$

按上述步骤和方法，可得出该管段汽水混合物的密度 $\rho_h = 17.42$ kg/m³，得出理论管内径 $d_{ln} = 0.121$ m，选用管径为 133 mm × 4 mm，实际管内径 $d_{sh} = 125$ mm。

计算结果见表2-7。

用户 b 的疏水器背压 $p_{b2} = 1.25 \times 10^5$ Pa，稍大于表中计算得出的管段始端表压力 $p_s = 1.19 \times 10^5$ Pa。

整个管段水力计算结束。

表2-7 余压凝水管网水力计算表

管段编号	凝水流量 G/（t/h）	疏水器前凝水表压力 p_b/（×10⁵Pa）	管段末端和始端高差 $(H_s - H_m)$/m	管段末端表压力 p/（×10⁵Pa）	管段长度			管段平均比摩阻 R_{pj}/（Pa/m）
					实际长度 L/m	α_j	折算长度 L_{zh}/m	
1	2	3	4	5	6	7	8	9
主干线								
管段①	8.5		3	0	350	0.6	560	125.59
管段②	6	3	0	0.86	250	0.6	400	125.59
分支线								
管段③	2.5	2.5	0	0.86	150	0.6	240	162.5

管段汽水混合物密度 ρ/（kg/m³）	理论管内径 d_{ln}/m	选用管子尺寸/管径×厚（mm×mm）	选用管内径 d/mm	实际比摩阻 R_{sh}/（Pa/m）	实际流速 v/（m/s）	实际压力损失 ΔP/（×10⁵Pa）	管段始端表压力 p/（×10⁵Pa）	管段累计压力损失 Δp/（×10⁵Pa）
10	11	12	13	14	15	16	17	18
主干线								
5.87	0.249	273×7	259	102.14	7.64	0.57	0.86	0.57
14.97	0.18	219×6	207	60.3	3.31	0.241	1.1	0.811
分支线								
17.42	0.121	133×4	125	136.99	3.25	0.33	1.19	0.9

知识梳理与总结

通过项目教学活动，培养学生具备进行热负荷及年耗热量计算、集中热水供热系统水力计算、集中蒸汽供热系统水力计算的能力。培养学生良好的职业道德、自我学习能力、实践动手能力和耐心细致分析处理问题的能力，以及诚实、守信、善于沟通和合作的专业素养。该任务的重点如下：

1. 热负荷及年耗热量计算的方法；
2. 集中热水供热系统水力计算的方法；
3. 集中蒸汽供热系统水力计算的方法。

实训练习1

1. 已知条件：某厂区闭式双管热水供热网路平面布置如图 2-5 所示，管网中各管段长度、阀门的位置、方形补偿器的个数及各个用户的热负荷（kW）已标注图中。管网设计供水温度 t'_g=110 ℃，回水温度 t'_h=70 ℃，各用户内部已确定压力损失均为 60 kPa。试进行某厂区闭式双管热水供热管网水力计算。

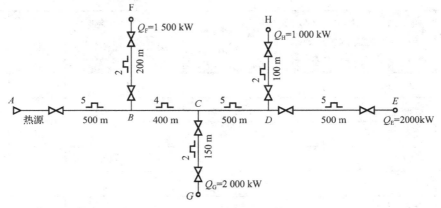

图 2-5　某厂区室外热水管网

2. 某厂区供热管网平面布置如图 2-6 所示，已知蒸汽锅炉出口饱和蒸汽表压力为 12×10⁵ Pa，其他已知条件已标于图中，试进行蒸汽管网的水力计算。

3. 如图 2-7 为一个余压凝结水回收系统，系统始端压力为 p =5×10⁵ Pa，用气设备 1 的凝结水计算流量为 2.5 t/h，疏水器前凝结水表压力 p_1=3.5×10⁵ Pa，疏水器后的压力 p_2 = 1.75×10⁵ Pa，二次蒸发箱 3 的表压力为 p_3=0.5×10⁵ Pa，计算管段 L_1=150 m，疏水器后凝水的提升高度 H_1=6 m，二次蒸发箱下面多级水封出口与凝水箱回形管之间的高差 H_2=2.5 m，外网管段长度 L_2=300 m，分站闭式凝水箱 5 内的压力为 p_4=0.25×10⁴ Pa，试确定各部分凝水管管径。

4. 某厂区余压凝水回收系统如图 2-8 所示，用户 a 的凝水计算流量 G_a=5.0 t/h，疏水器前的凝水表压力 p_{a1}=3.0×10⁵ Pa。用户 b 的凝水计算流量 G_b=3.0 t/h，疏水器前的凝水表压力 p_{b1}=2.5×10⁵ Pa。各管段管线长度标于图中，凝水经疏水器后的压力集中输送回热源处的开式凝结水箱 I。总凝水箱回形管与疏水器之间的标高差为 1.0 m，试进行各管段水力计算。

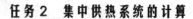
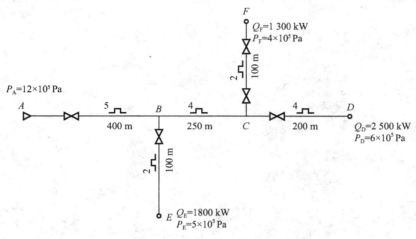

图 2-6 室外高压蒸汽管网平面布置

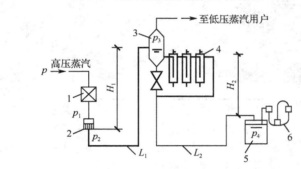

图 2-7 凝结水回收系统

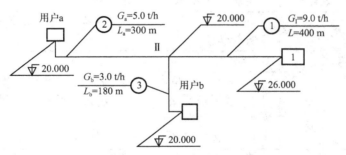

图 2-8 某厂区余压凝水回收系统

任务3

绘制热水网路的水压图

教学导航	教	知识重点	通过项目教学活动，培养学生具备绘制集中热水网路水压图的能力；培养学生具备确定集中热水供热系统用户与热网的连接形式、热网水路的定压方式、选择集中热水供热系统循环水泵和补给水泵的能力
		知识难点	绘制集中热水网路的水压图
		教学方式	讲授法、任务驱动法、自主学习法、练习法、读书指导法、案例教学法
		学时	8学时
	学	学习目标	1. 掌握绘制集中热水网路水压图的基本原理、方法和步骤； 2. 掌握确定集中热水供热系统用户与热网的连接形式、热网水路定压方式的方法； 3. 掌握选择集中热水供热系统循环水泵和补给水泵的方法
		能力目标	培养学生良好的职业道德、自我学习能力、实践动手能力和耐心细致分析处理问题的能力，以及诚实、守信、善于沟通和合作的专业素养

知识分布网络

绘制热水网路的水压图 —— 绘制集中热水网路的水压图
—— 热水供热系统的定压方式
—— 循环水泵和补给水泵的选择

3.1　绘制集中热水网路的水压图

3.1.1　恒定流实际液体能量方程

恒定流实际液体总流的能量方程：

$$z_1+\frac{p_1}{\gamma}+\alpha_1\frac{v_1^2}{2g}=z_2+\frac{p_2}{\gamma}+\alpha_2\frac{v_2^2}{2g}+h_{w1\text{-}2} \tag{3-1}$$

式中，z_1、z_2 为渐变流断面 1、2 上的点相对于基准面的高度（m）；p_1、p_2 为断面 1、2 对应点的压强（Pa），可同时用相对压强或绝对压强表示；v_1、v_2 为断面 1、2 的平均流速（m/s）；γ 为液体容重（N/m³）；α_1、α_2 为断面 1、2 的动能修正系数，常取 $\alpha_1=\alpha_2=1.0$；$h_{w1\text{-}2}$ 为断面 1、2 间的平均单位水头损失（mH₂O）。

恒定流实际液体总流的能量方程式，或称恒定总流伯努利方程式。这一方程式，不仅在整个工程流体力学中具有理论指导意义，而且在工程实际中得到广泛的应用，因此十分重要。

3.1.2　用几何图形表示能量方程

为了形象地反映总流中各种能量的变化规律，用几何图形来表示能量方程式的方法，称为能量方程的几何图示。因为单位重量流体所具有的各种能量都具有长度的量纲，于是可先选定基准面，再以水头为纵坐标，按一定的比例尺沿流程把过流断面的 z、$\dfrac{p}{\gamma}$ 及 $\dfrac{v^2}{2g}$ 分别绘于图上（如图 3-1 所示）。

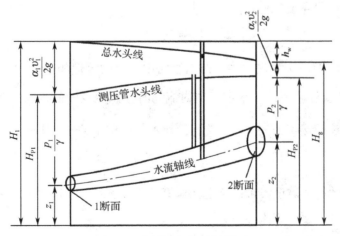

图 3-1　能量方程的几何图示

z 值一般选取断面形心点来标绘，表示各断面中心到基准面的高度，其连线即是管道的轴线。$\dfrac{p}{\gamma}$ 选用形心点压强来标绘，把各断面 $z+\dfrac{p}{\gamma}$ 值的点连接起来可以得到一条测压管水头线，测压管水头线反映总流各断面平均势能的变化情况。测压管水头线与位置水头线之间

的距离反映了总流各断面平均压强的变化情况。

把各断面 $H=z+\dfrac{p}{\gamma}+\dfrac{v^2}{2g}$ 描出的点连接起来可以得到一条总水头线。总水头线反映了总流各断面平均总机械能的变化情况。

任意两断面之间总水头线高度的差值，即为两断面间的水头损失 h_w。

由于实际流体在流动中总能量沿程减小，所以实际流体的总水头线总是沿程下降。而测压管水头线沿程可能下降，也可能是一条水平直线，甚至是一条上升曲线，这取决于水头损失及流体的动能与势能间互相转化的情况。

3.1.3　室外供热管网的水压图

室外供热管网是由多个用户组成的复杂管路系统，各用户之间既相互联系，又相互影响。管网上各点的压力分布是否合理，直接影响系统的正常运行，水压图（水压曲线）可以清晰地表示管网和用户各点的压力大小和分布状况，是分析研究管网压力状况的有力工具。

管网中任意一点的测压管水头高度 H_p，就是该点离基准面 0-0 的位置高度 Z 与该点的测压管水头高度 $\dfrac{p}{\rho g}$ 之和，即 $H_\mathrm{p}=Z+\dfrac{p}{\rho g}$。连接 1、2 断面上任意两点 1、2 间各点的测压管水头高度可得到 1、2 断面的测压管水头线，将该测压管水头线称为 1、2 断面间的水压曲线。绘制热水网路水压图的实质就是将管路中各点的测压管水头顺次连接起来就可得到热水网路的水压曲线。

通过分析热水网路的水压图可以得到：

（1）确定管网中任意一点的压强水头。管网中任意一点的压强水头应等于该点的测压管水头高度与该点位置高度之差，图 3-1 中：

$$\frac{p}{\rho g}=H_\mathrm{p}-Z \tag{3-2}$$

（2）表示各管段的水头损失。由于热水管路中各点的流速相差不大，公式（3-1）中的 $\dfrac{v_1^2}{2g}$ 和 $\dfrac{v_2^2}{2g}$ 的差值可以忽略不计，水在管道内流动时任意两点间的水头损失就等于两点间的测压管水头之差，如图 3-1 中所示，断面 1、2 间的水头损失可以表示成：

$$h_\mathrm{w1-2}=\left(Z_1+\frac{p_1}{\rho g}\right)-\left(Z_2+\frac{p_2}{\rho g}\right) \tag{3-3}$$

（3）根据水压曲线的坡度，可以确定计算管段单位长度的平均水头损失 Δh_wpj，如图 3-1 所示，1、2 两点间的平均水头损失：

$$\Delta h_\mathrm{wpj}=\frac{h_\mathrm{w1-2}}{L_{1-2}} \tag{3-4}$$

水压曲线越陡，计算管段单位长度的平均水头损失就越大。

（4）由于整个管网是一个相互连通的循环环路，已知管网中任意一点的水头，就可以确定其他各点的水头，图 3-1 中：

$$Z_1 + \frac{p_1}{\rho g} = Z_2 + \frac{p_2}{\rho g} + h_{w1-2} \qquad (3-5)$$

3.1.4 水压图绘制时室外热水网路的压力状况要求

在设计阶段绘制水压图，就是要分析管网中各点的压力分布是否合理，能否安全可靠地运行。利用水压图可以正确决定各用户与热网的连接方式及自动调节措施，检查管网水力计算是否正确，选定的平均比摩阻是否合理。对于地形复杂的大型管网，通过水压图还可以分析是否需要设加压泵站，以及加压泵站的位置和数量。

绘制水压图时，室外热水网路的压力状况应满足以下基本要求：

（1）与室外热水网路直接连接的用户系统内，压力不允许超过该用户系统的承压能力。如果用户系统使用常用的柱型铸铁散热器，其承压能力一般为 0.5 MPa（50 mH₂O），在系统的管道、阀件和散热器中，底层散热器承受的压力最大，因此作用在该用户系统底层散热器上的压力，无论在管网运行还是停止运行时，都不允许超过底层散热器的承压能力，一般为 0.5 MPa（50 mH₂O）。

（2）与室外热水网路直接连接的用户系统，应保证系统始终充满水，不出现倒空现象。无论网路运行还是停止运行时，用户系统回水管出口处的压力必须高于用户系统的充水高度，以免倒空吸入空气，破坏正常运行和空气腐蚀管道。

（3）室外高温水网路和高温水用户内，水温超过 100 ℃ 的地方，热媒压力必须高于该温度下的汽化压力，而且还应留有 30～50 kPa 的富裕值。如果高温水用户系统内最高点的水不汽化，那么其他点的水就不会汽化，不同水温下的汽化压力见表 3-1。

表 3-1 不同水温下的汽化压力表

水温/℃	100	110	120	130	140	150
汽化压力/mH₂O	0	4.6	10.3	17.6	26.9	38.6

注：1 mH₂O=10 kPa。

（4）室外管网回水管内任何一点的压力都至少比大气压力高出 5 mH₂O，以免吸入空气。

（5）在用户的引入口处，供、回水管之间应有足够的作用压力。各用户引入口的资用压力取决于用户与外网的连接方式，应在水力计算的基础上确定各用户所需的资用压力。用户引入口的资用压力与连接方式有关，以下数值可供选用参考：

① 与网路直接连接的供暖系统，约为 10～20 kPa（1～2 mH₂O）；

② 与网路直接连接的暖风机供暖系统或大型的散热器供暖系统，约为 20～50 kPa（2～5 mH₂O）；

③ 与网路采用水喷射器直接连接的供暖系统，约为 80～120 kPa（8～12 mH₂O）；

④ 与网路直接连接的热计量供暖系统约为 50 kPa（5 mH₂O）；

⑤ 与网路采用水—水换热器间接连接的用户系统，约为 30～80 kPa（3～8 mH₂O）。

⑥ 设置混合水泵的热力站，网路供、回水管的预留资用压差值，应等于热力站后二级网路及用户系统的设计压力损失值之和。

案例6 某高温水供热管网水压图的绘制

已知条件：如图 3-2 所示，某室外高温水供热管网，供、回水温度为 130 ℃/70 ℃，用户Ⅰ、Ⅱ为高温水供暖用户，用户Ⅲ、Ⅳ为低温水供暖用户，各用户均采用柱型铸铁散热器，供、回水干线通过水力计算可知压降均为 12 mH₂O。试绘制连接着四个用户的高温水供热管网的水压图。

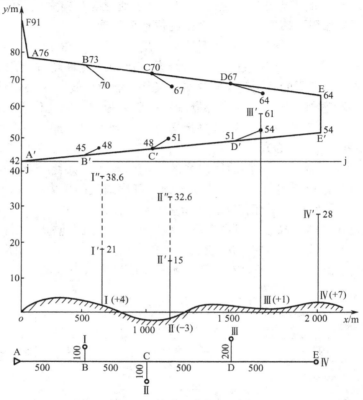

图 3-2　热水网路的水压图

解　绘制步骤：

（1）在图纸下部绘制出热水网路的平面布置图（可用单线展开图表示）。

（2）在平面图的上部以网路循环水泵中心线的高度（或其他方便的高度）为基准面，沿基准面在纵坐标上按一定的比例尺做出标高刻度，如图 3-2 上的 O-Y 轴；沿基准面在横坐标上按一定的比例尺做出距离的刻度，如图 3-2 上的 O-X 轴。

（3）在横坐标上，找到网路上各点或各用户距热源出口沿管线计算距离的点，在相应点沿纵坐标方向绘制出网路相对于基准面的标高，构成管线的地形纵剖面图，如图中带阴影的部分；还应注明建筑物的高度，如图中Ⅰ-Ⅰ′、Ⅱ-Ⅱ′、Ⅲ-Ⅲ′、Ⅳ-Ⅳ′；对高温水用户还应在建筑物高度顶部标出汽化压力折合的水柱高度，如虚线Ⅰ′-Ⅰ″、Ⅱ′-Ⅱ″。

（4）绘制静水压曲线。静水压曲线是网路循环水泵停止工作时，网路上各点测压管水头的连线。因为网路上各用户是相互连通的，静止时网路上各点的测压管水头均相等，静水压曲线就应该是一条水平直线。绘制静水压曲线应满足下列基本技术要求：

① 因各用户采用柱型铸铁散热器，所以与室外热水网路直接连接的用户系统内压力最大不应超过底层散热器的承压能力，一般为 0.5 MPa（50 mH₂O）；

② 与热水网路直接连接的用户系统内不应出现倒空现象；

③ 高温水用户最高点处不应出现汽化现象。

本案例中，如果所有用户均采用直接连接，并保证所有的用户不汽化、不倒空，要求的静水压线高度就不能低于 64 m（即用户Ⅲ的高度加 3 m 的富裕高度）。如果静水压线定得这样高，用户Ⅰ、Ⅱ、Ⅲ、Ⅳ底层散热器承受的压力都将超过 0.5 MPa（50 mH₂O），所有的用户都需采用间接连接的形式，这增加了系统的投资费用，不合理、不经济，所以不能按用户Ⅲ的要求确定静水压线位置，应按照能满足多数用户直接连接的要求来确定。

如果用户Ⅲ采用间接连接，其他用户采用直接连接，若按用户Ⅰ不汽化的要求，静压线高度最低应定为 21+17.6+3=41.6 m（其中 17.6 m 为 130 ℃水的汽化压力，3 m 为富裕值）；若按用户Ⅱ底层散热器不超压的要求，静压线最高定为 50-3=47 m。

因此本设计中将静压线定为 42 m，除用户Ⅲ采用间接连接形式外，其他所有用户都可以直接连接，这样当网路循环水泵停止运行时，能够保证系统不汽化、不倒空，而且底层散热器不超压。

选定的静水压线位置靠系统采用的定压方式来保证，目前热水供热系统采用的定压方式主要有高位水箱和补给水泵定压，定压点位置通常设在网路循环水泵的吸入端。

（5）绘制回水干管动水压曲线。当网路循环水泵运行时，网路回水管各点测压管水头的连线称为回水管动水压曲线。绘制回水管动水压曲线应满足下列基本技术要求：

① 回水管动水压曲线应保证所有直接连接的用户系统不倒空、不汽化，网路上任何一点的压力不应低于 5 mH₂O，这控制的是动水压线的最低位置；

② 与热水网路直接连接的用户，回水管动水压曲线应保证底层铸铁散热器承受的压力不超过 0.5 MPa（50 mH₂O），这控制的是动水压线的最高位置。

本设计如果采用高位水箱定压，为了保证静水压线 j-j 的高度，高位水箱的水面高度应比循环水泵中心线高出 42 m，这在实际运行中难以实现。因此本设计中采用补给水泵定压，定压点设在回水干管循环水泵的入口处，定压点压力应满足静水压力的要求维持在 42 mH₂O。因此本设计中回水管动水压曲线末端的最低点就是回水管动水压线与静水压线的交点 A 处，压力仍是 42 mH₂O。

实际上底层散热器承受的压力比用户系统回水管出口处的压力高，它应等于底层散热器供水支管上的压力，但由于两者的差值比用户系统的热媒压力小很多，可近似认为用户系统底层散热器所承受的压力就是热网回水管在用户出口处的压力。

再根据热水网路的水力计算结果，按各管段实际压力损失绘出回水管动水压线。本设计中回水干线总压降为 12 mH₂O，回水干线起端 E 点的水位高度为 42+12=54 m。回水管动水压线在静水压线之上，能满足回水管动水压线绘制要求的第一条，但确定的热网回水管在用户出口处的压力有的超过了散热器的承压能力（如用户Ⅱ），只能靠用户与外网的连接方式解决这个问题。

（6）绘制供水干管的动水压曲线。当网路循环水泵运行时，网路供水管各点测压管水头的连线称为供水管动水压曲线。供水干管的动水压曲线也是沿流向逐渐下降的，它在每米长度上降低的高度反映了供水管的比压降值。绘制供水管动水压曲线应满足下列基本要求：

① 网路供水干管与管网直接连接的用户系统供水管路中，热媒压力必须高于该温度下的汽化压力，任何一点都不应出现汽化现象；

② 在网路上任何一处用户引入口供、回水管之间的资用压差能满足用户所需的循环作用压力。

这两条限制了供水管动水压曲线的最低位置。

本设计中用户Ⅳ在网路末端，供、回水管之间的资用压力为最小，用户Ⅳ为低温水用户，考虑采用设水喷射器的直接连接，资用压力选定为 10 mH$_2$O，则供水干管末端 E（用户Ⅳ的入口）的测压管水头应为54+10=64 m。再根据外网水力计算结果可知供水干线的压降为 12 mH$_2$O，在热源出口处供水管动水压曲线的高度，即 A 点的高度应为64+12=76 m。

本设计中定压点位置在网路循环水泵的吸入端，确定的回水管动水压曲线已全部高于静水压线 j—j，所以供水干管内各点的高温水均不会汽化。

这样就绘制出供、回水干管的动水压曲线 AEE′A 和静水压曲线 j—j，组成了该网路主干线的水压图。

（7）各分支管线的动水压曲线。可根据各分支管线在分支点处供、回水管的测压管水头高度和分支线的水力计算结果，按上述同样方法和要求绘制。

如图 3-2，用户Ⅰ供水支线和干管的连接点 B 的水头为73 m，考虑 B-Ⅰ 段供水支管的水头损失为 3 m，在用户Ⅰ入口处的测压管水头为73-3=70 m。用户Ⅰ回水支管和干管的连接点 B′的水头为 45 m，考虑 B′-Ⅰ 段回水支管的水头损失 3 m，在用户Ⅰ出口处测压管水头为45+3=48 m。

各用户分支管线的供、回水管路动水压曲线已绘入图中。

案例 7 确定某用户与热网的连接形式

根据已绘制的水压图 3-2，分析确定用户与热网的连接形式。

分析如下：

（1）用户Ⅰ：是高温水供暖用户，从水压图可知，用户Ⅰ中 130 ℃的高温水考虑不汽化的要求，压力应为 38.6 mH$_2$O，静水压线定在 42 m，可以保证用户Ⅰ不汽化、不倒空，而且无论运行还是静止时底层散热器都不会超压。

用户Ⅰ的资用压力ΔH=70-48=22 mH$_2$O，用户Ⅰ是大型高温水供暖用户，假设内部设计水头损失为ΔH_y=5 m，资用压力远远超过了用户系统的设计水头损失，需要在用户Ⅰ入口处供水管上设阀门或调压板节流降压，使进入用户的测压管水头降到48+5=53 m，阀门节流的压降为ΔH_f=70-53=17 mH$_2$O，这可以满足用户对压力的要求正常工作，如图 3-3（a）所示。

（2）用户Ⅱ：该用户也是一个直接取用高温水的供暖用户，静压线高度可以保证该用户不汽化、不倒空，虽然静止时底层散热器不会超压，即底层压力为 42+3=45 mH₂O，但由于该用户地势较低，运行工况时，用户Ⅱ回水管的压力为 51-(-3)=54 mH₂O，已超过了散热器的允许压力，所以不能采用简单的直接连接形式。可在供水管上设阀门节流降压，回水管上再设水泵加压，如图 3-3（b）所示，其设计步骤如下：

① 先假定一个安全的回水压力，回水管的测压管水头不超过 50-3=47 m，可定为 45 m；

② 该用户所需的资用压力如果为 4 mH₂O，则供水管测压管水头应为 45+4=49 m；

③ 供水管应设阀门或调压板降压ΔH_f=67-49=18 mH₂O；

④ 用户回水管加压水泵的扬程ΔH_B=51-45=6 m。

该用户热网供、回水管提供的资用压差不仅未被利用，反而供水管上需要节流降压，而回水管上又要设加压水泵，不经济，应尽量避免。

用户系统设回水泵加压的连接方式，常出现在热水网路末端的一些用户和热力站上，当热水网路上连接的用户热负荷超过设计热负荷，或网路没有很好地进行初调节，末端的一些用户和热力站容易出现网路提供的资用压力小于用户或热力站要求的压力，就会出现作用压力不足的情况，此时回水压力过低，需设加压水泵。此外，利用网路回水再向一些用户进行回水供暖时（例如厂区回水再向生活区供暖），往往也需设回水加压泵，设回水加压泵时，常常由于选择的水泵流量或扬程较大，影响临近用户的供热状况，造成网路的水力失调，因此应慎重考虑和正确选择加压水泵的流量和扬程。

（3）用户Ⅲ：该用户是高层建筑低温水供暖用户，系统静压线和回水动压线高度均低于系统充水高度 61 m（也就是该用户的静水压线高度），不能保证其始终充满水和不倒空。因此需采用设表面式水—水换热器的间接连接，如图 3-3（c）所示。

由水压图可知该用户与热网连接处回水管的压力为 54 mH₂O，如果水—水换热器的压力损失为 4 mH₂O，水—水换热器前的供水压力应为 54+4=58 mH₂O，该用户与热网连接处供水管的压力为 64 mH₂O，用户Ⅲ供水管路应设阀门节流降压，压降应为ΔH_f=64-58=6 mH₂O。应注意，该用户的静压线为 61 m，超过了常用铸铁散热器的承压能力，系统应采用承压能力较高的散热器或采用分区供暖系统。

（4）用户Ⅳ：该用户是低温水供暖用户，从水压图可以看出，网路循环水泵停止运行时，静水压线能保证用户Ⅳ不汽化、不超压。假设该用户内部的水头损失为 1 m，而外网提供的资用压力为 10 mH₂O，可以考虑采用设水喷射器的直接连接，如图 3-3（d）所示。水喷射器出口的测压管水头为 54+1=55 m，喷射器本身消耗的压降为ΔH_p=64-55=9 mH₂O，满足水喷射器的设置要求。

假设该用户内部的水头损失为 3 m，而外网提供的资用压力为 10 mH₂O，不能保证设置水喷射器要求的作用压力，可采用设置混合水泵的连接方式，如图 3-3（e）所示。该用户与热网连接处供水管的压力为 64 mH₂O，阀门节流降压的压降应为ΔH_f=64-(54+3)=7 mH₂O，混合水泵的扬程应等于用户系统的压力损失ΔH_B=3 mH₂O。

虽然该用户回水管动水压曲线的高度为 54 m，但用户地势较高，作用在底层散热器上的压力为 54-7=47 mH₂O，没有超过底层散热器的承压能力。

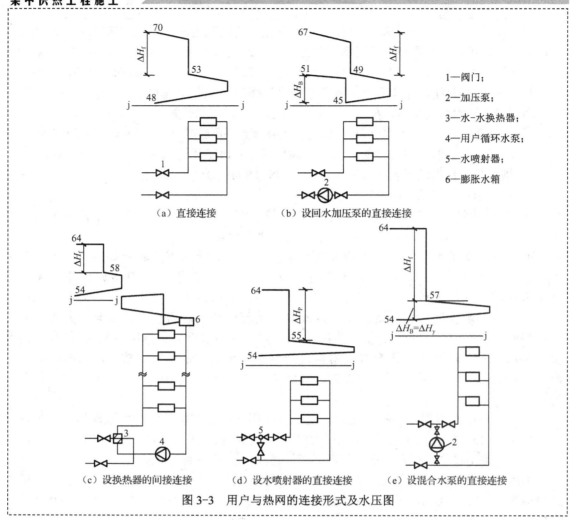

图 3-3 用户与热网的连接形式及水压图

3.2 热水供热系统的定压方式

热水热力网的定压方式，应根据技术、经济比较确定。定压点应设在便于管理并有利于管网压力稳定的位置，宜设在热源处。当供热系统多热源联网运行时，全系统应仅有一个定压点起作用，但可多点补水。通过绘制水压图可以正确地进行管网分析，分析用户的压力状况和连接方式，合理地组织热网运行。热水供热管网应具有合理的压力分布，以保证系统在设计工况下正常运行。对于低温热水供热系统，应保证系统内始终充满水，处于正压运行状态，任何一点都不得出现负压；对于高温热水供热系统，无论是运行还是静止状态，都应保证管网和局部系统内任何地点的高温水不汽化，即管网的局部系统内各点的压力不得低于该点水温下的汽化压力。要想使管网按水压图给定的压力状态运行，需确定正确的定压方式和定压点位置，控制好定压点所要求的压力。

热水供热系统的定压方式很多，常用的有：

1. 开式高位水箱定压

开式高位水箱定压是依靠安装在系统最高点的开式膨胀水箱形成的水柱高度来维持管网定压点（膨胀管与管网连接点）压力稳定。由于开式膨胀水箱与管网相通，水箱水位的高度与系统的静压线高度是一致的。

对于低温热水供暖系统，当定压点设在循环水泵的吸入口处时，只要控制静压线的高度高出室内供暖系统的最高点（即充水高度），就可保证用户系统始终充满水，任何一点都不会出现负压。确定膨胀水箱安装高度时，一般可考虑 2 m 左右的安全裕量。室内低温热水供暖系统常采用这种设高位膨胀水箱的定压方式，其设备简单，工作安全可靠。

高温热水供热系统如果采用高位水箱定压，为了避免系统倒空和汽化，要求高位水箱的安装高度会大大增加，实际上很难在热源附近安装比所有用户都高很多，且能保证不汽化要求的膨胀水箱，往往需要采用其他定压方式。

2. 补给水泵定压

补给水泵定压是目前集中供热系统广泛采用的一种定压方式。补给水泵定压主要有三种形式：

1）补给水泵的连续补水定压

图 3-4 是补给水泵连续补水定压方式的示意图，定压点设在网路回水干管循环水泵吸入口前的 O 点处。系统工作时，补给水泵连续向系统内补水，补水量与系统的漏水量相平衡，通过补给水调节阀控制补给水量，维持补水点压力稳定，系统内压力过高时，可通过安全阀泄水降压。该方式补水装置简单，压力调节方便，水力工况稳定。但突然停电，补给水泵停止运行时，不能保证系统所需压力，由于供水压力降低而可能产生汽化现象。为避免锅炉和供热管网内的高温水汽化，停电时应立即关闭阀门 3、4，使热源与网路断开，上水在自身压力的作用下，将止回阀 8 顶开向锅炉和系统内充水，同时还应打开集气罐上的放气阀排气。考虑到突然停电时可能产生水击现象，在循环水泵吸入管路和压水管路之间可连接一根带止回阀的旁通管作为泄压管。

补给水泵连续补水定压方式适用于大型供热系统，补水量波动不大的情况采用。

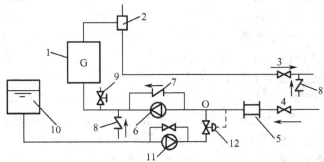

1—热水锅炉；2—集气罐；3、4—供、回水管阀门；5—除污器；6—循环水泵；7—止回阀；8—给水止回阀；

9—安全阀；10—补水箱；11—补水泵；12—压力调节器

图 3-4   补给水泵连续补水定压方式

2）补给水泵的间歇补水定压

图 3-5 为补给水泵间歇补水定压方式的示意图，补给水泵的启动和停止运行，是由压力调节器电接点式压力表表盘上的触点开关控制的。当网路循环水泵吸入端压力达到系统定压点的上限压力时，补给水泵停止运行；当网路循环水泵吸入端压力下降到系统定压点的下限压力时，补给水泵启动向系统补水，保持循环水泵吸入口处压力在上限和下限值范围内波动。

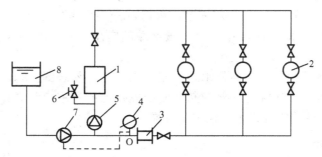

1—热水锅炉；2—热用户；3—除污器；4—压力调节器；5—循环水泵；6—安全阀；7—补给水泵；8—补给水箱

图 3-5 补给水泵间歇补水定压方式

间歇补水定压方式比连续补水定压方式少耗电能，设备简单，但其动水压曲线上下波动，压力不如连续补水定压方式稳定。通常波动范围为 5m 左右，不宜过小，否则触点开关动作过于频繁易于损坏。

3）补水定压点设在旁通管处的补给水泵定压方式

补给水泵连续补水定压和间歇补水定压都是将定压点设在循环水泵的吸入口处，这是较常用的定压方式，这两种方式供、回水干管的动水压曲线都在静水压曲线之上，也就是说管网运行时网路和用户系统各点均承受较大压力。大型热水供暖系统为了适当地降低网路的运行压力和便于调节，可采用将定压点设在旁通管处的连续补水定压方式，如图 3-6 所示。

该方式在热源供、回水干管之间连接一根旁通管，利用补给水泵使旁通管 J 点压力符合静水压力要求。在网路循环水泵运行时，如果定压点 J 的压力低于控制值，压力调节阀 4 的阀孔开大，补水量增加；如果定压点 J 的压力高于控制值，压力调节阀 4 关小，补水量减少。如果由于某种原因（如水温不断急剧升高），即使压力调节阀完全关闭，压力仍不断升高，则泄水调节阀 3 开启泄水，一直到定压点 J 的压力恢复正常为止。当网路循环水泵停止运行时，整个网路压力先达到运行时的平均值然后下降，通过补给水泵的补水作用，使整个系统压力维持在定压点 J 的静压力上。

该方式可以适当地降低运行时的动水压曲线，网路循环水泵吸入端 A 点的压力低于定压点 J 的压力。调节旁通管上的两个阀门 m 和 n 的开启度，可控制网路的动水压曲线升高或降低，如果将旁通管上的阀门 m 关小，旁通管段 B—J 的压降增大，J 点压力降低传递到压力调节阀 4 上，调节阀的阀孔开大，作用在 A 点上的压力升高，整个网路的动水压曲线将升高到图 3-6 中虚线位置。如果将阀门 m 完全关闭，则 J 点压力与 A 点压力相等，网路的整个动水压曲线位置都将高于静水压曲线。反之，如果将旁通管上的阀门 n 关小，网路的动水压曲线可以降低。

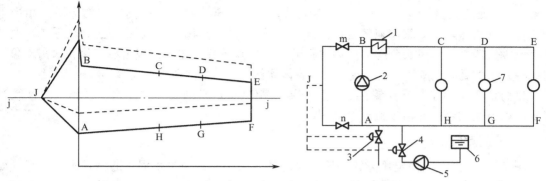

1—加热装置（锅炉或换热器）；2—网路循环水泵；3—泄水调节阀；4—压力调节阀；5—补给水泵；6—补给水箱；7—热用户

图3-6 补水定压点设在旁通管处的补给水泵定压方式

将定压点设在旁通管上的连续补水定压方式，可灵活调节系统的运行压力，但旁通管不断通过网路循环水，计算循环水泵流量时应计入这部分流量，循环水泵流量增加后会多消耗电能。

3. 惰性气体定压方式

气体定压大多采用的是惰性气体（氮气）定压。图 3-7 为热水供热系统采用的变压式氮气定压的原理图，氮气从氮气瓶经减压后进入氮气罐，充满氮气罐Ⅰ—Ⅰ水位之上的空间，保持Ⅰ—Ⅰ水位时罐内压力 P_1 稳定。当热水供热系统内水受热膨胀，氮气罐内水位升高，气体空间减小，气体压力升高，水位超过Ⅱ—Ⅱ，压力达到 P_2 值后，氮气罐顶部设置的安全阀排气泄压。

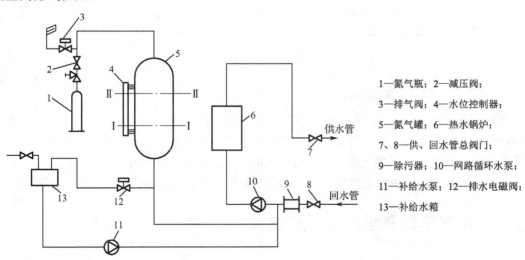

1—氮气瓶；2—减压阀；

3—排气阀；4—水位控制器；

5—氮气罐；6—热水锅炉；

7、8—供、回水管总阀门；

9—除污器；10—网路循环水泵；

11—补给水泵；12—排水电磁阀；

13—补给水箱

图 3-7 变压式氮气定压方式

当系统漏水或冷却时，氮气罐内水位降到Ⅰ—Ⅰ水位之下，氮气罐上的水位控制器自动控制补给水泵启动补水，水位升高到Ⅱ—Ⅱ水位之后，补给水泵停止工作。罐内氮气如果溶解或漏失，当水位降到Ⅰ—Ⅰ附近时，罐内氮气压力将低于规定值 P_1，氮气瓶向罐内补气，保持 P_1 压力不变。

氮气加压罐既起定压作用，又起容纳系统膨胀水量、补充系统循环水的作用，相当于一个闭式的膨胀水箱。采用氮气定压方式，系统运行安全可靠，由于罐内压力随系统水温升高而增加，罐内气体可起到缓冲压力传播的作用，能较好地防止系统出现汽化和水击现象。但这种方式需要消耗氮气，设备较复杂，罐体体积较大，主要适用于高温热水供热系统。

目前还有采用空气定压罐的方式，它要求空气与水必须采用弹性密封材料（如橡胶）隔离，以免增加水中的溶氧量。

4. 蒸汽定压

图 3-8 为蒸汽锅筒定压方式的原理图。热水供热系统的热水锅炉通常是满水运行，如果采用蒸汽锅筒定压，则要求锅炉是非满水运行，或采用蒸汽、热水两用锅炉。热水供热系统的网路回水经网路循环水泵加压后送入锅炉上锅筒，在锅炉内被加热到饱和温度后，从上锅筒水面之下引出，为防止饱和水因压力降低而汽化，锅炉供水应立即引入混水器中，在混水器中，饱和水与部分网路回水混合，使其水温下降到网路要求的供水温度。系统漏水由网路补给水泵补水，以控制上锅筒的正常水位。

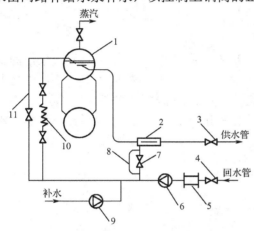

1—蒸汽热水两用锅炉；

2—混水器；3、4—供、回水总阀门；

5—除污器；6—网路循环水泵；

7—混水阀；8—混水旁通阀；

9—补给水泵；10—锅炉省煤器；

11—省煤器旁通管

图 3-8　蒸汽锅筒定压方式

蒸汽锅筒定压热水供热系统，采用锅炉加热过程中伴生的蒸汽来定压，经济简单。因突然停电产生的系统定压和补水问题，比较容易解决。锅炉内部即使出现汽化，也不会出现炉内局部的汽水冲击现象，在供热水的同时，也可以供蒸汽。但该系统在锅炉燃烧状况不好时，会影响系统的压力状况，锅炉如果出现低水位，蒸汽易窜入管路，引起严重的汽水冲击现象。

3.3　循环水泵和补给水泵的选择

3.3.1　循环水泵的选择

1. 循环水泵的流量

热水供热系统管网的计算流量可依据前面的叙述计算确定，循环水泵的总流量应不小于管网的计算流量，即：

$$G_\mathrm{b}=1.1G_\mathrm{j} \hspace{4cm} (3-6)$$

式中，G_b 为循环水泵的总流量（t/h）；G_j 为管网的计算流量（t/h）。

当热水锅炉出口或循环水泵装有旁通管时，应计入流经旁通管的流量。

2. 循环水泵的扬程

循环水泵的扬程在不小于设计流量条件下，是热源内部和供、回水干管的压力损失以及主干线末端用户的压力损失之和，即：

$$H=(1.1\sim1.2)(H_r+H_w+H_y) \tag{3-7}$$

式中，H 为循环水泵的扬程（mH_2O 或 Pa）；H_r 为热源内部的压力损失（mH_2O 或 Pa），它包括热源加热设备（热水锅炉或换热器）和管路系统等的总压力损失，一般取 $H_r=(10\sim15)\ mH_2O$；H_w 为网路主干线供、回水管的压力损失（mH_2O 或 Pa），可根据网路水力计算确定；H_y 为主干线末端用户的压力损失（mH_2O 或 Pa），可根据用户系统的水力计算确定。

例如案例 6 中，如果确定锅炉房内部总阻力为 15 mH_2O，网路主干线供、回水管的压力损失为（12+12）=24 mH_2O，主干线末端用户的资用压力为 10 mH_2O，则循环水泵的扬程为：

$$H=1.1\times(15+24+10)=53.9\ mH_2O$$

循环水泵出口 F 点的测压管水头为 76+15=91 mH_2O。

循环水泵的扬程仅取决于循环环路总的压力损失，与建筑物高度和地形无关。选择循环水泵时应注意：

（1）一般循环水泵宜选择单级泵，因为单级水泵性能曲线较平缓，当网路水力工况发生改变时，循环水泵的扬程变化较小。

（2）循环水泵的承压和耐温能力应与热网的设计参数相适应。

（3）循环水泵的工作点应处于循环水泵性能的高效区范围内。

（4）循环水泵在任何情况下都不应少于两台（其中一台备用）。四台或四台以上并联运行时，可不设备用泵，并联水泵型号宜相同。

（5）热力网循环水泵可采用两级串联设置，第一级水泵应安装在热网加热器前，第二级水泵应安装在热网加热器后。水泵扬程的确定应符合下列规定：

① 第一级水泵的出口压力应保证在各种运行工况下不超过热网加热器的承压能力；

② 当补水定压点设置于两级水泵中间时，第一级水泵出口压力应为供热系统的静压力值。

3.3.2 补给水泵的选择

1. 补给水泵流量

在闭式热水供热管网中，补给水泵的正常补水量取决于系统的渗漏水量，系统的渗漏水量与系统规模、施工安装质量和运行管理水平有关，闭式热力网补水装置的流量，不应小于供热系统循环流量的 1%。另外，确定补给水泵的流量时，还应考虑发生事故时的事故补水量，事故补水量不应小于供热系统循环流量的 4%。

当考虑发生热源停止加热事故时，事故补水能力不应小于供热系统最大循环流量条件下，被加热水自设计供水温度降至设计回水温度的体积收缩量及供热系统正常泄漏量之和。事故补水时，软化除氧水量不足时可补充工业水。

在开式热水供热管网中，补给水泵的流量应根据热水供热系统的最大设计用水量和系统正常补水量之和确定。

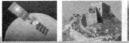

2. 补给水泵的扬程

补给水泵的扬程计算如下：

$$H_b=1.15(H_{bs}+\Delta H_x+\Delta H_c-h) \qquad (3-8)$$

式中，H 为补给水泵的扬程（mH$_2$O 或 Pa）；H_{bs} 为补给水点的压力值（mH$_2$O 或 Pa）；ΔH_x 为水泵吸水管的压力损失（mH$_2$O 或 Pa）；ΔH_c 为水泵出水管的压力损失（mH$_2$O 或 Pa）；h 为补给水箱最低水位比补水点高出的距离（m）。

补水装置的压力不应小于补水点管道压力加 30～50 kPa，当补水装置同时用于维持管网静态压力时，其压力应满足静态压力的要求。闭式热水供热系统，补给水泵宜选两台，可不设备用泵，正常时一台工作，事故时两台全开。开式热水供热系统，补水泵宜设 3 台或 3 台以上，其中一台备用。

知识梳理与总结

通过项目教学活动，培养学生具备绘制集中热水网路水压图的能力；培养学生具备确定集中热水供热系统用户与热网的连接形式、热水网路的定压方式、选择集中热水供热系统循环水泵和补给水泵的能力。培养学生良好的职业道德、自我学习能力、实践动手能力和耐心细致分析处理问题的能力，以及诚实、守信、善于沟通和合作的专业素养。该任务的重点如下：

1. 掌握绘制集中热水网路水压图的基本原理、方法和步骤；
2. 掌握确定集中热水供热系统用户与热网的连接形式、热水网路定压方式的方法；
3. 掌握选择集中热水供热系统循环水泵和补给水泵的方法。

实训练习 2

1. 已知条件：图 3-9 为某厂区热水网路的平面布置，图中绘制出了管线的地形纵剖面图和建筑物高度。管网设计供水温度 t'_g=110 ℃，回水温度 t'_h=70 ℃，用户 Ⅰ、Ⅱ 为高温水供暖用户，用户Ⅲ、Ⅳ 为低温水供暖用户，各用户均采用柱型铸铁散热器，供、回水干线通过水力计算可知压降均为 10 mH$_2$O。

分析确定各用户与热网的连接形式，绘制某厂区闭式双管热水供热系统水压图。

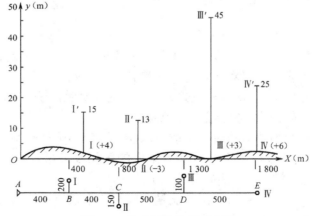

图 3-9 热水网路的平面布置

任务 4

集中热水网路的水力工况

教学导航	教	知识重点	通过项目教学活动，培养学生对集中热水网路进行水力工况分析，掌握提高热水网路水力稳定性的方法
		知识难点	集中热水网路水力工况分析
		教学方式	讲授法、任务驱动法、自主学习法、练习法、读书指导法、案例教学法
		学时	6 学时
	学	学习目标	1. 掌握对集中热水网路进行水力工况分析的方法； 2. 掌握提高热水网路水力稳定性的方法
		能力目标	培养学生良好的职业道德、自我学习能力、实践动手能力和耐心细致分析处理问题的能力，以及诚实、守信、善于沟通和合作的专业素养

知识分布网络

集中热水网路的水力工况 —— 热水网路的工况调节

热水网路的水力稳定性

4.1 热水网路的工况调节

4.1.1 热用户的水力失调状况

供热管网是由许多串、并联管路和各个用户组成复杂的、相互连通的管道系统。在运行过程中往往由于各种原因的影响，使网路的流量分配不符合各用户的设计要求，各用户之间的流量要重新分配。热水供热系统中，各热用户的实际流量与要求流量之间的不一致性称为该热用户的水力失调。

造成水力失调的原因很多，例如：

（1）在设计计算时，不能在设计流量下达到阻力平衡，结果运行时管网会在新的流量下达到阻力平衡。

（2）施工安装结束后，没进行初调节或初调节未能达到设计要求。

（3）在运行过程中，一个或几个用户的流量变化（阀门调节或停止使用），会引起网路与其他用户流量的重新分配。

4.1.2 水力工况的基本计算原理

根据流体力学理论，各管段的压力损失：

$$\Delta p = SG^2 \tag{4-1}$$

式中，Δp 为计算管段的压力损失（Pa）；G 为计算管段的流量（kg/h）；S 为计算管段的特性阻力数（Pa·h²/kg²）。

在水温一定（即管中流体密度一定）的情况下，网路各管段的特性阻力数 S 与管径 d、管长 L、沿程阻力系数 λ 和局部阻力系数 $\Sigma \xi$ 有关，即 S 值取决于管路本身，对一管段来说，只要阀门开启度不变，其 S 值就是不变的。任何热水网路都是由许多串联管段和并联管段组成的，下面分析串、并联管路的总特性阻力数。

（1）串联管路。如图 4-1 所示，串联管路中，各管段流量相等，即：

$$G_1 = G_2 = G_3$$

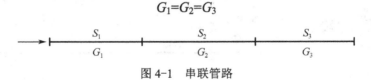

图 4-1　串联管路

总压力损失等于各管段压力损失之和，即：

$$\Delta p = \Delta p_1 + \Delta p_2 + \Delta p_3$$

则有：

$$S = S_1 + S_2 + S_3 \tag{4-2}$$

式（4-2）说明串联管路中，管路的总特性阻力数等于各串联管段特性阻力数之和。

（2）并联管路。如图 4-2 所示，在并联管路中，各管段的压力损失相等，即：

$$\Delta p = \Delta p_1 = \Delta p_2 = \Delta p_3$$

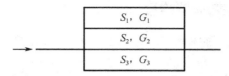

图 4-2 并联管路

管路总流量等于各管段流量之和，即：

$$G=G_1+G_2+G_3$$

则有：

$$\frac{1}{\sqrt{S}}=\frac{1}{\sqrt{S_1}}+\frac{1}{\sqrt{S_2}}+\frac{1}{\sqrt{S_3}} \tag{4-3}$$

式（4-3）说明，并联管路中，管路总特性阻力数平方根的倒数等于各并联管段特性阻力数平方根的倒数和。

各管段的流量关系也可用下式表示：

$$G_1:G_2:G_3=\frac{1}{\sqrt{S_1}}:\frac{1}{\sqrt{S_2}}:\frac{1}{\sqrt{S_3}} \tag{4-4}$$

总结上述原理，可以得到如下结论：

① 各并联管段的特性阻力数 S 不变时，网路的总流量在各管段中的流量分配比例不变，网路总流量增加或减少多少倍，各并联管段的流量也相应地增加或减少多少倍；

② 在各并联管段中，任何一个管段的特性阻力数 S 值发生变化，网路的总特性阻力数也会随之改变，总流量在各管段中的分配比例也相应地发生变化。

4.1.3 分析和计算热水网路中的流量分配情况

步骤如下：

（1）根据正常水力工况下的流量和压降，求出网路各管段和用户系统的阻力数。

（2）根据热水网路中管段的连接方式，利用求串联管段和并联管段总阻力数的计算公式，逐步求出水力工况改变后整个系统的总阻力数。

（3）得出整个系统的总阻力数后，可以利用图解法，画出网路的特性曲线，与网路循环水泵的特性曲线相交，求出新的工作点。或者可以联立水泵特性函数式和热水网路水力特性函数式，计算求解确定新的工作点的 G 和 Δp 值。当水泵特性曲线较平缓时，也可近似视为 Δp 不变，利用下式求出水力工况变化后的网路总流量 G'：

$$G'=\sqrt{\frac{\Delta p}{S'}} \tag{4-5}$$

式中，G' 为网路水力工况变化后的总流量（kg/h）；Δp 为网路循环水泵的扬程，设水力工况变化前后的扬程不变（Pa）；S' 为网路水力工况改变后的总阻力数。

（4）顺次按各串、并联管段流量分配的计算方法分配流量，求出网路各管段及各用户在工况改变后的流量。

4.1.4 热水网路的水力失调程度

水力失调的程度可以用实际流量与规定流量的比值 x 来衡量，x 称为水力失调度，即：

$$x = \frac{G_s}{G_g} \tag{4-6}$$

式中，x 为水力失调度；G_s 为热用户的实际流量（kg/h）；G_g 为该热用户的规定流量（kg/h）。

对于整个网路系统来说，各热用户的水力失调状况是多种多样的，可分为：

（1）一致失调：网路中各热用户的水力失调度 x 都大于 1（或都小于 1）的水力失调状况称为一致失调。一致失调又分为：

① 等比失调：所有热用户的水力失调度 x 值都相等的水力失调状况称为等比失调；

② 不等比失调：各热用户的水力失调度 x 值不相等的水力失调状况称为不等比失调。

（2）不一致失调：网路中各热用户的水力失调度有的大于 1，有的小于 1，这种水力失调状况称为不一致失调。

实例 4-1 某室外热水供热网路，正常工况时的各热用户流量和水压图，如图 4-3 所示，试计算关闭热用户 2 后其他各热用户的流量变化情况及水力失调程度。

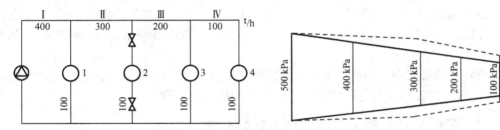

图 4-3 正常工况时各热用户流量和水压

解 正常工况下网路干管（包括供、回水干管）和各热用户的压力损失 Δp、流量 G 和阻力数 S，见表 4-1、表 4-2。

表 4-1 网路干管的阻力数

网路干管	I	II	III	IV
压力损失 Δp（Pa）	10×10^4	10×10^4	10×10^4	10×10^4
流量 G（t/h）	400	300	200	100
阻力数 S[Pa/（t/h）^{2}]	0.625	1.11	2.5	10

表 4-2 各热用户的阻力数

热用户	1	2	3	4
压力损失 Δp（Pa）	40×10^4	30×10^4	20×10^4	10×10^4
流量 G（t/h）	100	100	100	100
阻力数 S[Pa/（t/h）^{2}]	40	30	20	10

热用户 2 关闭，水力工况改变后各热用户的工况变化情况见表 4-3。

表 4-3　热用户工况变化情况表

热　用　户	1	2	3	4
正常工况时流量 G（t/h）	100	100	100	100
工况变动后流量 G（t/h）	103.87	0	111.93	111.93
水力失调度 x	1.0387	0	1.1193	1.1193
正常工况时用户作用压差Δp（Pa）	40×10⁴	30×10⁴	20×104	10×10⁴
工况变动后用户作用压差Δp（Pa）	43.16×10⁴	37.60×10⁴	25.06×10⁴	12.53×10⁴

通过上述表格可以分析得出，关闭热用户 2 后，用户 1、3、4 的流量和作用压力均超过设计值，各用户内部的实际室内温度均超过要求的室内设计计算温度。用户 1 的流量增加 3.87 t/h，作用压力增加 3.16×10⁴ Pa；用户 3 的流量增加 11.93 t/h，作用压力增加 5.06×10⁴ Pa；用户 4 的流量增加 11.93 t/h，作用压力增加 2.53×10⁴ Pa。

若各用户入口处安装自动流量控制设备，使各用户增加的流量及剩余的压力由自动流量控制设备消除，流量和作用压力均为设计值后，可以减少室外热水管网的热能消耗，达到节能运行的目的。

4.1.5　常见热水网路水力工况的变化情况

下面以几种常见的水力工况变化为例，利用上述原理和水压图，分析网路水力失调状况。如图 4-4 所示，该网路有四个用户，均无自动流量调节器，假定网路循环水泵扬程不变。

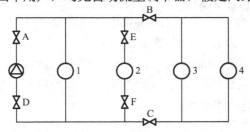

图 4-4　热水网路

（1）阀门 A 节流（阀门关小）。当阀门 A 节流时，网路总特性阻力数 S 将增大，总流量 G 将减小。由于没有对各热用户进行调节，各用户分支管路及其他干管的特性阻力数均未改变，各用户的流量分配比例也没有变化，各用户流量将按同一比例减少，各用户的作用压差也将按同一比例减少，网路产生了一致的等比失调。图 4-5（a）为阀门 A 节流时网路的水压图，实线表示正常工况下的水压曲线，虚线为阀门 A 节流后的水压曲线，由于各管段流量减小，压降减小，干管的水压曲线（虚线）将变得平缓一些。

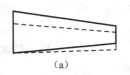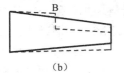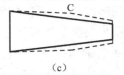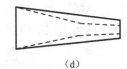

图 4-5　热水网路的水力工况

（2）阀门 B 节流。阀门 B 节流时，网路总阻力数 S 增加，总流量 G 将减少，压降减少，如图 4-5（b）所示，供、回水干管的水压线将变得平缓一些，供水管水压线在 B 点将出现一个急剧下降。阀门 B 之后的用户 3、4 本身特性阻力数虽然未变，但由于总的作用压力减小了，用户 3、4 的流量和作用压力将按相同比例减小，用户 3、4 出现了一致的等比失调。阀门 B 之前的用户 1、2，虽然本身特性阻力数并未变化，但由于其后面管路的特性阻力数改变了，阀门 B 之前的网路总的特性阻力数也会随之改变，总流量在各管段中的流量分配比例也相应地发生了变化，用户 1、2 的作用压差和流量按不同的比例增加，用户 1、2 将出现不等比的一致失调。

对于供热网路的全部用户来说，流量有的增加，有的减少，整个网路发生的是不一致失调。

（3）阀门 E 关闭，用户 2 停止工作后，网路总阻力数将增加，总流量将减少，如图 4-5（c）所示。热源到用户 2 之间的供、回管中压降减少，水压曲线将变得平缓，用户 2 之前用户的流量和作用压差均增加，但比例不同，是不等比的一致失调。由水压图分析可知，用户 2 处供、回水管之间的作用压差将增加，用户 2 之后供、回水干管水压线坡度变陡，用户 2 之后的用户 3、4 的作用压差将增加，流量也将按相同比例增加，是等比的一致失调。

对于整个网路而言，除用户 2 外，所有热用户的作用压差和流量均增加，属于一致失调。

（4）热水网路未进行初调节。如果热水网路未进行初调节，作用在网路近端的热用户作用压差会较大，在选择用户内部各分支管路的管径时，由于管道内热媒流速和管径规格的限制，近端热用户的实际阻力数远小于设计规定值，作用在用户分支管路上的压力将会有过多剩余，位于网路近端的热用户实际流量比规定流量大很多。此时，网路的总阻力数比设计的总阻力数小，网路的总流量会增加。如图 4-5（d）所示，网路干管前部的水压曲线将变得较陡，而位于网路后部的热用户，其作用压力和流量将小于设计值，网路干管后部的水压曲线将变得平缓，这往往会使得管路干管后部的用户作用压力不足。由此可见热水网路投入运行时，必须进行很好地初调节。

（5）用户处增设回水加压泵。在热水网路运行时，可能由于种种原因，有些用户或热力站的作用压力会低于设计值，用户或热力站流量不足，此时用户或热力站往往需要设加压水泵（加压泵可设在供水管路或回水管路上）。在用户处增设加压水泵后，整个网路的水力工况将发生变化。

图 4-6 为在用户处增设回水加压泵的网路水力工况，假设用户 3 未增设回水加压泵时作用压差为 Δp_{BE}，低于设计要求。用户 3 上的回水加压泵运行时，可以认为在用户 3 及其支线上（管段 BE）增加了一个阻力数为负值的管段，其负值的大小与水泵的工作扬程和流量有关，此时用户 3 的阻力数减小。而其他管段和热用户未采取调节措施，阻力数不变，因此整个网路的总阻力数相应减少，网路总流量将增加。用户 3 前的 AB、EF 管段流量增加，动水压曲线将变陡，用户 1、2 的作用压差将减小，但减小的比例不同，用户 1、2 是不等比的一致失调。用户 3 后的用户 4、5 作用压差也将减小，减小的比例相同，是一致的等比失调。用户 3 由于回水加压泵的影响，其压力损失将增加，流量将增大。

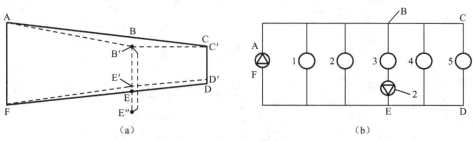

图 4-6　用户处增设回水加压泵的网路水力工况

由此可见，在用户处设回水加压泵，能增加用户流量，对用户运行有利，但会加大网路总循环水量和用户之前干管的压力损失，使其他用户的作用压差和循环水量相应减少，甚至使原来流量符合要求的用户反而流量不足。因此，在网路运行中，不应在用户处任意增设加压水泵，应仔细分析对整个网路水力工况的影响后方可采用。

4.2　热水网路的水力稳定性

4.2.1　热水网路的水力稳定性分析

热水网路的水力稳定性是指网路中各个热用户在其他热用户流量改变时保持本身流量不变的能力，通常用热用户的水力稳定性系数 y 来衡量网路的水力稳定性。

水力稳定性系数是指热用户的规定流量 G_g 与工况变化后可能达到的最大流量 G_{max} 的比值，即：

$$y = \frac{1}{x_{max}} = \frac{G_g}{G_{max}} \qquad (4-7)$$

式中，y 为热用户的水力稳定性系数；G_g 为热用户的规定流量；G_{max} 为热用户可能出现的最大流量；x_{max} 为工况改变后热用户可能出现的最大水力失调度，即：

$$x_{max} = \frac{G_{max}}{G_g} \qquad (4-8)$$

热用户的规定流量：

$$G_g = \sqrt{\frac{\Delta p_y}{S_y}} \qquad (4-9)$$

式中，Δp_y 为热用户正常工况下的作用压差（Pa）；S_y 为用户系统及用户支管的总阻力数。

一个热用户可能有的最大流量出现在其他用户全部关断时，这时网路干管中的流量很小，阻力损失接近于零，热源出口的作用压力可以认为是全部作用在这个用户上，因此有：

$$G_{max} = \sqrt{\frac{\Delta p_r}{S_y}} \qquad (4-10)$$

式中，Δp_r 为热源出口的作用压差（Pa）。

热源出口的作用压差 Δp_r 可近似地认为等于网路正常工况下的网路干管的压力损失 Δp_w 与这个用户在正常工况下的压力损失 Δp_y 之和，即 $\Delta p_r = \Delta p_w + \Delta p_y$。

因此，式（4-10）可写成：

$$G_{max} = \sqrt{\frac{\Delta p_w + \Delta p_y}{S_y}} \qquad (4-11)$$

热用户的水力稳定性系数：

$$y = \frac{G_g}{G_{max}} = \sqrt{\frac{\Delta p_y}{\Delta p_w + \Delta p_y}} = \sqrt{\frac{1}{1 + \frac{\Delta p_w}{\Delta p_y}}} \qquad (4-12)$$

分析公式（4-12）：当$\Delta p_w = 0$时（理论上，网路干管直径为无限大），$y=1$。此时，这个热用户的水力失调度$x_{max}=1$，也就是说无论工况如何变化，它都不会水力失调，它的水力稳定性最好。这个结论对网路上每个用户都成立，这种情况下任何热用户的流量变化，都不会引起其他热用户流量的变化。

当$\Delta p_y = 0$或$\Delta p_w = \infty$时（理论上，用户系统管径无限大或网路干管管径无限小），$y=0$。此时热用户的最大水力失调度$x_{max}=\infty$，水力稳定性最差，任何其他用户流量的改变将全部转移到该用户上去。

实际上热水网路的管径不可能无限大也不可能无限小，热水网路的水力稳定性系数y总在0到1之间，当水力工况变化时，任何用户的流量会改变，其中的一部分流量将转移到其他热用户中去。提高热水网路的水力稳定性，可以减少热能损失和电耗，便于系统初调节和运行调节。

4.2.2　提高热水网路水力稳定性的主要方法

提高热水网路水力稳定性的主要方法是：

（1）减小网路干管的压降，增大网路干管的管径，也就是进行网路水力计算时选用较小的平均比摩阻R_{pj}值。

（2）增大用户系统的压降，可以在用户系统内安装调压板、水喷射器、安装高阻力小管径的阀门等。

（3）运行时合理地进行初调节和运行调节，尽可能将网路干管上的所有阀门开大，把剩余的作用压力消耗在用户系统上。

（4）对于供热质量要求高的用户，可在各用户引入口处安装自动调节装置（如流量调节器）等。

知识梳理与总结

通过项目教学活动，培养学生对集中热水网路进行水力工况分析，掌握提高热水网路水力稳定性的方法。培养学生良好的职业道德、自我学习能力、实践动手能力和耐心细致分析处理问题的能力，以及诚实、守信、善于沟通和合作的专业素养。该任务的重点如下：

1. 掌握对集中热水网路进行水力工况分析的方法；
2. 掌握提高热水网路水力稳定性的方法。

实训练习3

1. 某室外热水供热网路，正常工况时的各热用户流量和水压，如图 4-7 所示，试计算关闭热用户 3 后各用户流量、压力变化情况。

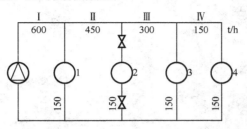

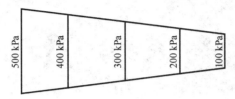

图 4-7　某室外热水供热网路

集中热水供热系统的供热调节

教学导航	教	知识重点	通过项目教学活动, 培养学生具备进行集中热水供热系统供热调节的能力
		知识难点	集中热水供热系统的供热调节
		教学方式	讲授法、任务驱动法、自主学习法、练习法、读书指导法、案例教学法
		学时	8 学时
	学	学习目标	1. 掌握集中热水供热系统供热调节基本原理; 2. 掌握直接连接热水供暖系统的集中供热调节的方法; 3. 掌握间接连接热水供暖系统的集中供热调节的方法
		能力目标	培养学生良好的职业道德、自我学习能力、实践动手能力和耐心细致分析处理问题的能力, 以及诚实、守信、善于沟通和合作的专业素养

知识分布网络

集中热水供热系统的供热调节 —— 集中热水供热系统供热调节基本原理
直接连接热水供暖系统的集中供热调节
间接连接热水供暖系统的集中供热调节

5.1　集中热水供热系统供热调节基本原理

5.1.1　集中热水供热系统供热调节的方式

一个热水供热系统可能包括供暖、通风空调、热水供应和生产工艺用热等多个热用户。这些热用户的热负荷并不是恒定不变的，供暖、通风热负荷会随着室外条件（主要是室外气温）的变化而变化，热水供应和生产工艺热负荷会随使用条件等因素的变化而变化。为了保证供热量能满足用户的使用要求，避免水力失调和热能的浪费，需要对热水供热系统进行供热调节。

（1）热水供热系统的调节方式，按运行调节地点不同，分为：

① 集中（中央）调节：在热源处进行的调节；

② 局部调节：在热力站或用户入口处进行的调节；

③ 个体调节：直接在散热设备（散热器、暖风机、换热器）处进行的调节。

集中供热调节容易实施，运行管理方便，是最主要的供热调节方式。对于包括多种热负荷用户的热水供热系统，因为供暖热负荷通常是系统最主要的热负荷，进行供热调节时，可按照供暖热负荷随室外气温的变化规律在热源处对整个系统进行集中调节，使供暖用户散热设备的散热量与供暖用户热负荷的变化规律相适应。其他热负荷用户（如热水供应、通风等热负荷用户），因其变化规律不同于供暖热负荷，需要在热力站或用户处进行局部调节以满足其需要。

（2）集中供热调节的方法主要有：

① 质调节——改变网路供、回水温度，不改变流量的调节方法；

② 量调节——改变网路流量，不改变供、回水温度的调节方法；

③ 分阶段改变流量的质调节——在整个供暖期中按室外气温的高低分成几个阶段，在室外气温较低的阶段中，保持较大的流量；在室外气温较高阶段中，保持较小流量。在每一个阶段内，维持网路循环水量不变，按改变网路供水温度的质调节进行供热调节；

④ 间歇调节——改变每天供热时间的调节方法。

5.1.2　集中热水供热系统供热调节的原则

（1）热水供热系统应采用热源处集中调节、热力站及建筑引入口处的局部调节和用热设备单独调节三者相结合的联合调节方式，并宜自动调节。

（2）对于只有单一供暖热负荷且只有单一热源（包括串联尖峰锅炉的热源），或尖峰热源与基本热源分别运行的热水供热系统，在热源处应根据室外温度的变化进行集中质调节或集中质—量调节。

（3）对于只有单一供暖热负荷，且尖峰热源与基本热源联网运行的热水供热系统，在基本热源未满负荷阶段应采用集中质调节或质—量调节；在基本热源满负荷以后与尖峰热源联网运行阶段，所有热源应采用量调节或质—量调节。

（4）当热水供热系统有供暖、通风、空调、生活热水等多种热负荷时，应在热源处进行集中调节，并保证运行水温能满足不同热负荷的需要，同时应根据各种热负荷的用热要求在用户处进行辅助的局部调节。

（5）对于有生活热水热负荷的热水供热系统，当按供暖热负荷进行集中调节时，除另有规定生活热水温度可低于 60 ℃外，应符合下列规定：

① 闭式供热系统的供水温度不得低于 70 ℃；

② 开式供热系统的供水温度不得低于 60 ℃。

（6）对于有生产工艺热负荷的供热系统，应采用局部调节。

（7）多热源联网运行的热水供热系统，各热源应采用统一的集中调节方式，并应执行统一的温度调节曲线。调节方式的确定应以基本热源为准。

（8）对于非供暖期有生活热水负荷、空调制冷负荷的热水供热系统，在非供暖期应恒定供水温度运行，并应在热力站进行局部调节。

5.1.3 集中热水供热系统供热调节的基本公式

进行供暖热负荷供热调节的目的就是维持供暖房间的室内计算温度 t_n 稳定。当热水网路在稳定状态下运行时，如不考虑管网的沿途热损失，供暖热用户的热负荷 Q_1 应等于供暖用户系统散热设备的散热量 Q_2，同时也应等于供热网路的供热量 Q_3，即 $Q_1=Q_2=Q_3$。

（1）在供暖室外计算温度 t_{wn} 下，建筑物供暖设计热负荷 Q'_1 可用下式估算：

$$Q'_1=q'V(t_n-t_{wn}) \tag{5-1}$$

式中，q'为建筑物的供暖体积热指标 $[W/(m^3·℃)]$；V 为建筑物的外围体积（m^3）；t_n 为供暖室内计算温度（℃）。

（2）在供暖室外计算温度 t_{wn} 下，散热器向建筑物供应的热量：

$$Q'_2=K'F(t_{pj}-t_n) \tag{5-2}$$

式中，K'为散热器在设计工况下的传热系数 $[W/(m^2·℃)]$；t_{pj} 为散热器内的热媒平均温度（℃）。

散热器的传热系数：

$$K'=a(t_{pj}-t_n)^b \tag{5-3}$$

对于整个供暖系统，可近似认为：

$$t_{pj}=\frac{t'_g+t'_h}{2}$$

式中，t'_g为供暖热用户的供水温度（℃）；t'_h为供暖热用户的回水温度（℃）。

因此式（5-2）可以写成：

$$Q'_2=aF\left(\frac{t'_g+t'_h}{2}-t_n\right)^{1+b} \tag{5-4}$$

a、b 是与散热器有关的指数，由散热器的型式决定。

（3）在供暖室外计算温度 t_{wn} 下，室外热水网路向供暖热用户输送的热量：

$$Q'_3=\frac{G'c(t'_g-t'_h)}{3600}=1.163G'(t'_g-t'_h) \tag{5-5}$$

式中，G'为供暖热用户的循环水量（kg/h）；c 为热水的比热，$c=4.187$ kJ/（kg·℃）。

上述公式中的参数均表示在供暖室外计算温度 t_{wn} 下的参数，因各城市的供暖室外计算

 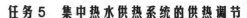

温度是定值，所以上述各参数也是不变量，均用带"′"的符号表示。

在某一室外实际温度为 t_w（$t_w > t_{wn}$）的条件下，保证室内计算温度仍为 t_n 时，可列出与上述公式相对应的方程式：

$$Q_1 = qV(t_n - t_w) \tag{5-6}$$

$$Q_2 = aF\left(\frac{t_g + t_h}{2} - t_n\right)^{1+b} \tag{5-7}$$

$$Q_3 = 1.163G(t_g - t_h) \tag{5-8}$$

$$Q_1 = Q_2 = Q_3 \tag{5-9}$$

将实际室外温度 t_w 条件下热负荷与供暖室外计算温度 t_{wn} 条件下热负荷的比值称为相对供暖热负荷比 $\bar{Q}$，即：

$$\bar{Q} = \frac{Q_1}{Q_1'} = \frac{Q_2}{Q_2'} = \frac{Q_3}{Q_3'} \tag{5-10}$$

将实际室外温度 t_w 条件下系统流量与供暖室外计算温度 t_{wn} 条件下系统流量的比值称为相对流量比 $\bar{G}$，即：

$$\bar{G} = \frac{G}{G'} \tag{5-11}$$

再来分析公式（5-1），$Q_1' = q'V(t_n - t_{wn})$，由于室外风速、风向的变化，特别是太阳辐射热变化的影响，式中的 Q_1' 并不能完全取决于室内外温差，也就是说建筑物的体积热指标 q' 不应是定值，但为了简化计算，可忽略 q' 的变化，认为供暖热负荷与室内外差成正比，即：

$$\bar{Q} = \frac{Q_1}{Q_1'} = \frac{t_n - t_w}{t_n - t_{wn}} \tag{5-12}$$

综合上述公式可得：

$$\bar{Q} = \frac{t_n - t_w}{t_n - t_{wn}} = \frac{(t_g + t_h - 2t_n)^{1+b}}{(t_g' + t_h' - 2t_n)^{1+b}} = \bar{G}\frac{t_g - t_h}{t_g' - t_h'} \tag{5-13}$$

该式是进行供暖热负荷供热调节的基本公式，式中的分母项，有的是供暖室外计算温度为 t_{wn} 条件下的参数，有的是设计工况参数，均为已知参数。分子项是在某一室外温度下，保持室内温度为 t_n 不变时的运行参数。公式（5-13）中有四个未知数 t_g、t_h、$\bar{Q}$ 和 $\bar{G}$，但只能列三个联立方程，因此必须再有一个补充条件，才能解出这四个未知数，这个补充条件，就靠我们选定的调节方法给出，下面将具体介绍每一种调节方法。

5.2　直接连接热水供暖系统的集中供热调节

5.2.1　无混水装置直接连接热水供暖系统的质调节

热水供热系统的质调节是在网路循环流量不变的条件下，随着室外空气温度的变化，改变室外供热管网供、回水温度的调节方式。

若供暖用户与外网采用无混水装置的直接连接，设室外管网供水温度为 τ_g'，回水温度为 τ_h'，则外网供水温度 τ_g' 等于进入用户系统的供水温度 t_g'，即 $\tau_g' = t_g'$，外网回水温度与供暖系统的回水温度相等，即 $\tau_h' = t_h'$。

将质调节的条件：循环流量不变，即 $\overline{G}=1$，代入供暖热负荷供热调节的基本公式（5-13）中，联立方程组，可求出某一室外温度为 t_w 下室外供热管网供、回水温度：

$$\overline{Q}=\frac{t_n-t_w}{t_n-t_{wn}}=\frac{(t_g+t_h-2t_n)^{1+b}}{(t_g'+t_h'-2t_n)^{1+b}}=\frac{t_g-t_h}{t_g'-t_h'}$$

室外供热管网供、回水温度的计算公式为：

$$\tau_g=t_g=t_n+0.5(t_g'+t_h'-2t_n)\overline{Q}^{1/(1+b)}+0.5(t_g'-t_h')\overline{Q} \tag{5-14}$$

$$\tau_h=t_h=t_n+0.5(t_g'+t_h'-2t_n)\overline{Q}^{1/(1+b)}-0.5(t_g'-t_h')\overline{Q} \tag{5-15}$$

式中，τ_g、τ_h 为某一室外温度 t_w 条件下，室外供热管网的供、回水温度（℃）；t_g、t_h 为某一室外温度 t_w 条件下，供暖用户的供、回水温度（℃）；t_g'、t_h' 为供暖室外计算温度 t_{wn} 条件下，供暖用户的设计供、回水温度（℃）；t_n 为供暖室内计算温度（℃）；$\overline{Q}$ 为相对热负荷比。

5.2.2 带混合装置直接连接热水供暖系统的质调节

若供暖用户与外网采用带混合装置的直接连接（如设水喷射器或混合水泵），外网供水温度 τ_g' 大于进入用户系统的供水温度 t_g'，即 $\tau_g'>t_g'$，外网的回水温度 τ_h' 等于用户的回水温度 t_h'，即 $\tau_h'=t_h'$。外网与供暖用户均进行质调节时，利用公式（5-14）、（5-15）可求出供暖用户的实际供水温度 t_g 和实际回水温度 t_h。室外网路的供水温度 τ_g，可根据混合比 μ 求出。

如图 5-1 所示，混合比：

$$\mu=\frac{G_h}{G_o} \tag{5-16}$$

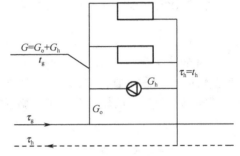

图 5-1 带混合装置的直接连接

式中，G_o 为某一室外温度 t_w 下，外网进入供暖用户的流量（kg/h）；G_h 为某一室外温度 t_w 下，从供暖用户抽引的回水量（kg/h）。

又根据图 5-1，在供暖室外计算温度 t_{wn} 下，列热平衡方程式：

$$cG_o'\tau_g'+cG_h't_h'=c(G_o'+G_h')t_g' \tag{5-17}$$

式中，c 为热水的比热，$c=4.187$ kJ/（kg·℃）；τ_g' 为供暖室外计算温度 t_{wn} 下，网路的设计供水温度（℃）。

则供暖室外计算温度 t_{wn} 下的混合比：

$$\mu'=\frac{\tau_g'-t_g'}{t_g'-t_h'} \tag{5-18}$$

因外网与供暖用户均进行质调节，只要供暖用户的特性阻力 S 值不变，网路的流量分配比例就不会改变，任一室外温度下的混合比都是相同的，即：

$$\mu=\mu'=\frac{\tau_g-t_g}{t_g-t_h}=\frac{\tau_g'-t_g'}{t_g'-t_h'} \tag{5-19}$$

可求出外网供水温度：

$$\tau_g=t_g+\mu(t_g-t_h) \tag{5-20}$$

又由于

$$\overline{Q}=\frac{t_g-t_h}{t'_g-t'_h}$$

因此外网供水温度又可写成：

$$\tau_g=t_g+\mu\overline{Q}(t'_g-t'_h) \tag{5-21}$$

公式（5-21）就是在热源处进行质调节时，网路供水温度 τ_g 随某一室外温度 t_w（即 $\overline{Q}$）变化的关系式。

将公式（5-14）中的 t_g，公式（5-15）中的 t_h，公式（5-19）中的 μ 代入公式（5-21）中，又可写出带混合装置直接连接的热水供暖系统在某一室外温度 t_w 下室外网路的供、回水温度，即：

$$\tau_g=t_n+0.5(t'_g+t'_h-2t_n)\overline{Q}^{1/(1+b)}+0.5(t'_g-t'_h)\overline{Q}+\left(\frac{\tau'_g-t'_g}{t'_g-t'_h}\right)(t'_g-t'_h)\overline{Q}$$

$$=t_n+0.5(t'_g+t'_h-2t_n)\overline{Q}^{1/(1+b)}+\overline{Q}[(\tau'_g-t'_g)+0.5(t'_g-t'_h)] \tag{5-22}$$

$$\tau_h=t_h+t_n+0.5(t'_g+t'_h-2t_n)\overline{Q}^{1/(1+b)}-0.5(t'_g-t'_h)\overline{Q} \tag{5-23}$$

根据公式（5-14）、（5-15）、（5-22）、（5-23）可绘制热水供热系统质调节的水温曲线或图表，供运行调节时使用，图5-2是供热质调节的水温调节曲线图。

集中质调节只需在热源处改变网路的供水温度，运行管理较简便，是目前采用最广泛的供热调节方式。但如果热水供热系统有多种热负荷，如果按质调节进行供热，在室外温度较高时，网路和供暖系统的供、回水温度会较低，这往往难以满足其他热负荷用户的要求，需采用其他调节方式。

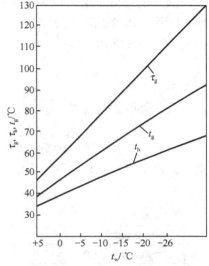

图5-2 供热质调节的水温调节曲线图

案例8 某带混合装置直接连接热水供暖系统的质调节

哈尔滨市某集中供热系统，热源供、回水温度为 130 ℃/70 ℃。供暖用户与室外管网采用设混水器的直接连接，小区总供热面积 25 万 m^2，全住宅用户，要求冬季室内计算温度为 $t_n=18$ ℃，用户要求的设计供、回水温度为 95 ℃/70 ℃，供暖设计热负荷为 16250 kW。

若供暖用户与室外管网均采用质调节方式，当室外温度 $t_w=-15$ ℃时，试计算供暖用户质调节的供、回水温度 t_g、t_h 以及室外管网的供水温度 τ_g，绘制室外温度—用户供、回水温度—室外管网供水温度 τ_g 关系曲线。

解 哈尔滨市供暖室外计算温度 $t_{wn}=-26$ ℃，在供暖室外计算温度 t_{wn} 下，混合比：

$$\mu'=\frac{\tau'_g-t'_g}{t'_g-t'_h}=\frac{130-95}{95-70}=1.4=\frac{G'_h}{G'_o}$$

当室外温度 $t_w=-15$ ℃时，供暖热用户的相对热负荷比 $\overline{Q}_y$ 为：

$$\overline{Q}_y=\frac{t_n-t_w}{t_n-t_{wn}}=\frac{18+15}{18+26}=0.75$$

当室外温度 $t_w=-15$ ℃时，计算供暖用户质调节的供、回水温度 t_g、t_h，其中 b 是与散热器有关的指数，由散热器的型式决定，供暖用户选用铸铁 M-132 散热器，$b=0.286$。

$$t_g=t_n+0.5(t_g'+t_h'-2t_n)\,\overline{Q}^{\,1/(1+b)}+0.5(t_g'-t_h')\,\overline{Q}$$
$$=18+0.5\times(95+70-2\times18)\times0.75^{1/(1+0.286)}+0.5\times(95-70)\times0.75$$
$$=78.95\ ℃$$

$$t_h=t_n+0.5(t_g'+t_h'-2t_n)\,\overline{Q}^{\,1/(1+b)}-0.5(t_g'-t_h')\,\overline{Q}$$
$$=18+0.5\times(95+70-2\times18)\times0.75^{1/(1+0.286)}-0.5\times(95-70)\times0.75$$
$$=60.2\ ℃$$

因外网与供暖用户均进行质调节，室外网路的供水温度 τ_g，可根据混合比 μ 求出，只要供暖用户的特性阻力 S 值不变，网路的流量分配比例就不会改变，任一室外温度下的混合比都是相同的，即：

$$\mu=\mu'=\frac{\tau_g-t_g}{t_g-t_h}=\frac{\tau_g'-t_g'}{t_g'-t_h'}$$

因此外网供水温度：

$$\tau_g=t_g+\mu\,(t_g-t_h)=78.95+1.4\times(78.95-60.2)=105.2\ ℃$$

不同室外温度下，供暖用户供、回水温度及外网供水温度见表 5-1，室外温度—用户供、回水温度—室外管网供水温度 τ_g 关系曲线见图 5-3。

表 5-1　供暖用户供、回水温度及外网供水温度

室外温度 t_w（℃）	-26	-20	-15	-10	-5	0	+5
用户供水温度 t_g（℃）	95	86.45	78.95	72.42	64.31	56.49	47.8
用户回水温度 t_h（℃）	70	64.23	60.2	54.76	49.27	43.99	38.12
外网供水温度 τ_g（℃）	130	117.56	105.2	97.14	85.37	73.99	61.35

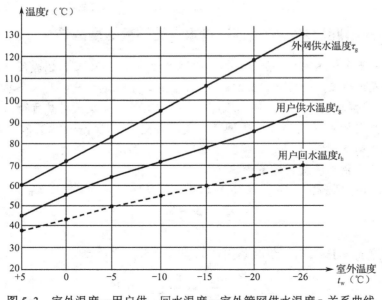

图 5-3　室外温度—用户供、回水温度—室外管网供水温度 τ_g 关系曲线

5.2.3　带混合装置直接连接热水供暖系统的量调节

如果供暖用户与外网采用混合水泵直接连接方式，供暖用户进行供热调节的主要方法是循环流量不变的质调节方法，以保证供暖用户系统水力工况的稳定。

若室外热水网路进行供热调节时采用量调节方式，即外网供水温度 τ'_g 和外网的回水温度 τ'_h 不随室外温度变化，调节电动三通阀的开度，改变进入用户流量的调节方式。则外网供水温度 τ'_g 大于进入用户系统的供水温度 t'_g，即 $\tau'_g > t'_g$，外网的回水温度 τ'_h 等于用户的回水温度 t'_h，即 $\tau'_h = t'_h$。室外网路要求的流量，可根据混合比 μ 求出。

因供暖用户进行质调节，供暖用户的流量 G 不随室外温度的变化而变化，如图 5-1 所示。

$$G = G'_o + G'_h = G_o + G_h$$

则
$$G_o = G - G_h = G - \mu G_o$$

外网进行量调节，调节前后混合比不相等，调节前混合比：

$$\mu' = \frac{G'_h}{G'_o} = \frac{\tau'_g - t'_g}{t'_g - t'_h}$$

调节后混合比：

$$\mu = \frac{G_h}{G_o} = \frac{\tau'_g - t_g}{t_g - t_h}$$

因此外网进入供暖用户的流量：

$$G_o = \frac{G}{1 + \mu}$$

案例 9　某带混合装置直接连接热水供暖系统的量调节

若案例 8 中的供暖用户采用质调节方式，室外管网采用量调节方式，当室外温度 $t_w = -15\,℃$ 时，试计算室外网路进入供暖用户的流量 G_o 和供暖用户抽引的回水量 G_h，绘制室外网路进入供暖用户的流量 G_o 和供暖用户抽引的回水量 G_h 随室外温度的变化曲线。

解　哈尔滨市供暖室外计算温度 $t_{wn} = -26\,℃$，根据供暖设计热负荷，可计算供暖室外计算温度 t_{wn} 条件下，供暖用户要求的流量：

$$G = \frac{0.86Q}{t_g - t_h} = \frac{0.86 \times 16\,250}{95 - 70} = 559\ \text{t/h}$$

在供暖室外计算温度 t_{wn} 下，混合比：

$$\mu' = \frac{\tau'_g - t'_g}{t'_g - t'_h} = \frac{130 - 95}{95 - 70} = 1.4 = \frac{G'_h}{G'_o}$$

供暖用户的流量 G 等于外网进入供暖用户的流量 G'_o 与从供暖用户抽引的回水量 G'_h 之和，即：

$$G = G'_o + G'_h$$

当室外温度 $t_w = -15\,℃$ 时，供暖用户质调节的供、回水温度 t_g、t_h（见案例 8）：

$$t_g = 78.95\,℃ \qquad t_h = 60.2\,℃$$

当室外温度 $t_w=-15$ ℃时，室外网路要求的流量 G_o，可根据混合比 μ 求出：

$$\mu = \frac{\tau'_g - t_g}{t_g - t_h} = \frac{130 - 78.95}{78.95 - 60.2} = 2.72$$

则

$$\mu = \frac{G_h}{G_o} = 2.72$$

因供暖用户进行质调节，供暖用户的流量 G 不随室外温度的变化而变化，即：

$$G = G'_o + G'_h = G_o + G_h$$

则

$$G_o = G - G_h = G - \mu G_o$$

因此室外网路进入供暖用户的流量 G_o 为：

$$G_o = \frac{G}{1+\mu} = \frac{559}{1 + 2.72} = 150.27 \text{ t/h}$$

从供暖用户抽引的回水量 $G_h = 559 - 150.27 = 408.73$ t/h。

不同室外温度下，外网进入用户流量 G_o 及从用户抽引回水量 G_h，见表 5-2，室外温度—管网流量关系曲线见图 5-4。

表 5-2　外网进入用户流量 G_o 及从用户抽引回水量 G_h

室外温度 t_w（℃）	-26	-20	-15	-10	-5	0	+5
外网进入用户流量 G_o（t/h）	232.92	188.85	150.27	131.22	104.1	81.25	58.9
从用户抽引回水量 G_h（t/h）	326.08	370.15	40.73	427.78	454.9	477.75	500.1

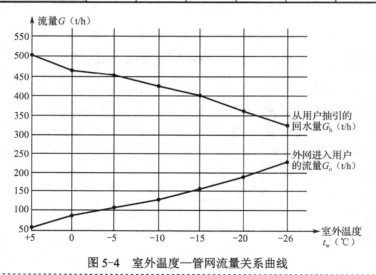

图 5-4　室外温度—管网流量关系曲线

5.2.4　直接连接热水供暖系统分阶段改变流量的质调节

分阶段改变流量的质调节，是在整个供暖期中按室外气温的高低分成几个阶段，在室外气温较低的阶段中，保持较大的流量；在室外气温较高阶段中，保持较小流量。在每一个阶段内，维持网路循环水量不变，按改变网路供水温度的质调节进行供热调节。

分阶段改变流量的质调节在每一个阶段中，由于网路循环水量不变，可以设 $\overline{G} = \phi$ =常数，将这个条件代入供热调节基本公式（5-13）中，联立方程组，可求出无混合装置的供暖系统室外网路的供、回水温度。

$$\overline{Q} = \frac{t_n - t_w}{t_n - t_{wn}} = \frac{(t_g + t_h - 2t_n)^{1+b}}{(t_g' + t_h' - 2t_n)^{1+b}} = \phi \frac{t_g - t_h}{t_g' - t_h'}$$

室外供热管网供、回水温度的计算公式为：

$$\tau_g = t_g = t_n + 0.5(t_g' + t_h' - 2t_n)\overline{Q}^{1/(1+b)} + 0.5\frac{(t_g' - t_h')}{\phi}\overline{Q} \tag{5-24}$$

$$\tau_h = t_h = t_n + 0.5(t_g' + t_h' - 2t_n)\overline{Q}^{1/(1+b)} - 0.5\frac{(t_g' - t_h')}{\phi}\overline{Q} \tag{5-25}$$

带混合装置的供暖系统室外网路的供、回水温度：

$$\tau_g = t_n + 0.5(t_g' + t_h' - 2t_n)\overline{Q}^{1/(1+b)} + [(\tau_g' - t_g') + 0.5(t_g' - t_h')]\frac{\overline{Q}}{\phi} \tag{5-26}$$

$$\tau_h = t_h = t_n + 0.5(t_g' + t_h' - 2t_n)\overline{Q}^{1/(1+b)} - 0.5(t_g' - t_h')\frac{\overline{Q}}{\phi} \tag{5-27}$$

对于中小型或供暖期较短的热水供热系统，一般分为两个阶段选用两台不同型号的循环水泵，其中一台循环水泵的流量按设计值的 100%选择，另一台按设计值的 70%～80%选择。对于大型热水供热系统，可选用三台不同规格的水泵，循环水泵流量可按设计值的 100%、80%和 60%选择。

对于直接连接的供暖用户系统，调节时应注意不要使进入系统的流量小于设计流量的 60%，即 $\phi = \overline{G} \geq 60\%$。如果流量过少，对双管供暖系统，由于各层自然循环作用压力的比例差增大会引起用户系统的垂直失调；对单管供暖系统，由于各层散热器传热系数 K 变化程度不一致，也同样会引起垂直失调。

采用分阶段改变流量的质调节，由于流量减少，网路的供水温度升高，回水温度降低，供、回水的温差会增大。分阶段改变流量的质调节方式在区域锅炉房热水供热系统中得到了较多的应用。

5.2.5　间歇调节

在供暖季节里，当室外温度升高时，不改变网路的循环水量和供水温度，只减少每天供热小时数的调节方式称为间歇调节。

网路每天工作的总小时数 n 随室外温度的升高而减少，可按下式计算：

$$n = 24\frac{t_n - t_w}{t_n - t_w''} \tag{5-28}$$

式中，n 为间歇运行时每天工作的小时数（h/d）；t_w 为间歇运行时的某一室外温度（℃）；t_w'' 为开始间歇调节时的室外温度（℃），也就是网路保持最低供水温度时的室外温度。

间歇调节可以在室外温度较高的供暖初期和末期进行，作为一种辅助的调节措施。

5.3 间接连接热水供暖系统的集中供热调节

5.3.1 间接连接热水供暖系统室外热水网路的质调节

室外热水网路和供暖用户采用间接连接时，随室外温度 t_w 的变化，需同时对热水网路和供暖用户进行供热调节，通常供暖用户按质调节的方式进行供热调节，以保证供暖用户系统水力工况的稳定。供暖用户质调节时的供、回水温度 t_g、t_h，可按公式（5-14）、（5-15）确定。

如图 5-5 所示，室外热水网路进行供热调节时，热水网路的供、回水温度 τ_g 和 τ_h 取决于一级网路采用的调节方式和水—水换热器的热力特性，通常可采用集中质调节或质量—流量的调节方法。

当室外热水网路进行质调节时，引入补充条件 $\bar{G}_w = 1$。根据网路供热调节的基本公式，有：

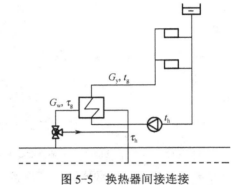

图 5-5 换热器间接连接

$$\bar{Q}_w = \bar{G}_w \frac{\tau_g - \tau_h}{\tau'_g - \tau'_h} = \frac{\tau_g - \tau_h}{\tau'_g - \tau'_h} \qquad (5-29)$$

供暖用户进行质调节时，$\bar{Q}_y = \dfrac{t_g - t_h}{t'_g - t'_h}$ \qquad (5-30)

根据用户系统入口水—水换热器放热的热平衡方程式，又有：

$$\bar{Q}_y = \bar{K} \frac{\Delta t}{\Delta t'} \qquad (5-31)$$

式中，$\bar{Q}_y$ 为在室外温度 t_w 时的相对供暖热负荷比；τ'_g、τ'_h 为在室外供暖计算温度 t_{wn} 条件下室外网路的供、回水温度（℃）；τ_g、τ_h 为在某一室外温度 t_w 条件下室外网路的供、回水温度（℃）；$\bar{K}$ 为水—水换热器的相对传热系数比，也就是在某一室外温度 t_w 条件下，水—水换热器的传热系数 K 与供暖室外计算温度 t_{wn} 条件下的传热系数 K' 的比值；$\Delta t'$ 为在供暖室外计算温度 t_{wn} 条件下，水—水换热器的对数平均温差（℃）；

$$\Delta t' = \frac{(\tau'_g - t'_g) - (\tau'_h - t'_h)}{\ln \dfrac{(\tau'_g - t'_g)}{(\tau'_h - t'_h)}} \qquad (5-32)$$

Δt 为在室外温度 t_w 条件下，水—水换热器的对数平均温差（℃）。

$$\Delta t = \frac{(\tau_g - t_g) - (\tau_h - t_h)}{\ln \dfrac{(\tau_g - t_g)}{(\tau_h - t_h)}} \qquad (5-33)$$

水—水换热器的相对传热系数 $\bar{K}$ 值，取决于选用的水—水换热器的传热特性，可由实验数据整理得出，对壳管式水—水换热器，$\bar{K}$ 值可近似地由下列公式计算：

$$\bar{K} = \bar{G}_w^{0.5} \bar{G}_y^{0.5} \qquad (5-34)$$

式中，$\bar{G}_w$ 为水—水换热器中，加热介质的相对流量比，此处也就是室外热水网路的相对流量比；$\bar{G}_y$ 为水—水换热器中，被加热介质的相对流量比，此处也就是供暖用户系统的相对流量比。

当室外热水网路和供暖用户系统均采用质调节，即 $\bar{G}_w=1$，$\bar{G}_y=1$ 时，可近似认为两工况下水—水换热器的传热系数相等，即：

$$\bar{K}=1 \qquad\qquad (5-35)$$

总结上述公式，可得出室外热水网路供热质调节的基本公式：

$$\bar{Q}_w=\frac{\tau_g-\tau_h}{\tau_g'-\tau_h'}=\bar{Q}_y=\frac{t_g-t_h}{t_g'-t_h'} \qquad\qquad (5-36)$$

$$\bar{Q}_y=\frac{(\tau_g-t_g)-(\tau_h-t_h)}{\Delta t'\ln\dfrac{(\tau_g-t_g)}{(\tau_h-t_h)}} \qquad\qquad (5-37)$$

供暖用户和室外热水网路进行供热调节时 $\bar{Q}_w=\bar{Q}_y$。以上两个公式中的 $\bar{Q}_w$、$\bar{Q}_y$、$\Delta t'$、τ_g'、τ_h' 为供暖室外计算温度 t_{wn} 条件下的值，是已知值。t_g 和 t_h 是在某一室外温度 t_w 下的数值，可通过供暖系统质调节计算公式计算得出，未知数仅为 τ_g 和 τ_h，通过联立方程，可确定室外热水网路质调节时的网路供、回水温度 τ_g 和 τ_h 值。

5.3.2　间接连接热水供暖系统室外热水网路的质量—流量调节

因为供暖用户系统与室外热水网路间接连接，用户和网路的水力工况互不影响，室外热水网路可考虑采用同时改变供水温度和流量的供热调节方法，即质量—流量调节方法。

质量—流量调节方法是调节流量随供暖热负荷的变化而变化，使室外热水网路的相对流量比等于供暖用户的相对热负荷比，也就是人为增加了一个补充条件，进行供热调节，即：

$$\bar{G}_w=\bar{Q}_y \qquad\qquad (5-38)$$

同样，根据室外网路和水—水换热器的供热和放热的热平衡方程式，得出：

$$\bar{Q}_y=\bar{Q}_w=\bar{G}_w\frac{\tau_g-\tau_h}{\tau_g'-\tau_h'}$$

$$\bar{Q}_y=\bar{K}\frac{\Delta t}{\Delta t'}$$

可得　　　　　　　　$\tau_g-\tau_h=\tau_g'-\tau_h'=$ 常数　　　　　　　　(5-39)

又根据相对传热系数比：

$$\bar{K}=\bar{G}_w^{0.5}\bar{G}_y^{0.5}=\bar{Q}_y^{0.5}（因供暖用户质调节：$\bar{G}_y=1$） \qquad (5-40)$$

$$\bar{Q}_y^{0.5}=\frac{(\tau_g-t_g)-(\tau_h-t_h)}{\Delta t'\ln\dfrac{(\tau_g-t_g)}{(\tau_h-t_h)}} \qquad\qquad (5-41)$$

公式（5-39）和公式（5-41）中，$\bar{Q}_y$、$\Delta t'$、τ_g'、τ_h' 为某一室外温度 t_w 下或供暖室外计算温度 t_{wn} 下的参数，为已知值，t_g、t_h 可由供暖系统质调节的计算公式确定。未知数为 τ_g、τ_h，通过联立方程求解，就可确定热水网路按 $\bar{G}_w=\bar{Q}_y$ 规律进行质量—流量调节时的相应

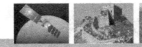

供、回水温度 τ_g 和 τ_h 值。

采用质量—流量调节方法，室外网路的流量随供暖热负荷的减少而减少，可大大节省网路循环水泵的电能消耗，但系统中需设置变速循环水泵和相应的自控设施（如控制网路供、回水温差为定值或控制变速水泵的转速等措施），才能达到满意的运行效果。

分阶段改变流量的质调节和间歇调节，也可用在间接连接的供暖系统上。

实例 5-1　哈尔滨市某集中供热系统，热源供、回水温度为 120 ℃/75 ℃，与某小区采用换热器间接连接供暖，小区总供热面积 25 万 m^2，全住宅用户，要求的冬季室内计算温度为 t_n=18 ℃，用户要求的设计供、回水温度为 95 ℃/70 ℃，采暖设计热负荷为 16 250 kW，使用三台相同型号的板式换热器，并联使用。

若室外管网采用质量—流量调节方式，当室外温度 t_w=-15 ℃时，试计算室外管网流量 G_2 及室外管网的供水温度 τ_g、回水温度 τ_h，绘制室外温度—室外管网供、回水温度以及室外温度—室外管网流量关系曲线。

解　室外热水网路采用质量—流量调节方法，使室外热水网路的相对流量比等于供暖的相对热负荷比，$\bar{G}_w = \bar{Q}_y$。

哈尔滨市供暖室外计算温度 t_{wn}=-26 ℃，根据供暖设计热负荷，可计算供暖室外计算温度 t_{wn} 条件下，供暖用户要求的流量：

$$G = \frac{0.86Q}{t_g - t_h} = \frac{0.86 \times 16\,250}{95 - 70} = 559 \text{ t/h}$$

当室外温度 t_w=-15 ℃时，供暖热用户的相对热负荷比 $\bar{Q}_y$ 为：

$$\bar{Q}_y = \frac{t_n - t_w}{t_n - t_{wn}} = \frac{18 + 15}{18 + 26} = 0.75$$

由案例 8 计算结果，当室外温度 t_w=-15 ℃时，供暖用户供热系统质调节的供、回水温度为：t_g=78.95 ℃；t_h=60.2 ℃。

供暖室外计算温度 t_{wn} 条件下，室外管网供应小区换热器的流量为：

$$G_2' = G_1' \frac{(95 - 70)}{(120 - 75)} = 559 \times \frac{(95 - 70)}{(120 - 75)} = 310.56 \text{ t/h}$$

室外热水网路采用质量—流量调节方式，热水网路的相对流量比：

$$\bar{G}_w = \bar{Q}_y = \frac{G_2}{G_2'} = \frac{G_2}{310.56} = 0.75$$

则热水网路流量　　　　　　　　G_2=232.92 t/h

因此，当室外温度 t_w=-15 ℃时，供暖用户供热系统的供、回水温度 t_g=78.95 ℃、t_h=60.2 ℃，室外管网供应小区换热器的流量改变为 G_2=232.92 t/h。

由公式（5-39）和公式（5-41），联立方程，得：

$$\tau_g - \tau_h = \tau_g' - \tau_h' = 120 - 75 = 45 \text{ ℃}$$

$$\bar{Q}_y^{0.5} = \frac{(\tau_g - t_g) - (\tau_h - t_h)}{\Delta t' \ln \dfrac{(\tau_g - t_g)}{(\tau_h - t_h)}}$$

$$0.75^{0.5} = \frac{(\tau_g - 78.95 - \tau_h + 60.2)\ln\frac{(120-95)}{75-70}}{\ln\frac{\tau_g - 78.95}{\tau_h - 60.2}(120-95-75+70)}$$

解得　　　　　　　　　　$\tau_g = 107.77\ ℃$；$\tau_h = 62.77\ ℃$

不同室外温度下，室外管网流量 G_2 及室外管网的供水温度 τ_g、回水温度 τ_h 见表 5-3，室外温度—管网流量关系曲线见图 5-6，室外温度—室外管网供、回水温度关系曲线见图 5-7。

表 5-3　室外管网流量 G_2 及室外管网的供水温度 τ_g、回水温度 τ_h

室外温度 t_w（℃）	−26	−20	−15	−10	−5	0	+5
室外管网流量 G_2（t/h）	310.56	268.21	232.92	197.63	161.49	127.33	91.75
室外管网供水温度 τ_g（℃）	120	112.95	107.77	101.63	93.87	89.56	83.32
室外管网回水温度 τ_h（℃）	75	67.95	62.77	56.63	48.87	44.56	38.32

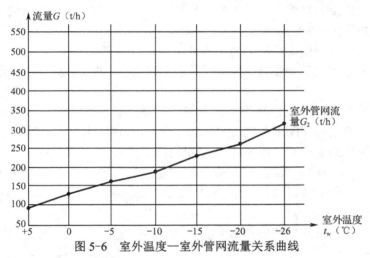

图 5-6　室外温度—室外管网流量关系曲线

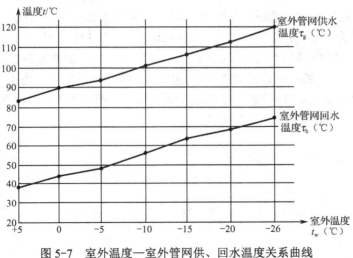

图 5-7　室外温度—室外管网供、回水温度关系曲线

知识梳理与总结

通过项目教学活动，培养学生具备进行集中热水供热系统供热调节的能力。培养学生良好的职业道德、自我学习能力、实践动手能力和耐心细致分析处理问题的能力，以及诚实、守信、善于沟通和合作的专业素养。该任务的重点如下：

1. 掌握集中热水供热系统供热调节基本原理；
2. 掌握直接连接热水供暖系统的集中供热调节的方法；
3. 掌握间接连接热水供暖系统的集中供热调节的方法。

实训练习4

1．哈尔滨市某集中供热系统，热源供、回水温度为 120/60 ℃。供暖用户与室外管网采用设混水器的直接连接，要求的冬季室内计算温度为 t_n=20 ℃，用户要求的设计供、回水温度为 85/60 ℃，供暖设计热负荷为 15 000 kW。

若供暖用户与室外管网均采用质调节方式，当室外温度 t_w=-10 ℃时，试计算供暖用户质调节的供、回水温度 t_g、t_h 以及室外管网的供水温度 τ_g，绘制室外温度—用户供、回水温度关系曲线。

2．若练习 1 中的供暖用户采用质调节方式，室外管网采用量调节方式，当室外温度 t_w=-10 ℃时，试计算室外网路进入供暖用户的流量 G_o 和供暖用户抽引的回水量 G_h，绘制室外网路进入供暖用户的流量 G_o 和供暖用户抽引的回水量 G_h 随室外温度的变化曲线。

3．哈尔滨市某集中供热系统，热源供、回水温度为 110/75 ℃。与某小区采用换热器间接连接供暖，要求的冬季室内计算温度为 t_n=20 ℃，用户要求的设计供、回水温度为 85/60 ℃，供暖设计热负荷为 15 000 kW，使用三台相同型号的板式换热器，并联使用。

若室外管网与热用户均采用质调节方式，当室外温度 t_w=-10 ℃时，试计算室外管网的供水温度 τ_g、回水温度 τ_h，绘制室外温度—室外管网供回水温度关系曲线。

4．哈尔滨市某集中供热系统，热源供、回水温度为 110/75 ℃。与某小区采用换热器间接连接供暖，要求冬季室内计算温度为 t_n=20 ℃，用户要求的设计供、回水温度为 85/60 ℃，供暖设计热负荷为 15 000 kW，使用三台相同型号的板式换热器，并联使用。

若室外管网采用质量—流量调节方式，热用户采用质调节方式，当室外温度 t_w=-10 ℃时，试计算室外管网流量 G_2 及室外管网的供水温度 τ_g、回水温度 τ_h，绘制室外温度—室外管网供回水温度—室外管网流量关系曲线。

任务 **6**

室外供热管网的
施工安装

教学导航

教学	知识重点	通过项目教学活动，培养学生掌握室外供热管道布置敷设和安装的方法	
	知识难点	室外供热管网的施工安装方法	
	教学方式	讲授法、任务驱动法、自主学习法、练习法、读书指导法、案例教学法、直观演示法、参观教学法、现场教学法	
	学时	10 学时	
学	学习目标	1. 掌握室外供热管网的管材及管件的选择方法； 2. 掌握室外供热管网的布置与敷设方法； 3. 掌握室外供热管道安装方法	
	能力目标	培养学生良好的职业道德、自我学习能力、实践动手能力和耐心细致分析处理问题的能力，以及诚实、守信、善于沟通和合作的专业素养	

知识分布网络

```
                        ┌──── 室外供热管网的管材及管件
室外供热管网   ────────┼──── 室外供热管网的布置及敷设
的施工安装              └──── 室外供热管道安装
```

6.1 室外供热管网的管材及管件

6.1.1 室外供热管网的常用管材及连接要求

（1）供热管网的管材应按设计要求选用。当设计未注明时，应符合下列规定：

① 管径小于或等于 40 mm 时，应使用焊接钢管；

② 管径为 50～200 mm 时，应使用焊接钢管或无缝钢管；

③ 管径大于 200 mm 时，应使用螺旋焊接钢管。

管材钢号应从耐压、耐温两方面满足工作条件的要求，耐压要求从管壁厚度上解决，耐温要求根据介质工作温度的不同选用不同的钢号。管道及钢制管件的钢材钢号不应低于表 6-1 的规定。管道和钢材的规格及质量应符合国家现行相关标准的规定。

表 6-1 供热管道钢材钢号及适用范围

钢　号	设　计　参　数	钢板厚度
Q235AF	$P{\leqslant}1.0$ MPa；$t{\leqslant}95$ ℃	${\leqslant}8$ mm
Q235A	$P{\leqslant}1.6$ MPa；$t{\leqslant}150$ ℃	${\leqslant}16$ mm
Q235B	$P{\leqslant}2.5$ MPa；$t{\leqslant}300$ ℃	${\leqslant}20$ mm
10、20、低合金钢	可用于规范适用范围的全部参数	不限

供热管网的主要材料、成品、半成品、配件和设备必须具有质量合格证明文件，规格、型号及性能监测报告应符合国家技术标准或设计要求，进场时应做检查验收，并经监理工程师核查确认。所有材料进场时应对品种、规格、外观等进行验收。包装应完好，表面无划痕及外力冲击破损。

碳素钢管、无缝钢管、镀锌钢管应有产品合格证，管材不得弯曲、无锈蚀、无飞刺、重皮及凹凸不平等缺陷。管件符合现行标准，有出厂合格证、无偏扣、乱扣、方扣、断丝和角度不准等缺陷。各类阀门有出厂合格证，规格、型号、强度和严密性试验符合设计要求。

附属装置：减压器、疏水器、过滤器、补偿器、法兰等应符合设计要求，应有产品合格证及说明书。型钢、圆钢、管卡、螺栓、螺母、油、麻、垫、电焊条等符合设计要求。管道上使用冲压弯头时，所使用的冲压弯头外径应与管道外径相同。

（2）供热管道与设备、阀门等连接宜采用焊接；当设备、阀门等需要拆卸时，应采用法兰连接；公称直径小于或等于 25 mm 的放气阀，可采用螺纹连接，但连接放气阀的管道应采用厚壁管。

（3）室外供暖计算温度低于-5 ℃地区，露天敷设不连续运行的凝结水管道放水阀门，以及室外供暖计算温度低于-10 ℃地区，露天敷设的热水管道设备附件均不得采用灰铸铁制品；室外供暖计算温度低于-30 ℃地区，露天敷设的热水管道，应采用钢制阀门及附件。

（4）制作卷管、受内压管件和容器用的钢板，在使用前应做检查，不得有超过壁厚允

许负偏差的锈蚀、凹陷、裂纹和重皮等缺陷。

（5）预制防腐层和保温层的管道及管路附件，在运输和安装中不得损坏。管件预制和可预制组装的部分宜在管道安装前完成，并应经检验合格。钢管、管路附件等安装前应按设计要求核对型号，并按规定进行检验。

（6）雨期施工应采取防止浮管及防止泥浆进入的措施。施工间断时，管口应采用堵板封闭；管道安装完成后，应将内部清理干净，并及时封闭管口。

（7）管道法兰、焊缝及其他连接件的安装位置应留有检修空间。

6.1.2　钢管的焊接

焊接是管道安装工程中应用最为广泛的连接方法。焊接的主要工序为：管子的切割、管口的处理（清理、铲坡口）、对口、点焊、管道平直度的校正、施焊等。焊接由管道工和焊工合作完成，其各自的专业知识和操作技术水平，配合的默契程度，都直接影响焊接连接的质量和进度。

1）焊接方法的选择

管道的焊接广泛采用电焊和气焊，各自的特点为：

（1）电焊的电弧温度高，穿透能力比气焊大，易将焊口焊透，因此，电焊适合于焊接厚度 4 mm 以上的焊件，气焊适合于焊接厚度 4 mm 以下的薄焊件，在同样的条件下电焊的焊缝强度高于气焊。

（2）用气焊设备可进行焊接、切割、开孔、加热等多种作业，即使是全部采用电弧焊的管道安装工程，也离不开一套气焊设备的辅助。

（3）气焊的加热面积较大，加热时间较长，热影响区域大，焊件因局部加热极易引起变形，电焊的加热面狭小，焊件引起变形的情况比气焊小得多。

（4）气焊消耗氧气、乙炔、气焊条，电焊消耗电能和电焊条，相比之下，气焊的成本高于电焊。

由此可见，就焊接而言电焊优于气焊，故应优先考虑电焊。一般只有公称直径小于50 mm、管壁厚度小于 3.5 mm 的管子才考虑用气焊焊接。

手工电弧焊使用的机具是：焊机（交流电焊机、直流电焊机、硅整流直流弧焊机等，直流电焊机在工地上使用较多）、焊钳、面罩、连接导线、手把软线等。

气焊和气割使用的机具是：乙炔瓶（目前规定使用的）、氧气瓶、焊炬和割炬、连接胶管（氧气带，乙炔带）等。

2）焊接连接的对口和焊接

对口是管道焊接的重要操作环节，直接影响焊接质量和管道安装的平直度。

（1）对口前的坡口加工。钢管焊接连接时，当管壁厚度不超过 4 mm，可以不开坡口，但对口间隙应根据其壁厚留 1.5~3 mm 距离；管壁厚度超过 4 mm 时，应将管端加工成 V 形坡口，以增加对口焊接的焊缝断面面积，从而使焊接强度增大，同时应留出坡口余量（钝边），如表 6-2 所示。坡口的加工方法有手工铲、气割和坡口机械等。当采用气割加工后，残留于坡口表面的氧化铁溶渣必须清除干净。

表 6-2　管道的对口间隙与 V 形坡口

图　形	管壁厚 δ /mm	坡口角度 α (°)	钝边 b/mm	对口间隙/mm	
				a	允许偏差
	<4			1.5～3	
	4～6			2	+0.5 -0.0
	7～8	60^{+10}_{-5}	1.5±0.5	2.5	+0.5 -0.0
	9～10			3	+1.0 -0.5
	11～12			3	+1.0 -0.5

（2）对口的间隙要求和错口的偏差。不同情况管子焊接的对口间隙要求见表 6-2。对口时两管应平直，其错口偏差值不得大于管子壁厚的 10%，检查方法如图 6-1 所示。不同管壁厚的管子对口时，应按 $L=5(b_2-b_1)$ 的要求进行对口前的预加工，如图 6-2 所示。

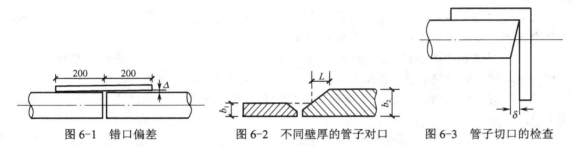

图 6-1　错口偏差　　　　图 6-2　不同壁厚的管子对口　　　图 6-3　管子切口的检查

（3）管端切口的检查和清理。管子切割的端面应垂直于管壁，对口前应用钢角尺检查，其偏差值 δ 应小于 1 mm，见图 6-3。管子切口应用平锉打掉锯割的毛刺，或用扁铲铲掉气割的氧化铁残渣。所有连接管口均应将管口污物清理干净（包括加工后的坡口管口）。

（4）对口。为达到对口间隙要求，可在对口处夹废锯条或厚度为 2～3 mm 的石棉橡胶板，点焊一点后取出。为减小错口偏差，可多转动几次管子，使连接的管子对接在同一中心线上，点焊后用钢板尺检测，使错口偏差不超过 1 mm。为保证对口的质量，小直径管可用图 6-4 的卡具对口，大直径管可用图 6-5 的插入法对口。旋缝卷焊管或直缝卷焊管对口时，管子焊缝要相互错开 100 mm 以上。

（5）点焊及校正。管口组对后应立即以点焊固定，并对对口情况进行检查校正，如出现过大偏差应打掉点焊点，重新对口。点焊时，每个接口至少点焊 3～5 处，每处点焊长度为管壁厚度的 2～3 倍，点焊高度不超过管壁厚度的 70%。点焊的操作应由施焊的焊工进行。

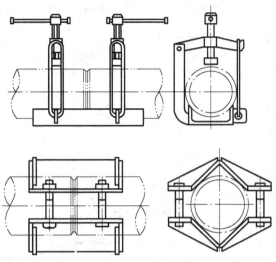

图6-4　小直径管的对口

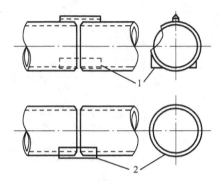

图6-5　大直径管的插入法对口

（6）接口的焊接。焊接时应将管子垫牢，不得使管子在悬空或受外力的情况下施焊。凡可转动的管子应转动焊接，尽量减少仰焊，以保证焊接质量和加快焊接速度。对壁厚6 mm 以下的管道，采用底层和加强层两层焊接；管壁厚度超过 6 mm 的管道，应增加中间层，采用三层焊接。每层的焊接厚度为 3～4 mm，并应使各层的焊缝搭接点相互错开。大直径管焊接时，应在每层对应地选取起焊点，对应地分布焊缝搭接点，以避免焊口因受热集中而产生变形。焊接过程中应堵死一端管口，防止管内有穿堂风流动，焊接环境温度低于-20 ℃时，焊口应预热，预热温度为 100～200 ℃，预热长度为 200～250 mm。室外焊接应有防风、防雨雪措施。焊接的焊缝应自然冷却，不得浇水骤冷。

3）电焊条与气焊条

用于电焊的接口材料是电焊条，用于气焊的接口材料是气焊条（称为焊丝）。正确地选用焊条，对焊接的质量和速度都十分重要。

手工电弧焊的电焊条种类很多。管道焊接常采用结构钢电焊条（结 422 焊条），是以2～6 mm 碳素钢芯，外涂钛钙型药皮材料制成的，其规格见表 6-3。管道焊接常采用3.2 mm 的焊条。

表6-3　电焊条规格

焊芯直径/mm	2	2.5	3.2	4	5	6
焊芯长度/mm	250、350	300	350	350	400	450

常用气焊条为低碳钢制成，直径为 2～4 mm，长度有 0.6 m、1 m 两种，牌号分 H_{08}、H_{08A}、H_{08Mn}、H_{08MnA}、H_{15}、H_{15Mn} 等。可根据焊接管道的材质情况选择，应使管材和气焊条材质相同或接近，这对气焊的强度是十分重要的。

4）焊缝的外观缺陷

电焊和气焊的焊缝都应有一定的宽度和高度，焊缝应表面平整，宽度和高度均匀一

致，并无明显缺陷，这些都可用肉眼作外观检查，宽度和高度要求见表6-4、表6-5。

表6-4　电焊焊缝的宽度和加强面高度

厚度/mm		2～3	4～6	7～10	焊 缝 形 式
无坡口	焊缝宽度 b/mm	5～6.0	7～9	—	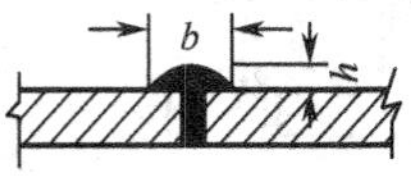
	加强面高度 h/mm	1～1.5	1.5～2	—	
有坡口	焊缝宽度 b/mm	盖过每边坡口约2 mm			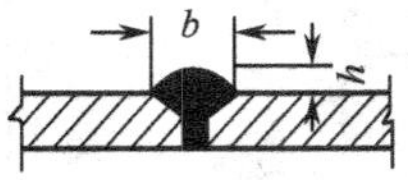
	加强面高度 h/mm	—	1.5～2	2	

表6-5　氧-乙炔焊焊缝的宽度和加强面高度

厚度/mm	1～2	3～4	5～6	焊 缝 形 式
焊缝宽度 b/mm	4～6	8～10	10～14	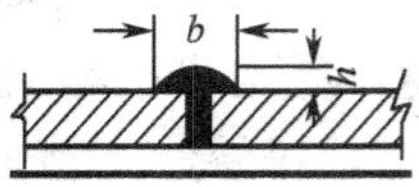
加强面高度 h/mm	1～1.5	1.5～2	2～2.5	

　　焊缝的检验方法有水压、气压、渗油等密封性试验，以及射线探伤、超声波探伤或抗拉、抗弯曲、压扁试验等机械检验方法，可依工程的不同情况做具体的要求。本专业管道安装工程常以外观检查及水压试验的方法，对管道焊缝进行检验。焊缝的外观缺陷，大多由于操作技术不良造成的，常见的缺陷（见图6-6）类型有：

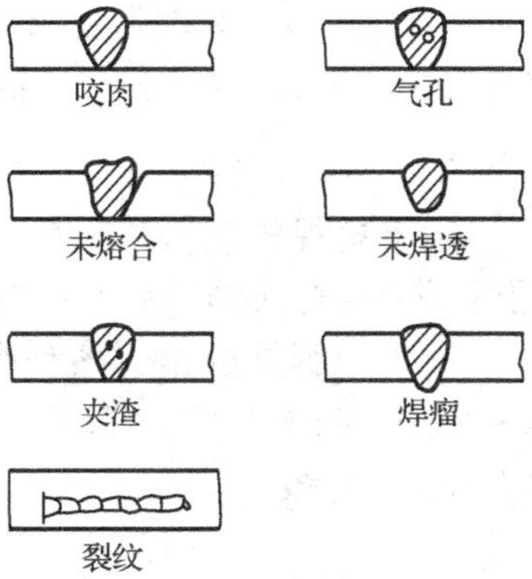

　　（1）咬肉（咬边）：即在焊缝边缘的母材上出现被电弧烧熔的凹槽。产生的原因主要是电流过大、电弧过长及焊条运条角度不当。

　　（2）气孔：即焊接熔池中的气体来不及逸出，而停留在焊缝中产生孔眼。低碳钢焊缝中的气孔主要是由于焊条药皮太薄或受潮、焊缝污物清理不净等原因，使焊条中的
水汽、工件表面油污中的碳氢化合物在电弧高温下分解出氢气所造成的。

咬肉　气孔　未熔合　未焊透　夹渣　焊瘤　裂纹

图6-6　焊缝的缺陷

　　（3）未熔合：即焊条与母材之间没有熔合在一起，或焊层间未熔合在一起。产生的原因主要是电流过小，焊接速度过快，热量不够或焊条偏于坡口一侧，或母材坡口处及底层表面有锈、氧化铁、熔渣等未清除干净造成的。

　　（4）未焊透：主要是焊接电流小，运条速度快，对口不正确（坡口钝边厚，对口间隙小），电弧偏吹及运条角度不当造成的。

　　（5）夹渣：即熔池中的熔渣未浮出而存于焊缝中。产生夹渣的主要原因是焊层间清理

不净，焊接电流过小，运条方式不当使铁水和熔渣分离不清造成的。

（6）焊瘤：即在焊接过程中，熔池温度过高，液态金属凝固减慢，在自重下下坠造成的瘤状金属疙瘩。管道焊接的焊瘤多存在于管内，对介质的流动产生较明显的影响。

（7）裂纹：裂纹是焊缝最严重的缺陷，可能发生在焊缝的不同部位，具有不同的裂纹形状和宽度，甚至细微到难以发现。产生裂纹的主要原因有：焊条的化学成分与母材材质不符，熔化金属冷却过快，焊接次序不合理，焊缝交叉过多，内应力过大等。

管道焊接完毕必须进行外观检查，必要时辅助以放大镜仔细检查，外观缺陷超过规定标准时，应按表 6-6 的规定进行修整。规定指出：管径在 50 mm 以内时，每个焊口缺陷超过 3 处的焊缝；管径在 150 mm 以上，缺陷超过 8 处的焊缝，必须铲除重焊。

表 6-6　管道焊缝缺陷允许程度及修整方法

缺 陷 种 类	允 许 程 度	修 整 方 法
焊缝尺寸不符合规定	不允许	加强高度不足应补焊 加强高度过高、过宽作修整
焊瘤	严重的不允许	铲除
咬肉	深度大于 0.5 mm 连续长度大于 25 mm	清理后补焊
焊缝热影响区表面裂纹	不允许	铲除焊口重新焊接
焊缝表面弧坑夹渣、气孔	不允许	铲除缺陷后补焊
管子中心线错开或弯折	超过规定的不允许	修整

6.1.3　法兰连接

法兰连接是管道通过连接件（法兰）及紧固件（螺栓、螺母）的紧固，压紧中间的法兰垫片而使管道连接起来的一种连接方法。法兰连接是可拆卸接头，常用于管道和法兰阀门的连接、管道与法兰管件（盘式弯头，三通等）、法兰接口的设备连接等。法兰连接具有拆卸方便、连接强度高、严密性好等优点。

1）常用法兰

法兰有钢制和铸铁两大类，有圆形、方形、元宝形多种形状，以钢制圆法兰应用最广泛，常用的法兰有：

（1）丝扣法兰。一般为铸铁法兰，它和钢管的连接为螺纹连接，主要用于镀锌钢管与带法兰的附件连接。安装时，在加工好的钢管螺纹上缠麻抹铅油，将具有内螺纹的法兰拧紧即可。

（2）平焊钢法兰。如图 6-7 所示，是本专业管道安装工程中应用最普遍的一种法兰。法兰与钢管采用电焊焊接。其规格按管道的工作压力分为：0.25 MPa、0.6 MPa、1.0 MPa、1.6 MPa、2.5 MPa 五种。

平焊钢法兰大多采用光滑密封面，上面有 2～4 圈密封沟槽（俗称水线）。少数严密性要求较高的管道（如氨管、氨阀等）采用凹凸式密封面。

法兰和钢管装配时，均应保证法兰和管中心线的垂直度，并应在装配时先点焊、再用

法兰尺检测（图 6-8）垂直度，使其垂直偏差值 α 不超过 ±2 mm，最后施焊。管端插入法兰内应距法兰密封面有 1.3～1.5 倍管壁厚度的距离，以留作焊接接缝。

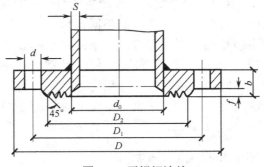

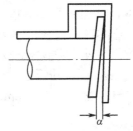

图 6-7　平焊钢法兰　　　　　　　　图 6-8　法兰装置的检查

2）法兰连接的螺栓和垫片

（1）螺栓和螺母：通常为六角形。有单头螺栓（一头螺纹一头六角方头）、双头螺栓（两头螺纹）两种形状。按加工方法不同，有粗制、半精制、精制三种。选用时应根据法兰的选用情况，确定螺栓、螺母的类型、规格、数量及材质牌号。

当法兰的公称压力不超过 1.0 MPa 或温度不超过 300 ℃时，采用单头粗制螺栓；公称压力为 1.6～4.0 MPa 时，采用半精制单头螺栓；公称压力为 6.4～10 MPa 或工作温度大于 350 ℃时，采用半精制双头螺栓；公称压力大于 10 MPa 时，采用精制双头螺栓。

螺栓的规格以螺杆直径×长度表示，长度应为净长，即不计六角方头的厚度。螺杆长度应为法兰拧紧后，螺杆露出螺母的长度不小于螺杆直径的一半。一般情况螺栓不加垫圈。

（2）垫片：为使法兰密封面严密压合以保证连接的严密度，两法兰间必须加垫片。垫片应具有一定弹性，使其能压入法兰水线或与法兰盘密封面压紧，并在长期工作情况下不会被介质腐蚀而烂掉。垫片的材料应根据管内介质的性质、工作压力、工作温度选择，在设计未明确规定时可参考表 6-7 选用。

表 6-7　法兰垫片材料及适用范围

材　料　名　称		适　用　介　质	最高工作压力/MPa	最高工作温度/℃
橡胶板	普通橡胶板	水、空气、惰性气体	0.6	60
	耐油橡胶板	各种常用油料	0.6	60
	耐热橡胶板	热水、蒸汽、空气	0.6	120
	夹布橡胶板	水、空气、惰性气体	1.0	60
	耐酸碱橡胶板	浓度<20%的硫酸、盐酸、氢氧化钠、氢氧化钾	0.6	60
石棉橡胶板	低压石棉橡胶板	仅作水暖设备及管道的水、蒸汽的密封垫	1.6	200
	中压石棉橡胶板	水、空气及其他气体、蒸汽、煤气、氨、酸及稀碱液	4.0	350
	高压石棉橡胶板	蒸汽、空气、煤气	10.0	450
	耐油石棉橡胶板	各种常用油料、溶剂	4.0	350

续表

材 料 名 称		适 用 介 质	最高工作压力/MPa	最高工作温度/℃
塑料板	软聚氯乙烯板 聚四氟乙烯板 聚乙烯板	水、空气及其他气体，酸及稀碱液	0.6	50
耐酸石棉板		有机溶剂、碳氢化合物、浓酸碱液、盐液	0.6	300
钢制金属板		高温高压蒸汽	20.0	600

法兰垫片分软垫片、硬垫片两类。水暖管道、供热管道，煤气及低压工业管道均采用软垫片，垫片厚度的一般规定：管径小于 125 mm 时为 1.6 mm；管径大于 125 mm 时为 2.4 mm。高温高压管道采用硬垫片（金属垫片）。

垫片使用时应注意：一副法兰只垫一个垫片，不允许加双垫片或偏垫片，垫片内径应不小于管子内径，垫片应加正，不得凸入管内减小过流断面积，垫片外径不得遮挡螺栓孔。垫片上应加涂料，当石棉橡胶板垫片用于热水、压缩空气和煤气管道时，应涂上清漆与石墨粉的拌合物，或涂上白铅油；用于蒸汽管道时，应涂以机油和石墨粉的拌合物。

3）法兰连接的方法

法兰连接应包括如下工序：法兰和钢管的点焊、校正、焊接（大直径管须对应地分段焊接，以防热力集中产生变形）、制垫（应使制成的垫片带有把手尾巴，便于加垫和拆修）、加垫（不加双垫、偏垫，垫片不凸入管内，垫片外缘离螺栓孔 2～4 mm）、上螺栓（用手）、紧螺栓（用适合管子规格的扳手加力）等。螺栓拧紧加力应对称进行，即采用十字法拧紧，以使各螺栓受力均匀，保证法兰不变形。螺栓拧紧后螺杆外露长度不应小于螺栓直径的一半，且不少于两扣。

应该指出：法兰连接会使管道系统增加泄漏的可能和降低管道的弹性，同时费用也高。因此，除法兰阀件、法兰接管的设备、仪表的安装以及检修必须拆卸的接头处必须采用外，应尽量少用此种连接方法。

6.1.4 钢管连接制作及质量检验的有关规定

1. 钢管连接的有关规定

（1）螺纹连接的管件、焊接连接的焊口都应距支、吊架边缘不小于 50 mm；法兰连接的法兰面距支、吊架边缘应不小于 200 mm，以便于拆卸。

（2）螺纹连接的管件、焊接连接的焊口均不得置于墙内和楼板内。法兰连接的法兰不得埋入地下，直埋管道及不通行地沟内管道的法兰连接处，应设检查井。

（3）管道的对口焊缝处、管道的弯曲部位均不得开孔焊接支管。煨制弯管的弯曲部位不得有焊缝，接口焊缝距起弯点应不小于 1 倍管径，且不小于 100 mm。

（4）开孔焊接分支管时，支管端不得插入主管内，而应加工成马鞍形管口和主管连接，且对口间隙应不大于 2 mm。

（5）不同直径管道对口焊接时，如两管径相差不超过小管径的 15%时，可将大管加热

缩口（摔管）与小管对口焊接；当两管径相差超过小管直径的 15%时，应用抽条法缩小大管管端直径，与小管对口焊接。

2. 管道加工和管件制作要求

（1）公称直径小于或等于 500 mm 的弯头应采用机制弯头，其他各种管件宜选用机制管件。

（2）弯管的弯曲半径应符合设计要求。设计无要求时，最小弯曲半径应符合表 6-8 规定。

表 6-8 弯管最小弯曲半径

管　　材	弯管制作方法	最小弯曲半径	
低碳钢管	热弯	$3.5D_W$	
	冷弯	$4.0D_W$	
	压制弯	$1.5D_W$	
	热推弯	$1.5D_W$	
	焊制弯	DN≤250	$1.0D_W$
		DN≥250	$0.75D_W$

注：DN 为公称直径，D_W 为外径。

（3）弯头的壁厚不应小于直管壁厚。焊接弯头应采用双面焊接。变径管制作应采用压制或钢板卷制，壁厚不应小于管道壁厚。

3. 煨制弯管制作规定

（1）热煨弯管内部灌砂应敲打震实，管端堵塞结实。

（2）钢管热煨弯时应缓慢升温，加热温度应控制在 750～1 050 ℃范围内，钢管弯曲部分应受热均匀。

（3）当采用有缝管材煨制弯管时，其纵向焊缝应放在与管中心弯曲平面之间夹角大于 45°的区域内。

（4）弯曲起点距管端的距离不应小于钢管外径，且不应小于 100 mm。

（5）弯管制成后的质量应符合下列要求：

① 无裂纹、分层、过烧等缺陷；

② 管腔内的砂子、粘结的杂物应清除干净；

③ 壁厚减薄率不应超过 15%，且不小于设计计算壁厚。壁厚减薄率可按下式计算：

$$\eta = \frac{\delta_1 - \delta_2}{\delta_1} \times 100\% \tag{6-1}$$

式中，η 为壁厚减薄率；δ_1 为弯管前壁厚（mm）；δ_2 为弯管后壁厚（mm）。

④ 椭圆率不得超过 8%，椭圆率可按下式计算：

$$\phi = \frac{D_{max} - D_{min}}{\frac{1}{2}(D_{max} + D_{min})} \times 100\% \tag{6-2}$$

式中，ϕ 为椭圆率；D_{max} 为最大外径（mm）；D_{min} 为最小外径（mm）。

⑤ 因弯管角度误差所造成的弯曲起点以外直管段的偏差值不应大于直管段长度的 1%，且不应大于 10 mm；

⑥ 弯管内侧波浪高度（H）应符合表 6-9 的规定，波距（t）应大于或等于波浪高度的 4 倍，如图 6-9 所示。

表 6-9 波浪高度（H）的允许值（mm）

钢管外径	≤108	133	159	219	273	325	377	≥426
H 允许值	4	5	6	6	7	7	8	8

4. 焊制弯管制作规定

（1）焊制弯管应根据设计要求制作。

（2）设计无要求时，焊制弯管的组成形式可按图 6-10 制

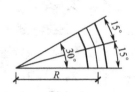

图 6-9 弯曲部分波浪高度

作。公称直径大于 400 mm 的焊制弯管可增加节数，但其节内侧的最小长度不得小于 150 mm。

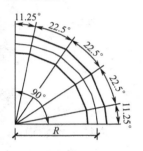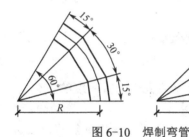

图 6-10 焊制弯管

（3）焊制弯管使用在应力较大的位置时，弯管中心不应放置环焊缝。

（4）弯管两端节应从弯曲起点向外加长，增加的长度应大于钢管外径，且不得小于 150 mm。

（5）焊制弯管的尺寸允许偏差应符合下列要求：

① 周长偏差：当 DN≤1 000 mm 时，±4 mm；当 DN>1 000 mm 时，±6 mm；

② 弯管端部与弯曲半径在管端所形成平面之间的垂直偏差 Δ（见图 6-11）不应大于钢管公称直径的 1%，且不得大于 3 mm。

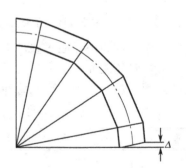

图 6-11 焊制弯管端面垂直偏差

（6）管道安装且在钢管上直接制作焊制弯管时，端部的一节应留在与弯管相连的直管段上。

5. 压制弯管、热推弯管和异径管制作规定

（1）压制弯管、热推弯管和异径管加工的主要尺寸偏差应符合表 6-10 规定。

表 6-10 压制弯管、热推弯管和异径管加工主要尺寸偏差（mm）

管件名称	管件形式	公称直径 检查项目	25～70	80～100	125～200	250～400 无缝	有缝
弯管	 *Δ L*	外径偏差	±1.1	±1.5	±2.0	±2.5	±3.5
		外径椭圆	不超过外径偏差				
异径管	 *Δ L*	壁厚偏差	不大于公称壁厚的 12.5%				
		长度（L）偏差	±1.5			±2.5	
		端面垂直（Δ）偏差	≤1.0			≤1.5	

（2）焊制偏心异径管的椭圆度不应大于各端面外径的 1%，且不得大于 5 mm。

（3）同心异径管两端中心线应重合。

（4）变径管的制作应采用压制或钢板卷制，壁厚不应小于管道壁厚。

6. 焊制三通制作规定

（1）焊制三通，其支管的垂直偏差不应大于支管高度的 1%。

（2）钢管焊制三通应对支管开孔进行补强。承受干管轴向荷载较大的直埋敷设管道，应对三通干管进行轴向补强。其技术要求按《城镇供热直埋热水管道技术规程》（CJJ/T 81—2013）的规定执行。

7. 管道加工和现场预制管件质量检验规定

（1）钢管切口端面应平整，不得有裂纹、重皮、毛刺等缺陷，且熔渣应清理干净。

（2）弯管的表面不得有裂纹、分层、重皮、过烧等缺陷，且应过渡圆滑，表面光洁。

（3）管道加工和现场预制管件的允许偏差及检验方法应符合表 6-11 规定。

表 6-11 管道加工和现场预制管件的允许偏差及检验方法

序 号	项 目		允许偏差（mm）	检验方法
1	弯头	周长 DN>1 000（mm）	≤6	钢尺测量
		周长 DN≤1 000（mm）	≤4	
		端面与中心线垂直度	≤外径的 1%，且<3	角尺、直尺测量
2	异径管	椭圆度	≤各端外径的 1%，且≤5	卡尺测量
3	三通	支管垂直度	≤高度的 1%，且<3	角尺、直尺测量
4	钢管	切口端面垂直度	≤外径的 1%，且<3	角尺、直尺测量

6.2　室外供热管网的布置与敷设

6.2.1　供热系统管道的布置形式

集中供热系统中，供热管道把热源与用户连接起来，将热媒输送到各个用户。管道系统的布置形式取决于热媒（热水或蒸汽）、热源（热电厂或区域锅炉房等）与热用户的相互位置和热用户的种类、热负荷大小和性质等。选择管道的布置形式应遵循安全和经济的原则。

供热管网分成环状管网和枝状管网，枝状管网如图 6-12 所示，供热管网的管道直径随着与热源距离的增加而减小，且建设投资小，运行管理比较简便。但枝状管网没有备用功能，供热的可靠性差，当管网某处发生故障时，在故障点以后的热用户都将停止供热。

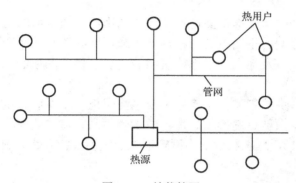

图 6-12　枝状管网

环状管网如图 6-13 所示，供热管道主干线首尾相接构成环路，管道直径普遍较大，环状管网具有良好的备用功能，当管路局部发生故障时，可经其他连接管路继续向用户供热，甚至当系统中某个热源出现故障不能向热网供热时，其他热源也可向该热源管网区继续供热，管网的可靠性好，环状管网通常设两个或两个以上的热源。环状管网与枝状管网相比建设投资大，控制难度大，运行管理复杂。

由于城市集中供热管网的规模较大，故从结构层次上又将管网分为一级管网和二级管网。一级管网是连接热源与区域热力站的管网，又称其为热力网；二级管网以热力站为起点，把热媒输配到各个热用户的热力引入口处，又称其为街区热水供热管网。一级管网的形式代表着供热管网的形式，如果一级管网为环状，就将供热管网称为环状管网；若一级管网为枝状，就将供热管网称为枝状管网。二级管网基本上都是枝状管网，它将热能由热力站分配到一个或几个街区的建筑物内。

还有一种环状管网分环运行的方案被广泛采用，在管网的供、回水干管上装设具有通断作用的跨接管，如图 6-13 所示，跨接管 3 为热网提供备用功能，当某段管路、阀门或附件发生故障时，利用它来保证供热的可靠性。跨接管 4 为热源提供备用功能，当某个热源发生故障时，可通过跨接管 4 把这个热源区的热网与另一个热源区的热网连通，以保证供热不间断。跨接管 4 在正常工况下是关断不参与运行的，每个热源保证各自供热区的供热，任何用户都不得连接到跨接管上。

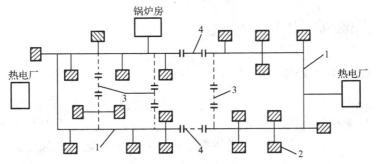

1——级管网；2—热力站；3—使热网具有备用功能的跨接管；4—使热源具有备用功能的跨接管

图 6-13　环状管网

6.2.2　供热管网的平面布置

　　进行供热管网的平面布置就是要选定从热源到用户之间管道的走向和平面管线位置，又叫管网选线。供热管网的平面布置应根据城市或厂区的总平面图和地形图，用户热负荷的分布，热源的位置，以及地上、地下构筑物的情况，供热区域的水文地质条件等因素按照下述原则确定。

　　（1）技术上可靠。供热管道应尽量布置在地势平坦、土质好、地下水位低的地区，应考虑如果出现故障与事故能迅速排除。地下敷设热力网管道与建筑物（构筑物）或其他管线的最小距离见表 6-12，地上敷设热力网管道与建筑物（构筑物）或其他管线的最小距离见表 6-13。

表 6-12　地下敷设热力网管道与建筑物（构筑物）或其他管线的最小距离（m）

建筑物、构筑物或管线名称		最小水平净距	最小垂直净距
建筑物基础	管沟敷设热力网管道	0.5	—
	直埋闭式热水 热力网管道　DN≤250	2.5	—
	直埋闭式热水 热力网管道　DN≥300	3.0	—
	直埋开式热水热力网管道	5.0	—
铁路钢轨		钢轨外侧 3.0	轨底 1.2
电车钢轨		钢轨外侧 2.0	轨底 1.0
铁路、公路路基边坡底脚或边沟的边缘		1.0	—
通信、照明或 10 kV 以下电力线路的电杆		1.0	—
桥墩（高架桥、栈桥）边缘		2.0	—
架空管道支架基础边缘		1.5	—
高压输电线铁塔基础边缘 35～220 kV		3.0	—
通信电缆管块		1.0	0.15
直埋通信电缆（光缆）		1.0	0.15
电力电缆和控制电缆	35 kV 以下	2.0	0.5
	110 kV	2.0	1.0

建筑物、构筑物或管线名称			最小水平净距	最小垂直净距
燃气管道	管沟敷设热力网管道	燃气压力<0.01 MPa	1.0	钢管 0.15 聚乙烯管在上 0.2 聚乙烯管在下 0.3
		燃气压力≤0.4 MPa	1.5	
		燃气压力≤0.8 MPa	2.0	
		燃气压力>0.8 MPa	4.0	
	直埋敷设热水热力网管道	燃气压力≤0.4 MPa	1.0	钢管 0.15 聚乙烯管在上 0.15 聚乙烯管在下 1.0
		燃气压力≤0.8 MPa	1.5	
		燃气压力>0.8 MPa	2.0	
给水管道			1.5	0.15
排水管道			1.5	0.15
地铁			5.0	0.8
电气铁路接触网电杆基础			3.0	—
乔木（中心）			1.5	—
灌木（中心）			1.5	—
车行道路面			—	0.7

注：1. 表中不包括直埋敷设蒸汽管道与建（构）筑物或其他管线的最小距离的规定；

2. 当热力网管道的埋设深度大于建（构）筑物基础深度时，最小水平净距应按土壤内摩擦角计算确定；

3. 热力网管道与电力电缆平行敷设时，电缆处的土壤温度与月平均土壤自然温度比较，全年任何时候对于电压 10 kV 的电缆不高出 10 ℃，对于电压 35～110 kV 的电缆不高出 5 ℃时，可减小表中所列距离；

4. 在不同深度并列敷设各种管道时，各种管道间的水平净距不应小于其深度差；

5. 热力网管道检查室、方形补偿器壁龛与燃气管道最小水平净距亦应符合表中规定；

6. 在条件不允许时，可采取有效技术措施并经有关单位同意后，可以减小表中规定的距离，或采用埋深较大的暗挖法、盾构法施工。

表6-13 地上敷设热力网管道与建筑物（构筑物）或其他管线的最小距离（m）

建筑物、构筑物或管线名称		最小水平净距	最小垂直净距
铁路钢轨		轨外侧3.0	轨顶一般 5.5 电气铁路 6.55
电车钢轨		轨外侧2.0	—
公路边缘		1.5	—
公路路面		—	4.5
架空输电线（水平净距：导线最大风偏时；垂直净距：热力网管道在下面交叉通过导线最大垂度时）	<1 kV	1.5	1.0
	1～10 kV	2.0	2.0
	35～110 kV	4.0	4.0
	220 kV	5.0	5.0
	330 kV	6.0	6.0
	500 kV	6.5	6.5
树冠		0.5（到树中不小于2.0）	—

（2）经济上合理。供热管网主干线应尽量布置在热负荷集中的地区，应力求管线短而直，减少金属的耗量。要注意管道上阀门（分段阀、分支管阀、放水阀、放气阀等）和附件（补偿器和疏水器等）应合理布置。阀门和附件通常设在检查室内（地下敷设时）或检查平台上（地上敷设时），应尽可能减少检查室和检查平台的数量。管网应尽量避免穿过铁路、交通主干线和繁华街道，一般平行于道路中心线并尽量敷设在车行道以外的地方。

（3）注意对周围环境的影响。供热管道不应妨碍市政设施的功用及维护管理，不影响环境美观。

根据上述要求确定的供热管网应标注在地形平面图上。

6.2.3　供热管道的敷设

供热管道的敷设可分为地上敷设和地下敷设两大类，地上敷设是将供热管道敷设在地面上一些独立的或桁架式的支架上，故又称架空敷设。地下敷设分为地沟敷设和直埋敷设，地沟敷设是将管道敷设在地下管沟内，直埋敷设是将管道直接埋设在土壤里。

1．地上敷设

地上敷设多用于城市边缘，无居住建筑的地区和工业厂区。地上敷设按支承结构高度的不同分为低支架敷设、中支架敷设和高支架敷设。

（1）低支架敷设。管道保温结构底部距地面的净高不小于 0.3 m，以防雨、雪的侵蚀。支架一般采用毛石砌筑或混凝土浇注，如图 6-14 所示。这种敷设方式，建设投资较少，维护管理容易，但适用范围较小，在不妨碍交通，不影响厂区、街区扩建的地段可采用低支架敷设。低支架敷设大多沿工厂围墙或平行公路、铁路布置。

（2）中支架敷设。如图 6-15 所示，中支架敷设的管道保温结构底部距地面的净高为 2.5～4.0 m，在人行频繁，需要通行车辆的地方采用。支架一般采用钢筋混凝土浇（或预）注或钢结构。

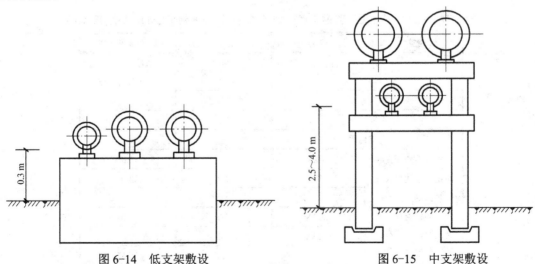

图 6-14　低支架敷设　　　　　　图 6-15　中支架敷设

（3）高支架敷设。如图 6-16 所示，高支架敷设的管道保温结构底部距地面的净高为 4.5～6.0 m，在管道跨越公路或铁路时采用。支架通常采用钢结构或钢筋混凝土结构。

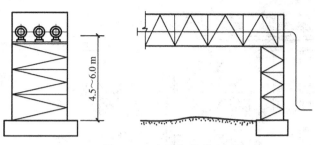

图 6-16　高支架敷设

地上敷设的管道不受地下水的侵蚀，使用寿命长，管道坡度易于保证，所需的放水、排气设备少，可充分使用工作可靠、构造简单的方形补偿器，且土方量小，维护管理方便，但占地面积大，管道热损失大，不够美观。

地上敷设适用于地下水位高，地下土质为湿陷性黄土或腐蚀性土壤，沿管线地下设施密度大以及地下敷设时土方工程量太大的地区，是一种比较经济的敷设形式。

2. 地沟敷设

为保证管道不受外力的作用和水的侵袭，保护管道的保温结构，并使管道能自由伸缩，可将管道敷设在专用的地沟内。管道的地沟底板采用素混凝土或钢筋混凝土结构，沟壁采用砖砌结构或毛石砌筑，地沟盖板为钢筋混凝土结构。供热管道的地沟按其功用和结构尺寸，分为通行地沟、半通行地沟和不通行地沟。

（1）通行地沟。通行地沟内工作人员可自由通过，并能保证检修、更换管道和设备等作业。其土方工程量大，建设投资高，仅在特殊或必要场合采用，多用在热源出口及不允许开挖路面的地方。在地下管线密集的城市中心区，供热管道也可以与其他管道一起敷设在通行的综合地沟内。

通行地沟的净高为 1.8～2.0 m，人行通道净宽不小于 0.6 m，如图 6-17 所示。沟内可两侧安装管道，地沟断面尺寸应保证管道和设备检修及换管的需要，有关规定尺寸见表 6-14。通行地沟应设事故人孔，设有蒸汽管道的通行地沟，事故人孔间距不应大于 100 m；热水管道的通行地沟，事故人孔间距不应大于 400 m。整体浇筑的钢筋混凝土通行地沟每隔 200 m 宜设置一个安装孔，其长度至少应保证 6 m 长的管子进入地沟，宽度不应小于 0.6 m 且应大于地沟内最大管道的外径加 0.1 m。

工作人员经常进入的通行地沟应有照明设备和良好的通风条件，以保证人员在管沟内工作时地沟内空气温度不超过 40 ℃。

（2）半通行地沟。在半通行地沟内，工作人员能弯腰行走，能进行一般的管道维修工作。地沟净高不小于 1.4 m，人行通道净宽为 0.5～0.7 m，如图 6-18 所示。半通行地沟，每隔 60 m 应设置一个检修出入口。半通行地沟敷设的有关尺寸见表 6-14。

（3）不通行地沟。如图 6-19 所示，设不通行地沟时，人员不能在沟内通行，其断面尺寸以满足管道施工安装要求来决定，见表 6-14。管道的中心距离，应根据管道上阀门或附件的法兰盘外缘之间的最小操作净距离的要求确定。当沟宽超过 1.5 m 时，可考虑采用双槽地沟。不通行地沟造价较低，占地较小，是城镇供热管道经常采用的地沟敷设方式，但管道检修时必须掘开地面。

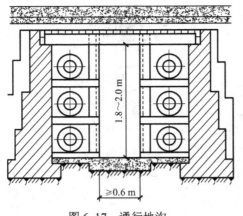

图 6-17 通行地沟 图 6-18 半通行地沟

表 6-14 地沟敷设的有关尺寸（m）

管沟类型	相关尺寸					
	管沟净高	人行通道宽	管道保温表面与沟墙净距	管道保温表面与沟顶净距	管道保温表面与沟底净距	管道保温表面间的净距
通行管沟	≥1.8	≥0.6*	≥0.2	≥0.2	≥0.2	≥0.2
半通行管沟	≥1.2	≥0.5	≥0.2	≥0.2	≥0.2	≥0.2
不通行管沟	—	—	≥0.1	≥0.05	≥0.15	≥0.2

注：*指当必须在沟内更换钢管时，人行通道宽度还不应小于管子外径加 0.1 m。

供热管道地沟内积水时，极易破坏保温结构，增大散热损失，腐蚀管道，缩短使用寿命。管道地沟底应敷设在最高地下水位以上，地沟内壁表面应用防水砂浆抹面，地沟盖板之间、盖板与沟壁之间应用水泥砂浆或沥青封缝。尽管地沟是防水的，但含在土壤中的自然水分会通过盖板或沟壁渗入沟内，蒸发后使沟内空气饱和，当湿空气在地沟内

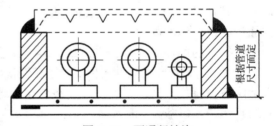

图 6-19 不通行地沟

壁面上冷凝时，就会产生凝结水并沿壁面下流到沟底，因此地沟应有纵向坡度，以使沟内的水流入检查室内的集水坑里，坡度和坡向通常与管道的坡度和坡向相同（坡度不得小于0.2%）。如果地下水位高于沟底，则必须采取防水或局部降低地下水位的措施。为减小外部荷载对地沟盖板的冲击，使盖板受力均匀，盖板上的覆土厚度不得小于 0.3 m。如地沟内热力管道的分支处装有阀门、仪表、疏排水装置、除污器等附件时，应设置检查井或人孔。在热力管沟内严禁敷设易燃易爆、易挥发、有毒、腐蚀性的液体或气体管道，如必须穿越地沟，应加装防护套管。

3. 无沟直埋敷设

无沟直埋敷设是将管道直接埋设在土壤里，管道保温结构外表面与土壤直接接触的敷设方式。此种方式的敷设要求管道保温结构具有低的导热系数、高的耐压强度和良好的防

火性能。在补偿器、阀门等易损部件处，应设置检查井。

在热水供热管网中，无沟直埋敷设采用最多的方式是供热管道、保温层和保护外壳三者紧密粘结在一起，形成整体式的预制保温管结构形式，如图 6-20 所示。

预制保温管（也称为"黑夹克管"）的保温层多采用硬质聚氨酯泡沫塑料作为保温材料。硬质聚氨酯泡沫塑料的密度小，导热系数低，保温性能好，吸水性小，并且有足够的机械强度，但耐热温度不高。预

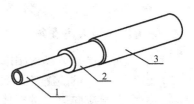

1—工作钢管；2—聚氨酯硬质泡沫塑料保温层；

3—高密度聚乙烯保护外壳

图 6-20　预制保温管

制保温管保护外壳多采用高密度聚乙烯硬质塑料管。高密度聚乙烯管具有较高的机械性能，耐磨损，抗冲击性能较好，化学稳定性好，具有良好的耐腐蚀性和抗老化性能，可以焊接，便于施工。预制保温管一般在工厂预制，现场安装。

整体式预制保温管无沟直埋敷设与地沟敷设相比有如下特点：

（1）不需要砌筑地沟，土方量及土建工程量减小，管道可以预制，现场安装工作量减少，施工进度快，可节省供热管网的投资费用。

（2）占地小，易与其他地下管道的设施相协调。

（3）整体式预制保温管严密性好，水难以从保温材料与钢管之间渗入，管道不易腐蚀。

（4）预制保温管受到土壤摩擦力的约束，实现了无补偿直埋敷设方式。在管网直管段上可以不设置补偿器和固定支座，简化了系统，节省了投资。

（5）聚氨酯保温材料导热系数小，供热管道的散热损失小于地沟敷设。

（6）预制保温管结构简单，采用工厂预制，易于保证工程质量。

另外还有的管道采用填充式或浇灌式的直埋敷设方式，它是在供热管道的沟槽内填充散状保温材料或浇灌保温材料（如浇灌泡沫混凝土）。由于难以防止水渗入而腐蚀管道，因而目前应用较少。

6.3　室外供热管道安装

6.3.1　供热管道安装的一般要求

1. 作业条件

（1）施工所需临时设施及"三通一平"已经解决，各种预制场地已经落实，离现场较近，运输方便，在雨季不会积水。

（2）管道、管件及阀门均已检验合格，具有技术资料，并与设计核对正确无误。

（3）管道两端起止点的设备已安装好，并且设备二次灌浆的强度已经达到要求。

（4）已根据设计要求的管径、壁厚和材质，进行钢管的预先选择和检验，矫正管材的平直度，整修管口及加工焊接用的坡口。

（5）已清理管内外表面，完成除锈和除污工作。

（6）根据运输和吊装设备情况及工艺条件，已将钢管及管件焊接成预制管组。

2. 施工组织及人员准备

（1）施工人员已熟悉掌握图纸，熟悉国家或行业相关验收规范和标准图等。

（2）已有经过审批的施工组织设计或施工方案，并向施工人员进行交底。

（3）技术人员应向班组进行技术交底、质量安全交底，使施工人员掌握操作工艺。

（4）施工组织应保证重点，统筹安排；能够采用先进技术，推进施工标准化、机械化。

（5）科学地安排施工计划，保证连续均衡地进行施工；保证工程质量，做到安全施工。讲究经济效益，努力降低工程成本。

（6）应配备有较高业务水平的管道技术人员、土建技术人员；配备满足施工需要的技术工人，如管道工、电焊工、气焊工、油漆工、起重工、泥瓦工等。

3. 室外热力管网安装的一般要求

（1）热水供水管道应敷设在前进方向的右侧，回水管道敷设在左侧。

（2）钢管应使用专用吊具进行吊装，在吊装过程中不得损坏钢管。

（3）管道安装应符合下列规定：

① 在管道中心线和支架高程测量复核无误后，方可进行管道安装；

② 安装过程中不得碰撞沟壁、沟底、支架等；

③ 吊放在架空支架上的钢管应采取必要的固定措施；

④ 地上敷设管道的管组长度应按空中就位和焊接的需要来确定，宜等于或大于 2 倍支架间距。

（4）室外供热管道对口焊接时，若焊口间隙大于规定值，不允许在管端加拉力延伸使管口密合，应另加一段短管，短管长度应不小于其管径，且不得小于 100 mm。管道两端对口焊接前的焊区严禁进行防腐处理，焊缝处的防腐应在管道试压合格后再进行。

（5）每个管组或每根钢管安装时都应按管道的中心线和管道坡度对接管口。管口对接应符合下列规定：

① 对接管口时，应检查管道平直度，在距接口中心 200 mm 处测量，允许偏差为 1 mm，在所对接钢管的全长范围内，最大偏差值不应超过 10 mm；

② 钢管对口处应垫置牢固，不得在焊接过程中产生错位和变形；

③ 管道焊口距支架的距离应保证焊接操作的需要；

④ 焊口不得置于建筑物、构筑物等的墙壁中。

（6）水平安装的供热管道应保证一定的坡度，热水供热管道的坡度不得小于 0.2%；采用蒸汽管道时，当蒸汽、水同向流动时，坡度不应小于 0.2%，当蒸汽、水逆向流动时，坡度不应小于 0.5%；靠重力自流的凝水管，坡度至少为 0.5%。

（7）热力管网中，应设置排气和放水装置。排气点应设置在管网中的最高点，一般排气阀门直径选用 DN=15～25 mm。在水平管道上、阀门的前侧、流量孔板的前侧及其他易积水处，均须安装放水阀门，放水阀门的直径一般选用热水管道直径的 1/10 左右，但最小不应小于 20 mm。放水不应直接排入下水或雨水管道内，而必须先排入集水坑。

（8）水平管道的变径应采用同心异径管（大小头），异径管壁厚不应小于直管道的壁厚。

（9）支管与干管的连接方式：热水管道的支管，可从干管的上下和侧面接出，从下面接出时应考虑排水问题。

（10）管道上方形补偿器两侧的第一个支架应为活动支架，设置在距补偿器弯头起弯点0.5～1 m 处，不得设置成导向支架或固定支架。管道沿线所用的固定支架、滑动支架等尽量采用标准图，且尽量成批加工预制。管道上 DN≥300 mm 的阀门，应设置单独支撑。

（11）管道接口焊缝距支架的净距不小于 150 mm。卷管对焊时，其两管纵向焊缝应错开，并要求纵向焊缝侧应在同一可视方向上。

（12）供热管道干线、支干线、支线的起点应安装切断阀门。

（13）套管安装应符合下列规定：

① 管道穿过构筑物墙体处应按设计要求安装套管，穿过结构的套管长度每侧应大于墙厚20～25 mm；穿过楼板的套管应高出板面50 mm；

② 套管与管道之间的空隙可采用柔性材料填塞；

③ 防水套管应按设计要求制造，并应在墙体和构筑物砌筑或浇灌混凝土之前安装就位，套管缝隙应按设计要求进行充填；

④ 套管中心的允许偏差为 10 mm。

（14）管道安装的允许偏差及检验方法应符合表 6-15 的要求。

表 6-15　管道安装允许偏差及检验方法

序号	项目	允许偏差及质量标准（mm）			检验频率		检验方法
					范围	点数	
1	△高程	±10			50 m	—	水准仪测量，不计点
2	中心线位移	每 10 m 不超过 5，全长不超过 30			50 m	—	挂边线用尺量，不计点
3	立管垂直度	每米不超过 2，全高不超过 10			每根	—	垂线检查，不计点
4	△对口间隙	壁厚	间隙	偏差	每 10 个口	1	用焊口检测器，量取最大偏差值，计 1 点
		4～9	1.5～2.0	±1.0			
		≥10	2.0～3.0	+1.0 -2.0			

注：△为主控项目，其余为一般项目。

（15）以热电厂为热源的蒸汽热力网，管网起点压力应采用供热系统技术、经济计算确定的汽轮机最佳抽（排）汽压力。以区域蒸汽锅炉房为热源的蒸汽热力网，在技术条件允许的情况下，热力网主干线起点压力宜采用较高值。

（16）蒸汽供热管网的蒸汽管道，宜采用单管制。当符合下列情况时，可采用双管或多管制：

① 各用户间所需蒸汽参数相差较大或季节性热负荷占总热负荷比例较大且技术、经济合理；

② 热负荷分期增长。

（17）蒸汽供热系统应采用间接换热系统。当被加热介质泄漏不会产生危害时，其凝结水应全部回收并设置凝结水管道。当蒸汽供热系统的凝结水回收率较低时，是否设置凝结水管道，应根据用户凝结水量、凝结水管网投资等因素进行技术、经济比较后确定。对不

能回收的凝结水，应充分利用其热能和水资源。

当凝结水回收时，用户热力站应设闭式凝结水箱并应将凝结水送回热源。当热力网凝结水管采用无内防腐的钢管时，应采取措施保证凝结水管充满水。

（18）蒸汽管道的低点和垂直升高的管段前应设启动疏水和经常疏水装置。在水平管道上阀门的前侧、流量孔板的前侧及其他易积水处，均须安装疏水器或放水阀。同一坡向的管段，顺坡情况下每隔 400～500 m，逆坡时每隔 200～300 m 应设启动疏水和经常疏水装置。

蒸汽管道的经常疏水装置应设在下列各处：

① 蒸汽管道的各低点；

② 垂直升高的管段之前；

③ 水平管道按规范要求设置；

④ 可能聚集凝结水的管道闭塞处。

蒸汽管道的启动排水装置应设在下列各处：

① 启动时有可能积水的最低点；

② 管道拐弯和垂直升高的管段之前；

③ 水平管道上，按规范要求设置；

④ 水平管道上，流量测量装置的前面。

经常疏水装置与管道连接处应设聚集凝结水的短管，短管直径应为管道直径的 1/3～1/2，经常疏水管应连接在短管侧面。不同压力或不同介质的疏水管或排水管不能接入同一排水管。经常疏水装置排出的凝结水，宜排入凝结水管道。当不能排入凝结水管时，应降温后排放。疏水装置的安装应根据设计进行，对一般的装有旁通管的疏水装置，如设计无样图时，也应装设活接头或法兰，并装在疏水阀或旁通阀门的后面，以便于检修。

（19）蒸汽支管从主管上接出时，支管应从主管的上方或两侧接出，以免凝结水流入支管。

（20）城市蒸汽供热管道在任何条件下均应采用钢管、钢制阀门及附件。管道沿线所用的固定支架、滑动支架等尽量采用标准图，且尽量成批加工预制。

（21）蒸汽供暖系统的入口装置包括蒸汽入口总管上的总阀（截止阀）、压力表、管道末端的自动排气阀和疏水器，如图 6-21 所示。安装时，注意蒸汽总管、凝结水总管的安装坡度和坡向。

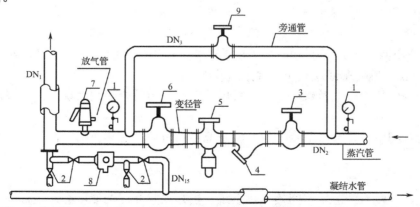

1—压力表；2—截止阀；3—截止阀；4—过滤器；5—减压阀；6—截止阀；7—安全阀；8—疏水器；9—截止阀

图 6-21　明装高压蒸汽一次减压入口装置

6.3.2　室外架空热力管道安装要求

架空管道安装工艺流程，见图 6-22。架空管道安装要求为：

（1）架空管道的支架应在管路敷设前由土建部门做好。架空管道安装前，应按照设计施工图的要求，核对支架的稳固性、垂直度、标高和中心线，确认符合设计要求后按设计规定的安装位置、坐标，量出支架上的支座位置，安装支座。各支架的中心线应为同一直线，不允许出现折线情况。一般管道是有坡度的，故应检查各支架的标高，不允许由于支架标高的错误而造成管道的反向坡度。若是钢筋混凝土支架，要求必须达到一定的养护强度后方可进行管道安装。

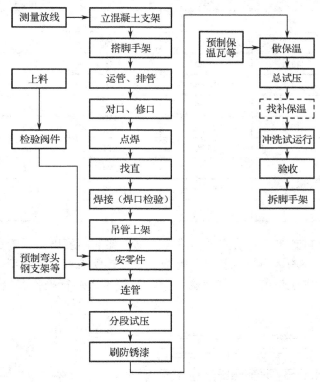

图 6-22　架空管道安装工艺流程

（2）支架安装牢固后，进行架设管道安装，为减少架空支架上的高空作业量，加快工程进度及提高焊接质量，一般情况下，可根据施工图纸把适量的管子、管件和阀门等，在地面上进行预制组装，然后再分段进行吊装就位，最后进行段与段之间的连接，预制长度以便于吊装为宜。

（3）管道吊装，可采用机械或人工起吊，绑扎管道的钢丝吊点位置，应使管道不产生弯曲。已吊装但尚未连接的管段，要用支架上的卡子固定好。架空管道的吊装，多采用起重机械进行，如汽车式起重机、履带式起重机，或用桅杆及卷扬机等。吊装管道时，应严格按照操作规程进行，注意安全施工。

根据管道的布置、管径及管件的尺寸，布置起吊设备和准备绳索。绳索的工作破断拉力，可按表 6-16 的数据，充分考虑工作的安全系数，按下式计算其允许拉力：

$$麻绳最大允许拉力P = \frac{麻绳破断拉力FZ}{安全系数K}$$

在一般情况下，$K \geq 6 \sim 8$。

管道吊装过程中，绳索扎结是一项重要工作。吊装前应把重物绑扎牢固，结紧绳端，防止重物脱扣松结。绳索绑扎的位置要使管子少受弯曲。

表 6-16　绳索的工作破断拉力

麻绳尺寸（mm）		白麻绳		浸油麻绳	
圆周	直径	每 100 m 质量（kg）	破断拉力（kN）	每 100 m 质量（kg）	破断拉力（kN）
30	9.6				
35	11.1	8.75	6.10	10.3	5.57
40	12.7	11.20	7.75	13.8	7.35
45	14.3	14.60	9.45	17.2	8.95
50	15.9	17.40	11.20	20.5	10.65
60	19.1	24.80	15.70	29.3	14.90
65	20.7	29.30	17.55	34.6	16.65
70	23.9	39.50	23.93	46.6	22.26
90	28.7	57.20	34.33	67.5	32.23
100	31.8	70.00	40.13	82.6	37.67

（4）有高空作业的支架两旁须搭设脚手架，脚手架的高度以低于管道标高 1 m 为宜，脚手架的宽度约 1 m 左右，可根据管径及管数，设置单侧或双侧脚手架，如图 6-23 所示。如考虑高空进行保温作业也可适当加宽脚手架，以便工人通行操作和堆放一定数量的保温材料。

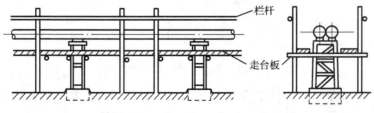

图 6-23　架空支架及脚手架

（5）吊上支架的管段，要用绳索把它牢牢地绑在支架上，避免管段尚未焊接时会从支架上滚下。采用丝扣连接的管道，吊装后随即连接；采用焊接时，管道全部吊装完毕后再焊接。焊缝不许设在托架和支座上，管道间的连接焊缝与支架间的距离应大于 150～200 mm。

（6）架空管道焊接及阀件连接的施工及要求为：

① 壁厚在 5 mm 及以上的管道焊接前须进行坡口加工，加工方法可根据设备条件分别采用自动坡口机、手动坡口机、砂轮机、氧气切割、锉、錾切等。热力管道一般采用单面

坡口，应按有关工艺要求进行管口处理。

② 冬季气温较低时，必须对管口进行预热，预热时要使焊口两侧及内外壁的温度均匀，防止局部过热，预热温度只要达到手温感即可。碳素钢要求的恒温时间为 2～2.5 min；

③ 焊条使用前应进行烘干处理或按焊接工艺要求进行处理。

④ 管子对口后应保持在一条直线上，焊口位置在组对后不允许出弯，不能错口，对口要有间隙。小口径管道的对口工具见图 6-24。

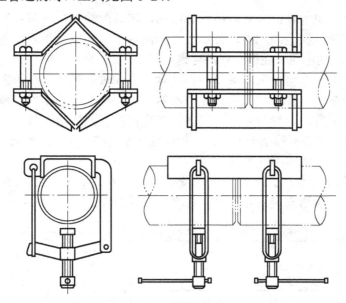

图 6-24　小口径管道的对口工具

⑤ 点焊定位、施焊。常规方法是在管道的上下、左右四处对称位置点焊，核对、调直后施焊。施焊前应将点焊位置的焊渣清理干净，将定位焊焊肉修理成两头缓坡的焊缝。管口排尺时，应尽量为焊接提供作业条件，减少死口数量。

⑥ 焊接时焊条运作角度及其焊接程序必须符合焊接工艺要求与技术规定。管道对口焊的焊口应分成两个半圆进行焊接。具体要求如下：

★焊接时先焊前半圈。起焊应从仰焊部位中心线提前 5～15 mm 的位置开始，此值按管径大小而定。从仰焊缝坡口面上引至始焊处，若用长弧预热，当坡口内有汗珠状铁水时，压短电弧、作微小摆动，待形成熔池再施焊，焊至水平最高点后再越过 5～15 mm 处熄弧。

★在后半圈的施焊作业过程中，仰焊前要把先焊的焊缝端头用电弧割去 10 mm 以上，以免起焊时产生塌腰现象，从而造成未焊透、夹渣、气孔等缺陷。

★不同管径两管的对口焊接时，两管管径相差不得超过小管管径的 15%，否则必须采用插条焊接。

（7）按设计和施工的规定位置，安装阀门、补偿器等附属设备并与管道连接好。最后检查滑动支架的安装是否满足要求，若偏差较大，应修正后将其焊在管道上。

（8）管道安装完毕，要用水平尺在每段管上进行一次复核。找正调直，使管道在一条直线上。调直后安装管道穿结构处的套管，填堵管洞，预留口处应加好临时管堵。

（9）按设计规定的压力要求进行冲水试压，合格后办理验收手续，把水泄净。

（10）管道安装经检查符合要求，并经水压试验合格后，就可进行防腐保温工作。管道防腐保温，应符合设计要求和施工规范规定，注意做好保温层外的防雨、防潮等保护措施。

6.3.3 室外地沟敷设热力管道安装要求

地下敷设分为地沟敷设和直埋敷设，地沟敷设又分为通行地沟、半通行地沟和不通行地沟。

供热管道地沟内积水时，极易破坏保温结构，增大散热损失，腐蚀管道，缩短使用寿命。管道地沟底应敷设在最高地下水位以上，地沟内壁表面应用防水砂浆抹面，地沟盖板之间、盖板与沟壁之间应用水泥砂浆或沥青封缝。

尽管地沟是防水的，但含在土壤中的自然水分会通过盖板或沟壁渗入沟内，蒸发后使沟内空气饱和，当湿空气在地沟内壁面上冷凝时，就会产生凝结水并沿壁面下流到沟底，因此地沟应有纵向坡度，以使沟内的水流入检查室内的集水坑里，坡度和坡向通常与管道的坡度和坡向相同（坡度不得小于 0.2%）。如果地下水位高于沟底，则必须采取防水或局部降低地下水位的措施。

为减小外部荷载对地沟盖板的冲击，使盖板受力均匀，盖板上的覆土厚度不得小于 0.3 m。室外地沟敷设管道安装工艺流程，见图 6-25 所示。

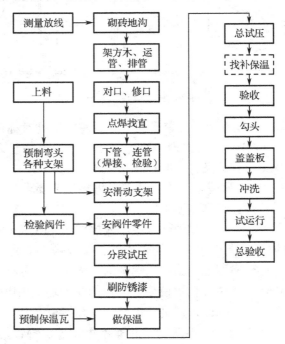

图 6-25 室外地沟敷设管道安装工艺流程

1. 室外地沟热力管道安装的准备工作

（1）根据设计图纸的规定，地沟砌筑已完成，支（吊、托）架安装全部结束。

（2）伸缩器已预制组对完毕，管道支座均已按设计要求加工制作完毕。

（3）管材、阀件、管件、配件等已准备齐全并经验收，符合设计要求和国家现行技术

标准的规定。

2. 地沟内支（托、吊）架的安装要求

（1）对地沟的宽度、标高、沟底坡度进行检查，确认与工艺要求一致。

（2）在砌筑好的地沟内壁上，先测出相对的水平基准线，根据设计要求找好高差拉上坡度线，按设计的支架间距值（或按有关标准中的相关规定）在沟壁上画出定位记号，再按规定打眼。

（3）用水浇湿已打好的洞，灌入 1∶2 的水泥砂浆，把预制好、刷完底漆的型钢支架栽进洞中，用碎砖或石块塞紧，用抹子压紧抹平。

（4）若支架的其中一端需固定在管沟垫层上，则应在垫层施工时预埋铁件。当管道为双层敷设时，应待下层管道安装后，再将上层支架底端焊在预埋铁件上。

3. 管道加工要求

（1）室外地沟热力管道安装前，应根据具体情况先在沟边进行管道的直线测量和排尺，以便下管前的分段预制焊接和下管后的固定接口焊接。

（2）尽量减少在管沟内固定接口的焊接数量。

（3）管道直线测绘排尺时，须事先将阀门、配件、补偿器等放在沟边沿线的安装位置。

4. 地沟管道安装的一般要求

（1）地（管）沟盖板因施工要求需要先盖时，必须相隔 50 m 左右留出安装口，其长度应满足作业面的需要，常规作业口宽度大于地沟宽度。一般每隔 8～12 m 及在管道阀门、仪表等处装有灯具。

（2）土建打好地沟垫层后，按图纸标高进行复查，并在垫层弹出底沟的中心线，按规定间距安放支座及滑动支架。

（3）下管时，先用汽车（或其他起重机械）将管道吊进安装口内准备好的小车上，然后再用小车运至安装位置。安放管子时，为避免小车翻倒需将车栏角铁放下，垫好木块，再将管子从小车撬至支座上，直到底层管道全部就位稳固后，将上层管架角钢就位，然后按二层、三层的管道依底层方法顺序安装就位，见图 6-26（a）、6-26（b）所示。如时间和条件允许，最好能将下层管子全部连接、试压、做保温处理后，再安装上层管道。

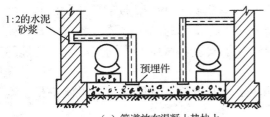

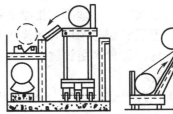

（a）管道放在混凝土垫块上　　　　　（b）由小车向管道支架上安放管道的方法

图 6-26　地沟内管道作业层次

（4）管道应先在沟边分段连接，管道放在支座上时，用水平尺找平找正。安装在滑动支架上时，要在补偿器拉伸并找正位置后才能焊接。

（5）供热管道除部分阀类可采用法兰连接外，其他接口均应采取焊接。管道两端对口焊接前的焊区严禁进行防腐处理，焊口处的防腐应在管道试压合格后再进行。焊口平直度、焊缝加强面、焊口表面质量均应符合相关规范的规定。

（6）管道安装时坐标、标高、坡度、甩口位置、变径等复核无误后，再把吊架螺栓紧好，最后焊牢固卡处的止动板。

（7）地沟内的管道（包括保温层）安装位置应符合设计与规范规定，地沟内管道的排列、管道间的距离、管道距沟壁、沟顶的间距应便于管道的保温及维护或更换，留出的净空和净距必须严格控制在规定值以内。

（8）管道上固定支座的位置和构造必须符合设计规定，管道上的活动支座不妨碍管道自由滑动。

（9）管道的坡度应在允许值以内。

（10）管道安装的允许偏差：坐标±20 mm、标高±10 mm；水平管道纵横向弯曲：当管径≤100 mm 时＞13 mm，管径>100 mm 时＞25 mm。

（11）冲水试压后，冲洗管道办理隐检手续，把水泄净。管道的防腐保温，应符合设计要求和施工规范规定，最后将管沟清理干净。

5. 通行地沟和半通行地沟内管道的安装要求

（1）半通行地沟及通行地沟的构造较为复杂，地沟内管道多，直径大、支架层数多。这两种地沟内的管道可以装设在地沟内一侧或两侧，管道支架一般都采用钢支架，支架的间距要求见表 6-17。

表 6-17　支架最大间距

管径（mm）		15	20	25	32	40	50	70	80	100	125	150	200
间距	不保温（mm）	2.5	2.5	3.0	3.0	3.5	3.5	4.5	4.5	5.0	5.5	5.5	6.0
	保温（mm）	2.0	2.0	2.5	2.5	3.0	3.5	4.0	4.0	4.5	5.0	5.5	5.5

（2）安装支架时，一般在土建浇筑地沟基础和砌筑沟墙前，根据支架的间距及管道的坡度，确定出支架的具体位置、标高，向土建施工人员提出预留安装支架孔洞的具体要求。若每个支架上安放的管子超过一根，则应按支架间最小间距来预埋或预留孔洞。

（3）管道安装前，必须有施工组织措施或技术措施，须检查支架的牢固性和标高。然后根据管道保温层表面与沟墙间的净距要求，在支架上标出管道的中心线，就可将管道就位。若同一地沟内设置多层管道，则最好将下层的管子安装、试压、保温完成后，再逐层向上面进行安装。

（4）地沟内部管道的安装，通常也是先在地面上开好坡口、分段组装后再就位于管沟内各支架上。

6. 不通行地沟内管道安装要求

（1）在不通行地沟内，管道只设成一层，且管道均安装在混凝土支墩上。支墩间距即为管道支架间距，高度应根据支架高度和保温厚度确定。

（2）不通行地沟内管道少，管径一般也较小，重量轻，地沟及支架构造简单，可以由人力借助绳索直接下管，放在已达强度的支架上，然后进行组对焊接。

（3）在不通行地沟敷设管道时，若设计要求为砖砌管墩、混凝土管墩，最好在土建垫层完毕后立即施工。否则因沟窄、施工面小，管道的组对、焊接、保温都会因施工不方便而影响工程质量。若设计为支、吊、托架，则允许在地沟壁砌至适当高度时进行管道安装。支墩可在浇筑地沟基础时一并筑出，且表面须预埋支撑钢板，要求供、回水管的支墩应错开布置。

（4）因不通行地沟内的操作空间较狭小，故管道安装一般在地沟基础层打好后立即进行，待水压试验合格、防腐保温做完后，再砌筑沟墙和封顶。

6.3.4　室外直埋敷设热水热力管道安装要求

室外直埋敷设热水热力管道安装工艺流程，见图 6-27 所示。

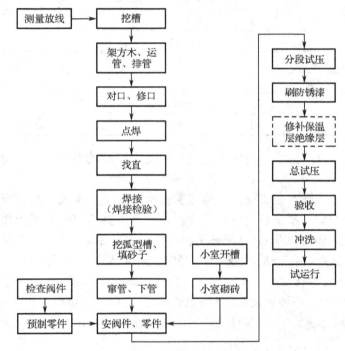

图 6-27　室外直埋敷设热力管道安装工艺流程

室外直埋敷设热水热力管道安装要求：

1. 沟槽开挖要求

（1）直埋供热管道的布置应符合国家现行标准《城镇供热管网设计规范》（CJJ34—2010）、《城镇供热直埋热水管道技术规程》（CJJ/T81—2013）等规范的有关规定。

（2）室外热力管道进行直埋敷设时，应根据设计图纸的位置，进行测量、打桩、放线、挖土、地沟垫层处理等工作。

（3）直埋管道的土方开挖，宜以一个补偿段作为一个工作段，一次开挖至设计要求。在直埋保温管接头处应设工作坑，工作坑宜比正常断面加深、加宽 250～300 mm。

（4）沟槽的开挖形式及尺寸，是根据开挖处地形、土质、地下水位、管数及埋深确定的。沟槽的形式有直槽、梯形槽、混合槽和联合槽四种，如图 6-28 所示。

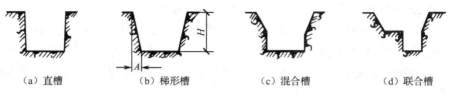

（a）直槽　　　　（b）梯形槽　　　　（c）混合槽　　　　（d）联合槽

图 6-28　沟槽断面形式

直埋热力管道多采用梯形槽，梯形槽的沟深不超过 5 m，其边坡的大小与土质有关，施工时，可参考表 6-18 所列数据选取。沟槽开挖时应不破坏槽底处的原土层。

表 6-18　梯形槽边坡

土的类别	边坡（$H:A$）	
	槽深<3 m	槽深 3～5 m
砂　土	1：0.75	1：1.00
亚砂土	1：0.67	1：0.67
亚黏土	1：0.33	1：0.50
黏　土	1：0.25	1：0.33
干黄土	1：0.20	1：0.25

（5）沟槽的土方开挖宽度，应根据管道外壳至槽底边的距离确定，管周围填砂时，该距离不应小于 100 mm，填土时该距离应根据夯实工艺确定。

（6）因为管道直接座落在土壤上，沟底管基的处理极为重要，沟底要求找平夯实，以防止管道弯曲受力不均。原土层沟底，若土质坚实，可直接座管，若土质较松软，应进行夯实。砾石沟底，应挖出 200 mm，用好土回填并夯实。如果雨水或地下水位与沟底较近，使沟底原土层受到扰动时，一般应铺 100～200 mm 厚碎石或卵石垫层，石上再铺 100～150 mm 厚的砂子作为砂枕层。沟基处理时，应注意设计中对坡度、坡向的要求。施工安装时，管道四周填充砂砾，填砂高度约 100～200 mm，之后再回填原土并夯实。

（7）为了便于管道安装，挖沟时应将挖出来的土堆放在沟边一侧，土堆底边应与沟边保持 0.6～1 m 的距离。

（8）沟槽的开挖质量应符合下列规定：

① 槽底不得受水浸泡或受冻；

② 槽壁平整，边坡坡度不得小于施工设计的规定；

③ 沟槽中心线每侧的净宽不应小于沟槽底部开挖宽度的一半；

④ 槽底高程的允许偏差：开挖土方应为±20 mm；开挖石方应为-200 mm～+20 mm。

2. 室外直埋热力管道的制作

（1）室外直埋热力管道保温层的做法有工厂预制法、现场浇灌法和沟槽填充法三种。

① 工厂预制法，现阶段直埋保温管道和管件应用最广泛的是采用工厂预制法，即保温管在工厂已预制好，然后运至施工现场下管施工。直埋保温管道和管件应分别符合国家现

行标准《高密度聚乙烯外护管聚氨酯泡沫塑料预制直埋保温管》、《高密度聚乙烯外护管聚氨酯泡沫塑料预制直埋保温管件》和《玻璃纤维增强塑料外护管聚氨酯泡沫塑料预制直埋保温管》等规范的规定。直埋供热管道的保温结构是由保温层与保护壳组成。保护壳应连续、完整和严密。保温层应饱满，不应有空洞。保温结构应有足够的强度并与钢管粘结为一体。

下管前，可根据吊装设备的能力，预先把 2～4 根管子在地面上先组焊在一起，敞口处开好坡口，并在保温管外包一层塑料保护膜。同时在沟内管道的接口处挖出操作坑，坑底为管底以下 200 mm，坑处沟壁距保温管外壁不小于 200 mm。吊管时，不得用绳索直接接触保温管外壳，应用宽度约 150 mm 的编织带兜托管子。起吊时要慢，放管时要轻，下管时还要考虑固定支墩的浇灌。

② 现场浇灌法和沟槽填充法都是先将管道组焊后吊装至沟槽内，并临时用支墩支撑牢固，连接并经试压合格后，进行现场浇灌或沟槽填充。现场浇灌法是采用聚氨基甲酸酯硬质泡沫塑料或聚异氰脲酸酯硬质泡沫塑料等，一段段地进行现场浇灌保温，然后按要求将保温层与沟底间孔隙填充砂层后，除去临时支撑，并将此处用同样的保温材料保温。沟槽填充法是将符合要求的保温材料，调成泥状直接填充至管道与沟周围的空隙间，其管顶的厚度应符合设计要求，最后回填土处理，如图 6-29 所示。

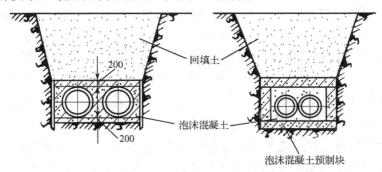

图 6-29　无沟直埋敷设管道

（2）直埋供热管道保温层除应具有良好保温性能外，还应符合表 6-19 的规定。

表 6-19　直埋供热管道保温层耐热性及强度指标

项目	指标
耐热性	不低于设计工作温度
抗压强度	≥200 kPa
剪切强度（含与内管和外壳粘结）	≥120 kPa

（3）进入现场的预制保温管、管件和接口材料，都应具有产品合格证及性能检测报告，检测值应符合国家现行产品标准的规定。进入现场的预制保温管和管件必须逐件进行外观检验，破损和不合格产品严禁使用。

（4）直埋供热管道保温层应满足工艺对供热介质温度降、保温管周围土壤温度场等的技术要求，当经济保温层厚度能满足技术要求时，取经济保温层厚度，但最小厚度应满足制造工艺要求。

（5）经济保温厚度、技术保温厚度和管道热损失计算中有关参数，应符合国家现行标准《城镇供热管网设计规范》（CJJ34—2010）的规定。

（6）在贮存、运输期间，预制保温管、管件的保温端面必须有良好的防水漆面，管端应有保护封帽，不得拖拽保温管，不得损坏端口和外护层。保温层内设置报警线的保温管，报警线之间、报警线与钢管之间的绝缘电阻值应符合产品标准的规定。

（7）预制保温管应分类整齐堆放，堆放场地应平整，无硬质杂物，不积水。堆高不宜超过2 m，堆垛离热源不应小于2 m。

（8）现场接头使用的材料在存放过程中应采取有效保护措施。在雨、雪天进行接头焊接和保温施工时应搭盖罩棚。

（9）预制直埋保温管的现场切割应符合下列规定：

① 管道配管长度不宜小于2 m；

② 在切割时应采取措施防止外护管脆裂；

③ 切割后的工作钢管裸露长度应与原成品管的工作钢管裸露长度一致；

④ 切割后裸露的工作钢管外表面应清洁，不得有泡沫残渣。

（10）对管道附件的要求：

① 直埋供热管道上的阀门应能承受管道的轴向荷载，宜采用钢制阀门及焊接连接；

② 直埋供热管道变径处（大小头）或壁厚变化处，应设补偿器或固定墩，固定墩应设在大管径或壁厚较大一侧；

③ 直埋供热管道的补偿器、变径管等管件应采用焊接连接。

（11）等径直管段中不应采用不同厂家、不同规格、不同性能的预制保温管；当无法避免时，应征得设计部门同意。

3. 室外直埋热力管道的敷设方式

（1）直埋供热管道穿越河底的覆土深度应根据水流冲刷条件和管道稳定条件确定。

（2）直埋保温管道安装应按设计要求进行，管道安装坡度应与设计一致，直埋供热管道的坡度不宜小于0.2%，在管道安装过程中，出现折角时，必须经设计确认。高处宜设放气阀，低处宜设放水阀。管道应利用转角自然补偿，15°～60°的弯头不宜用作自然补偿。

（3）从干管直接引出分支管时，在分支管上应设固定墩、轴向补偿器或弯管补偿器，并应符合下列规定：

① 分支点至支线上固定墩的距离不宜大于9 m；

② 分支点至支线上轴向补偿器或弯管的距离不宜大于20 m；

③ 分支点有干线轴向位移时，轴向位移量不宜大于50 mm。

④ 分支点至支线上固定墩或弯管补偿器的最小距离应符合"L"型管段臂长的规定，分支点至支线上轴向补偿器的距离不应小于12 m。

（4）直埋管道上的阀门应能承受管道的轴向荷载，宜采用钢制阀门及焊接连接。管道变径处（大小头）以及壁厚变化处，也应设补偿器或固定墩，固定墩应设在大管径或壁厚较大一侧。固定墩处应采取可靠的防腐措施，钢管、钢架不应裸露。管道穿过固定墩处，孔边应设置加强筋。

（5）三通、弯头等应力比较集中的部位，应进行验算，验算不通过时可采取设固定墩

或补偿器等保护措施。当需要减少管道轴向力时，可采取设置补偿器或对管道进行预处理等措施。轴向补偿器和管道轴线应一致，距补偿器12m范围内管段不应有变坡和转角。

（6）当地基软硬不一致时，应对地基做过渡处理。

4. 室外直埋热力管道的现场安装要求

（1）直埋保温管道的施工分段宜按补偿段划分，当管道设计有预热伸长要求时，应以一个预热伸长段作为一个施工分段。

（2）直埋保温管道在固定点没有达到设计要求之前，不得进行预热伸长或试运行。保护套管不得妨碍管道伸缩，不得损坏保温层及外保护层。

（3）管道安装前应检查沟槽底高程、坡度、基底处理是否符合设计要求。管道内杂物及砂土应清除干净。

（4）管道运输吊装时宜用宽度大于 50 mm 的吊带吊装，严禁用铁棍撬动外套管和用钢丝绳直接捆绑外壳。预制保温管可单根吊入沟内安装，也可 2 根或多根焊完后吊装。当组焊管段较长时，宜用两台或多台吊车抬管下管，吊点的位置按平衡条件选定，应用柔性宽吊带起吊，并应稳起、稳放，严禁将管道直接推入沟内。

（5）预制保温管的两端，留有约 200 mm 长的裸露钢管，以便在现场管线的沟槽内焊接，最后将接口处作保温处理。

（6）安装直埋供热管道时，应排除地下水或积水。当日工程完工时应将管端用盲板封堵。

（7）有报警线的预制保温管，安装前应测试报警线的通断状况和电阻值，合格后再下管对口焊接。报警线应在管道上方，安装预制保温管道的报警线时，应符合产品标准的规定。在施工中，报警线必须防潮，一旦受潮，应采取预热、烘烤等方式干燥。

（8）安装前应按设计给定的伸长值调整一次性补偿器。

（9）管道就位后，即可进行焊接，施焊时两条焊接线应吻合，然后按设计要求进行焊口检验，合格后可做接口保温工作。注意接口保温前，应先将接口需保温的地方用钢刷和砂布打磨干净，然后采用与保温管道相同的保温材料将接口处保温，接口保温与保温管道的保温材料间应不留缝隙。

（10）如果设计要求必须做水压试验，可在接口保温之前、焊口检验之后进行试压，合格后再做接口保温。

（11）直埋供热管道敞口预热应分段进行，宜采取 1 km 为一段。直埋管道敞口预热宜选用充水预热方式，也可采用电加热，预热温度应按设计要求确定。预拉伸处理和伤口预热时，应保证管道伸长量符合设计值并且保持不变时进行覆土夯实。

（12）管道下沟前，应检查沟底标高、沟宽尺寸是否符合设计要求，保温管应检查保温层是否有损伤，如局部有损伤时，应将损伤部位放在上面，并做好标记，便于统一修理。

（13）管道应先在沟边进行分段焊接，每段长度在 25～35 m 范围内。放管时，应用绳索将一端固定在地锚上，并套卷管段拉住另一端，用撬杠将管段移至沟边，放好木滑杠，统一指挥慢速放绳使管段沿木滑杠下滚。为避免管道弯曲，拉绳不得少于两条，沟内不得站人。

（14）沟内管道焊接连接前必须清理管腔，找平找直，焊接处要挖出操作坑，其大小要便于焊接操作。

（15）阀门、配件、补偿器支架等，应按设计要求位置进行安装，并在施工前按施工要求预先放在沟边沿线，并在试压前安装完毕。

（16）管道水压试验，应按设计要求和规范规定，办理隐检试压手续，把水泄净。

（17）管道防腐，应预先集中处理，管道两端留出焊口的距离，焊口处的防腐在试压完后再处理。

（18）直埋供热管道的检查室施工时，应保证穿越口与管道轴线一致，偏差度应满足设计要求，并按设计要求做好管道穿越口的防水、防腐工作。

（19）直埋保温管道预警系统安装应符合下列规定：

① 预警系统的安装应按设计要求进行；

② 管道安装前应对单件产品预警线进行断路、短路检测；

③ 在管道接头安装过程中，应首先连接预警线，并在每个接头安装完毕后进行预警线断路、短路检测；

④ 在补偿器、阀门、固定支架等管件部位的现场保温应在预警系统连接检验合格后进行。

5. 室外直埋预制热力管道接头的保温要求

（1）直埋供热管道接头保温应在管道安装完毕及强度试验合格后进行。管道接头处使用的保温材料应与管道、管件的保温材料性能一致，密度应大于 $50\ kg/m^3$，硬质泡沫保温物质应充满整个接头环状空间。发泡原料应在环境温度为 $10\sim25\ ℃$ 的干燥密闭容器内贮存，并应在有效期内使用。

（2）接头施工采取的工艺，应有合格的形式检验报告；接头的保温和密封应在接头焊口检验合格后进行；接头保温施工前，应将接头钢管表面、两侧保温端面和搭接段外壳表面的水分、油污、杂质和端面保护层去除干净。

（3）管道接头保温不宜在冬季进行。管道接头使用聚氨酯发泡时，环境温度宜为 $20\ ℃$，不应低于 $10\ ℃$，管道温度不应超过 $50\ ℃$。不能避免时，应保证接头处环境温度不低于 $10\ ℃$。当周围环境温度低于接头原料的工艺使用温度时，应采取有效措施，保证接头质量。

（4）严禁管道浸水、覆雪。接头周围应留有操作空间。对 $DN=200$ 以上管道接头不宜采用手工发泡。接头外观不应出现熔胶溢出、过烧、鼓包、翘边、褶皱或层间脱离等现象。

（5）一级管网现场安装的接头密封应进行 100% 的气密性检验。二级管网现场安装的接头密封应进行不少于 20% 的气密性检验。气密性检验的压力为 0.02 MPa，用肥皂水仔细检查密封处，无气泡为合格。

（6）接头保温采用套袖连接时，套袖与外壳管连接应采用电阻热熔焊，也可采用热收缩套或塑料热空气焊，采用塑料热空气焊应用机械施工。

（7）对需要现场切割的预制保温管，管端裸管长度宜与成品管一致，附着在裸管上的残余保温材料应彻底清除干净。

（8）对采用玻璃钢外壳的管道接头，使用模具作接头保温时，接头处的保温层应和管道保温层顺直，无明显凹凸及空洞。防护壳厚度不应小于管道防护壳厚度，两侧搭接不应小于80 mm。

6．室外直埋热力管道的回填工程

（1）沟槽、检查室的主体结构经隐蔽工程验收合格及竣工测量后，应及时进行回填。回填时应确保构筑物的安全，并应检查墙体结构强度、外墙防水抹面层强度、盖板或其他构件安装强度，当能承受施工操作动荷载时，方可进行回填。供热管线与其他地下设施交叉部位或供热管线与地面上建（构）筑物较近部位，其回填施工方案应征得有关单位同意。

（2）回填前应先将槽底杂物清除干净，如有积水应先排除。回填土应分层夯实。回填土中不得含有碎砖、石块、大于100 mm土块及其他杂物。

（3）直埋保温管道沟槽回填时还应符合下列规定：

① 回填前，应修补保温管外护层破损处；

② 管道接头工作坑回填可采用水撼砂的方法分层撼实；

③ 回填土中应按设计要求铺设警示带。

（4）弯头、三通等变形较大区域处的回填应按设计要求进行；设计要求进行预热伸长的直埋管道，回填方法和时间应按设计要求进行。

（5）管顶或结构顶以上500 mm范围内，应采用轻夯夯实，严禁采用动力夯实机或压路机压实。回填压实时，应确保管道或结构的安全。

（6）直埋供热管道最小覆土深度应符合表6-20的规定，回填土时要在保温管四周填细砂，再填300 mm素土，用人工分层夯实。管道穿越马路处埋深少于800 mm时，应做简易管沟，加盖混凝土盖板，沟内填砂处理。直埋供热管道穿越河底的覆土深度应根据水流冲刷条件和管道稳定条件确定。

表6-20　直埋供热管道最小覆土深度

管径（mm）	<125	150~300	350~500	600~700	800~1 000	1 100~1 200
车行道下（m）	0.8	1.0	1.2	1.3	1.3	1.3
非车行道下（m）	0.7	0.7	0.9	1.0	1.1	1.2

（7）水压试验合格后，再填砂、分层夯实，直到设计砂层厚度。然后填土，并分层夯实直到地平。一般回填压实系数大于0.93，车行道下压实系数大于0.95。直埋管道施工步骤如图6-30所示。

  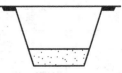

第一步：管槽开挖　　　　第二步：槽底夯实　　　　第三步：铺底层砂

图6-30　直埋管道安装流程图

第四步：下管
第五步：纵向组对
第六步：调直或调弯
第七步：焊接
第八步：按设计和施工规范要求焊缝探伤（超声波或X射线）
第九步：水压试验（包括分段试压和整体试压）

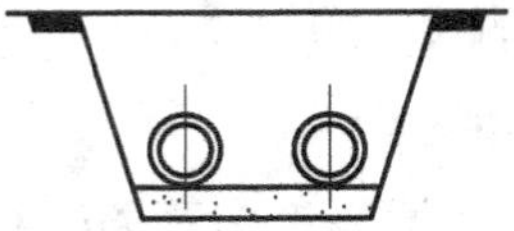

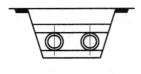

第十步：回填细砂　　第十一步：回填原土，分层夯实　　第十二步：修复路面

图 6-30　直埋管道安装流程图（续）

6.3.5　直埋蒸汽管道的施工要求

1. 直埋蒸汽管道的管件及管道连接要求

（1）直埋蒸汽管道的管件应在工厂预制，管件的防腐、保温应符合设计要求。

（2）直埋蒸汽管道、管件及管路附件之间的连接，除疏水器和特殊阀门外均应采用焊接。采用法兰连接时，法兰的密封宜采用耐高温的金属垫片。

（3）采用工作管弯头做热补偿时，弯头的曲率半径不应小于 1.5 倍的工作管公称直径。管道位移段应加大外护管的尺寸，并应采用软质保温材料。

（4）直埋蒸汽管道变径时，工作管宜采用同心异径管。

（5）当蒸汽管道采用直埋敷设时，应采用保温性能良好、防水性能可靠、保护管耐腐蚀的预制保温管直埋敷设，其设计寿命不应低于 25 年。

2. 直埋蒸汽管道的敷设要求

（1）与其他设施的水平或垂直最小净距，应符合表 6-21 的规定。当不能满足表中的净距或其他设施的特殊要求时，应采取有效保护措施。

表 6-21　直埋蒸汽管道与其他设施的最小净距

设施名称		最小水平净距（m）	最小垂直净距（m）
给水、排水管道		1.5	0.15
直埋热水管道/凝结水管道		0.5	0.15
排水盲沟		1.5	0.50
燃气管道（钢管）	≤0.4 MPa	1.0	0.15
	>0.4 MPa，<0.8 MPa	1.5	
	>0.8 MPa	2.0	
燃气管道（聚乙烯管）	≤0.4 MPa	1.0	燃气管在上 0.50 燃气管在下 1.00
	>0.4 MPa，≤0.8 MPa	1.5	
	>0.8 MPa	2.0	
压缩空气或 CO_2 管道		1.0	0.15

续表

设施名称			最小水平净距（m）	最小垂直净距（m）
乙炔、氧气管道			1.5	0.25
铁路钢轨			钢轨外侧 3.0	轨底 1.20
电车钢轨			钢轨外侧 2.0	轨底 1.00
铁路、公路路基边坡底脚或边沟的边缘			1.0	—
通信、照明或 10 kV 以下电力线路的电杆			1.0	—
高压输电线铁塔基础边缘（35～220 kV）			3.0	—
桥墩（高架桥、栈桥）			2.0	—
架空管道支架基础			1.5	—
地铁隧道结构			5.0	0.80
电气铁路接触网电杆基础			3.0	—
乔木、灌木			2.0	—
建筑物基础			2.5（外护管≤400 mm）	—
			3.0（外护管>400 mm）	—
电缆	通信电缆管块		1.0	0.15
	电力及控制电缆	≤35 kV	2.0	0.50
		>35 kV，≤110 kV	2.0	1.00

注：当直埋蒸汽管道与电缆平行敷设时，电缆处的土壤温度与月平均土壤自然温度比较，全年任何时候，对于 10 kV 的电缆不高出 10 ℃；对于 35～110 kV 的电缆不高出 5 ℃时，可减少表中所列净距。

（2）直埋蒸汽管道与其他地下管线交叉时，直埋蒸汽管道的管路附件距交叉部位的水平净距宜大于 3 m。

（3）直埋蒸汽管道的最小覆土深度应符合表 6-22 的规定。当不符合要求时，应采取相应的技术措施对管道进行保护。

表 6-22　直埋蒸汽管道最小覆土深度

外护管公称直径（mm）	最小覆土深度（m）	
	车行道	非车行道
≤500	1.0	0.8
600～900	1.1	0.9
1 000～1 200	1.3	1.0
1 300～1 600	1.5	1.2

3. 直埋蒸汽管道的施工要求

（1）直埋蒸汽管道在吊装时，应按管道的承载能力核算吊点间距，均匀设置吊点，并应使用不损伤管道防腐层的绳索（带）进行吊装。

（2）直埋蒸汽管道宜敷设在各类地下管道的最上部。

（3）直埋蒸汽管道的工作管，必须采用有补偿的敷设方式。

（4）直埋蒸汽管道敷设的坡度不宜小于 0.2%。安装管道时，应保证两个固定支座间的管道中心线成同一直线，且坡度应符合设计的要求。

（5）两个固定支座之间的直埋蒸汽管道，不宜有折角。

（6）管道由地下转至地上时，外护管必须一同引出地面，其外护管距地面的高度不宜小于 0.5 m，并应设防水帽和采取隔热措施。

（7）直埋蒸汽管道与地沟敷设的管道连接时，应采取防止地沟向直埋蒸汽管道保温层渗水的措施。

（8）当地基软硬不一致时，应对地基作过渡处理。

（9）在地下水位较高的地区，必须作浮力计算。当不能保证直埋蒸汽管道稳定时，应增加埋设深度或采取相应的技术措施。

（10）直埋蒸汽管道穿越河底时，管道应敷设在河床的硬质土层上或做地基处理。覆土深度应根据浮力、水流冲刷情况和管道稳定条件确定。

（11）雨期施工应采取防雨排水措施，工作管和保温层不得进水。

4. 直埋蒸汽管道的附件及设施

（1）阀门的选择及安装应符合下列规定：

① 直埋蒸汽管道使用的阀门宜选用焊接连接且无盘根的截止阀或闸阀，若选用蝶阀时，应选用偏心硬质密封蝶阀；

② 所选阀门公称压力应比管道设计压力高一个等级；

③ 阀门必须进行保温，其外表面温度不得大于 60 ℃，并应做好防水和防腐处理；

④ 井室内阀门与管道连接处的管道保温端部应采取防水密封措施。

（2）直埋蒸汽管道必须设置排潮管。排潮管应设置于外护管位移较小处。其出口可引入专用井室内，井室内应有可靠的排水措施。排潮管公称直径宜按表 6-23 选取。

表 6-23　排潮管公称直径（mm）

外护管公称直径	排潮管公称直径	排潮管外护钢套管外径×壁厚
≤500	40	159×5
600～1000	50	159×5
≥1200	65	159×5

排潮管如引出地面，开口应下弯，且弯顶距地面高度不宜小于 0.5m，并应采取防倒灌措施。排潮管宜设置在不影响交通的地方，且应有明显的标志。排潮管的地下部分应采取保温和防腐措施。

（3）疏水装置应设置在工作管与外护管相对位移较小处。从工作管引出疏水管处应设置疏水集水罐，疏水集水罐罐体直径按工作管的管径确定，当工作管公称直径 DN<100 时，罐体直径应与工作管相同；当工作管公称直径 DN≥100 时，罐体直径不应小于工作管直径的 1/2，且不应小于 100 mm。

5. 直埋蒸汽管道检查井设置要求

（1）地下水位高于井室底面或井室附近有地下供、排水设施时，井室应采用钢筋混凝土结构，并应采取防水措施。

（2）管道穿越井壁处应采取密封措施，并应考虑管道的热位移对密封的影响，密封处不得渗漏。

（3）井室应对角布置两个人孔，阀门宜设远程操作机构，井室深度大于 4 m 时，宜设计为双层井室，两层人孔宜错开布置，远程操作机构应布置在上层井室内。

（4）疏水井室宜采用主副井布置方式，关断阀和疏水口应分别设置在两个井室内。

6. 直埋蒸汽管道固定支座的设置规定

（1）补偿器和三通处应设置固定支座，阀门和疏水装置处宜设置固定支座。

（2）采用钢质外护管的直埋蒸汽管道，宜采用内固定支座。

（3）内固定支座应采取隔热措施，且其外护管表面温度应小于或等于 60 ℃。

（4）直埋蒸汽管道对固定墩的作用力应包括工作管道的作用力和外护管的作用力。

（5）固定墩两侧作用力的合成及其稳定性验算和结构设计，应符合国家现行标准《城镇供热直埋热水管道技术规程》（CJJ/T104—2014）的规定。

7. 直埋蒸汽管道的保温补口要求

（1）直埋蒸汽管道的保温补口应在管道安装完毕，探伤检验及强度试验合格后进行。补口质量应符合设计要求，每道补口应有检查记录。

（2）补口前应拆除封端防水帽或需要拆除的防水涂层。保温补口应与两侧直管段或管件的保温层紧密衔接，缝隙应采用弹性保温材料填充。

（3）若管段已浸泡进水，应清除浸湿的保温材料或烘干后，方可进行保温补口。保温层补口施工应符合下列规定：

① 补口处的保温结构、保温材料、外护管材质及厚度应与直管段相同；

② 保温补口应在沟下无积水、非雨天的条件下进行施工；

③ 硬质复合保温结构管道的保温施工，应先进行硬质无机保温层包覆，嵌缝应严密，再连接外护管，然后进行聚氨酯浇注发泡；

④ 泡沫层补口的原料配比应符合设计要求。原料应混拌均匀，泡沫应充满整个补口段环状空间，密度应大于 50 kg/m³。当环境温度低于 10 ℃或高于 35 ℃时，应采取升温或降温措施；

⑤ 保温层采用软质或半硬质无机保温材料时，在补口的钢质外护管焊缝部位内侧，应衬垫石棉布等耐高温材料。

（4）外护管的现场补口应符合下列规定：

① 钢质外护管宜采用对接焊，焊接不应少于两遍，并应进行 100%超声波探伤检验，焊缝内部质量不得低于现行国家标准《焊缝无损检测 超声检测 技术、检测等级和评定》中的 Ⅱ 级质量要求；

② 钢质外护管补口前应对补口段进行预处理，除锈等级应根据使用的防腐材料确定，并符合现行国家标准《涂覆涂料前钢材表面处理 表面清洁度的目视评定 第 1 部分：未涂

覆过的钢材表面和全面清除原有涂层后的钢材表面的锈蚀等级和处理等级》中的 St3 级的要求；

③ 补口段预处理完成后，应及时进行防腐，防腐等级应与外护管相同，防腐材料应与外护管一致或相匹配；

④ 防腐层应采用电火花检漏仪检测，耐击穿电压应符合设计要求；

⑤ 玻璃钢外护管的补口应采用与外护管等厚的补口套管，补口套管与外护管应采用梯形过渡对接连接。可采用短玻璃纤维树脂粘结，再缠厚度不小于 3 mm 的玻璃钢加强，搭接长度不应小于 100 mm。当采用现场缠绕补口时，补口玻璃钢厚度不应小于直管段外护玻璃钢厚度；

⑥ 外护管接口应做严密性试验，试验压力应为 0.2 MPa。试验应按现行国家标准《工业金属管道工程施工规范》《工业金属管道工程施工质量验收规范》的要求进行。

（5）补口完成后，应对安装就位的直埋蒸汽管及管件的外护管和防腐层进行检查，发现损伤，应进行修补。

知识梳理与总结

通过项目教学活动，培养学生掌握室外供热管道布置敷设和安装的方法。培养学生良好的职业道德、自我学习能力、实践动手能力和耐心细致分析处理问题的能力，以及诚实、守信、善于沟通和合作的专业素养。该任务的重点如下：

1. 掌握室外供热管网的管材及管件的选择方法；
2. 掌握室外供热管网的布置与敷设方法；
3. 掌握室外供热管道安装方法。

任务 7

室外供热管道附属设备的施工安装

教学导航

教学	知识重点	通过项目教学活动,培养学生掌握室外供热管道附属设备的施工安装方法
	知识难点	室外供热管道的换热器和喷射器的选择方法
	教学方式	讲授法、任务驱动法、自主学习法、练习法、读书指导法、案例教学法、直观演示法、参观教学法、现场教学法
	学时	10 学时
	学习目标	1. 掌握室外供热管道的换热器和喷射器的选择方法; 2. 掌握补偿器的选择方法; 3. 掌握室外供热管道法兰、阀门与支座的选择方法; 4. 掌握室外供热管道的其他附属设备的选择方法
	能力目标	培养学生良好的职业道德、自我学习能力、实践动手能力和耐心细致分析处理问题的能力,以及诚实、守信、善于沟通和合作的专业素养

知识分布网络

室外供热管道附属设备的施工安装
- 室外供热管道的换热器和喷射器
- 室外供热管道的补偿器
- 室外供热管道调节控制设备与支吊架
- 室外供热管道的其他附属设备

7.1 室外供热管道的换热器和喷射器

7.1.1 换热器

换热器是用来把温度较高流体的热能传递给温度较低流体的一种热交换设备，特别是被加热介质是水的换热器，在供热系统中得到了广泛地应用。换热器可集中设在热电厂或锅炉房内，也可以根据需要设在热力站或用户引入口处。

根据热媒种类的不同，换热器可分为汽—水换热器（以蒸汽为热媒）和水—水换热器（以高温热水为热媒）；根据换热方式的不同，换热器可分为表面式换热器（被加热水与热媒不接触，通过金属表面进行换热，如壳管式、容积式、板式和螺旋板式换热器等）和混合式换热器（冷热两种介质直接接触，进行热交换，如淋水式换热器、喷管式换热器等）。目前供热系统常用的表面式换热器有用蒸汽作为热媒的汽—水换热器，也有用高温水作为热媒的水—水换热器。

1. 壳管式换热器

1）壳管式汽—水换热器

（1）固定管板式汽—水换热器。固定管板式汽—水换热器构造示意图，如图 7-1（a）所示。蒸汽在管束外表面流过，被加热水在管束的小管内流过，通过管束的壁面进行热交换。管束通常采用铜管、黄铜管或锅炉碳素钢钢管，少数采用不锈钢管，钢管承压能力强，但易腐蚀。铜管、黄铜管导热性能好，耐腐蚀，但造价高，一般超过 140 ℃的高温热水换热器最好采用钢管。为了强化传热，通常在前室、后室中间加隔板，使水由单流程变成多流程，流程通常取偶数，这样进出水口在同一侧，便于管道布置。

固定管板式汽—水换热器结构简单，造价低，但蒸汽和被加热水之间温差较大时，由于壳、管膨胀率不同，热应力大，会引起管子弯曲或造成管束与管板、管板与管壳之间开裂，此外管间污垢较难清理。

固定管板式汽—水换热器只适用于温差小，压力低，结垢不严重的场合。为解决外壳和管束热膨胀不同的缺点，常需在壳体中部加波形膨胀节，以达到热补偿的目的，如图 7-1（b）所示，是带膨胀节的壳管式汽—水换热器构造示意图。

（2）U 形壳管式汽—水换热器。U 形壳管式汽—水换热器构造示意图，如图 7-1（c）所示。它是将换热器换热管弯成 U 形，两端固定在同一管板上，由于每个换热管均可以自由地伸缩，解决了热膨胀问题，且管束可以随时从壳体中整体抽出进行清洗。缺点是管内无法用机械方法清洗，管板上布置的管子数目少，使单位容量和单位重量的传热量少，多用于温差大、管束内流体较干净、不易结垢的场合。

（3）浮头式壳管汽—水换热器。浮头式壳管汽—水换热器构造示意图，如图 7-1（d）所示。为解决热应力问题，可将一端管板与壳体固定，而另一端的管板可以在壳体内自由浮动，不相连的一头称为浮头，即使两介质温差较大，管束和壳体之间也不产生温差应力。浮头式汽—水换热器除补偿效果好外，还可以将管束从壳体中整个拔出，便于检修和清洗，但其结构较复杂。

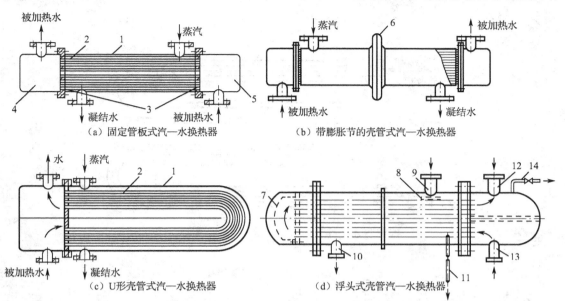

（a）固定管板式汽—水换热器　　　　（b）带膨胀节的壳管式汽—水换热器

（c）U形壳管式汽—水换热器　　　　（d）浮头式壳管汽—水换热器

1—外壳；2—管束；3—固定管栅板；4—前水室；5—后水室；6—膨胀节；7—浮头；8—挡板；9—蒸汽入口；
10—凝结水出口；11—汽侧排气管；12—被加热水出口；13—被加热水入口；14—水侧排气管

图7-1　壳管式汽—水换热器

2）壳管式水—水换热器

（1）分段式水—水换热器。分段式水—水换热器是将壳管式的整个管束分成若干段，将各段用法兰连接起来。每段采用固定管板，外壳上有波形膨胀节，以补偿管子的热膨胀。分段既能使流速提高，又能使冷、热水的流动方向接近于纯逆流的方式，传热效果较好。此外换热面积的大小还可以根据需要的分段数来调节。为了便于清除水垢，高温水多在管外流动，被加热水则在管内流动。分段式水—水换热器的构造示意图，如图7-2所示。

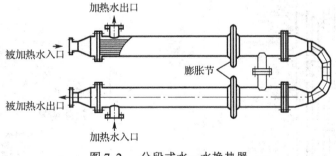

图7-2　分段式水—水换热器

（2）套管式水—水换热器。套管式水—水换热器是由若干个标准钢管做成的套管焊接而成，形成"管套管"的型式，是一种最简单的壳管式。与分段式水—水换热器一样，为提高传热效果，换热流体为逆向流动，其缺点是占地面积大。套管式水—水换热器构造示意图，如图7-3所示。

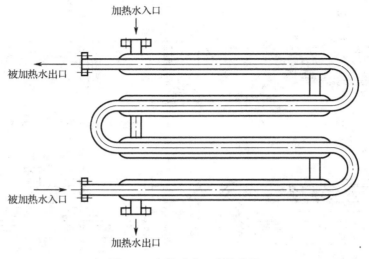

图 7-3　套管式水—水换热器

2. 板式换热器

板式换热器是一种传热系数高、结构紧凑、容易拆卸、热损失小、不需保温、重量轻、体积小，适用范围大的新型换热器。板式换热器缺点是板片间截面积较小，易堵塞，且周边很长、密封麻烦、容易渗漏、金属板片薄、刚性差。不适用于高温高压系统，主要应用于水—水换热系统。

板式换热器是由许多平行排列的传热板片叠加而成，板片之间用密封垫密封，冷、热水在板片之间的间隙里流动，两端用盖板加螺栓压紧，如图 7-4 所示。

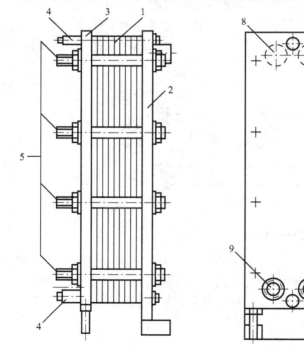

1—加热板片；2—固定盖板；3—活动盖板；
4—定位螺栓；5—压紧螺栓；6—被加热水进口；7—被加热水出口；8—加热水进口；
9—加热水出口

图 7-4　板式换热器

板式换热器换热板片的结构型式有很多种，板片的形状既要有利于增强传热，又要使板片的钢性好，目前我国生产的主要是人字形换热板片，它是一种典型的"网状板"板片，左侧上下两孔通过加热流体，右侧上下两孔通过被加热流体。安装时应注意水流方向要和人字纹路的方向一致，板片两侧的冷、热水应逆向流动，如图 7-5 所示。

板片之间密封用的垫片型式，如图 7-6 所示，密封垫片的作用不仅把流体密封在换热器内，而且使加热和被加热流体分隔开，不互相混合。通过改变垫片的左右位置，可以使加热与被加热流体在换热器中交替通过人字形板面。信号孔可检查内部是否密封，如果密封不好而有渗漏时，信号孔就会有流体流出。

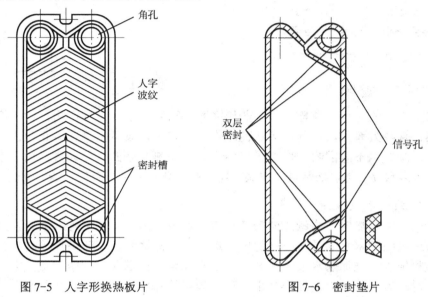

图 7-5　人字形换热板片　　　　　图 7-6　密封垫片

3. 容积式换热器

容积式换热器分为容积式汽－水换热器（如图 7-7 所示）和容积式水－水换热器。容积式换热器兼起储水箱的作用，外壳大小应根据储水的容量确定，换热器中 U 形弯管管束并联在一起，蒸汽或加热水自管内流过。

容积式换热器易于清除水垢，主要用于热水供应系统，但其传热系统数比壳管式换热器低。

4. 混合式换热器的型式及构造特点

混合式换热器是冷热两种流体直接接触进行混合而实现热交换的换热器，属于一种直接式热交换器，如淋水式、喷管式换热器等。

1）淋水式换热器

淋水式换热器是由壳体和带有筛孔的淋水板组成的圆柱形罐体，淋水式换热器的示意图，如图 7-8 所示。蒸汽从换热器上部进入，被加热水也从上部进入，为了增加水和蒸汽的接触面积，在加热器内装了若干级淋水盘，水通过淋水盘上的细孔分散地落下和蒸汽进行热交换，加热器的下部用于蓄水并起膨胀容积的作用。

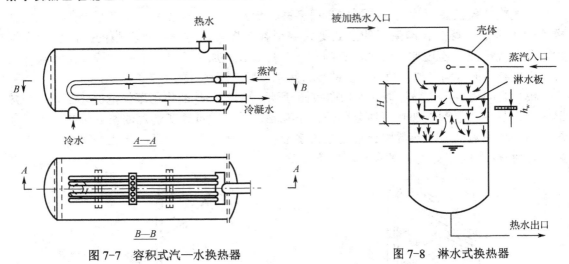

图 7-7　容积式汽—水换热器　　　　图 7-8　淋水式换热器

淋水式换热器的特点是容量大，可兼作膨胀水箱起储水、定压作用。由于汽水之间直接接触换热，换热效率高，在同样热负荷时换热面积小，设备紧凑。也正是由于采用直接接触式换热，凝结水不能回收，增加了集中供热系统热源处的水处理量。由于不断凝结的凝水，使加热器水位升高，通常设水位调节器控制循环水泵将多余的水送回锅炉。

2）喷管式汽—水换热器

喷管式汽—水换热器的构造，如图 7-9 所示。被加热水从左侧进入喷管，蒸汽从喷管外侧进入，通过喷管壁上的倾斜小孔射出，形成许多蒸汽细流，在高速流动中，蒸汽凝结放热，变成凝结水，被加热水吸收热量，与凝水混合。在混合过程中，蒸汽多余的势能和动能用来引射水做功，从而消耗了产生振动和噪声的那部分能量。蒸汽与水正常混合时，要求蒸汽压力至少应比换热器入口水压高 0.1 MPa 以上。

喷管式汽—水换热器体积小、制造简单、安装方便、加热效率高、调节灵敏、加热温差大、运行平稳。但换热量不大，一般只用于热水供应和小型热水供暖系统上。用于供暖系统时，多设于循环水泵的出水口侧。

5. 换热器的计算

换热器的计算是在换热量和结构已经确定，换热器出入口的加热介质和被加热介质温度已知的条件下，确定换热器必需的换热面积，或校核已选用的换热器是否满足需要。

换热器的换热面积：

$$F=\frac{Q}{K\Delta t_{pj}B} \qquad (7-1)$$

式中，F 为换热器的换热面积（m^2）；Q 为被加热水所需的热量（W）；K 为换热器的传热系数 $[W/(m^2 \cdot ℃)]$；B 为考虑水垢影响而取的系数，汽—水换热器时，$B=0.85\sim0.9$；水—水换热器时，$B=0.7\sim0.8$；Δt_{pj} 为加热与被加热流体间的对数平均温差（℃）。

式中各项系数确定如下：

对数平均温差 Δt_{pj}：

$$\Delta t_{pj} = \frac{\Delta t_a - \Delta t_b}{\ln \dfrac{\Delta t_a}{\Delta t_b}} \tag{7-2}$$

式中，Δt_a、Δt_b 为换热器进、出口处热媒的最大、最小温差（℃），见图7-10。

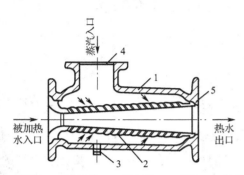

1—外壳；2—多孔喷管；3—泄水阀；4—网盖；5—填料

图7-9 喷管式汽—水换热器

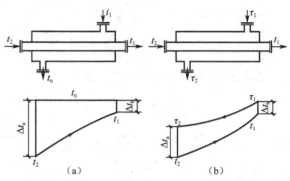

（a）汽—水换热器内的温度变化；（b）水—水换热器内的温度变化

图7-10 换热器内热媒的温度变化图

当 $\dfrac{\Delta t_a}{\Delta t_b} \le 2$ 时，对数平均温差 Δt_{pj} 可近似按算术平均温差计算，这时的误差<4%，即：

$$\Delta t_{pj} = \frac{(\Delta t_a + \Delta t_b)}{2} \tag{7-3}$$

传热系数 K：

$$K = \frac{1}{\dfrac{1}{\alpha_1} + \dfrac{\delta}{\lambda} + \dfrac{1}{\alpha_2}} \tag{7-4}$$

式中，K 为换热器的传热系数 [W/（m²·℃）]；α_1 为热媒和管壁间的换热系数 [W/（m²·℃）]；α_2 为管壁和被加热水之间换热系数 [W/（m²·℃）]；δ 为管壁厚度（m）；λ 为管壁的导热系数 [W/（m·℃）]。

一般钢管 $\lambda=45\sim58$ W/（m·℃）；黄铜管 $\lambda=81\sim116$ W/（m·℃）；紫铜管 $\lambda=348\sim465$ W/（m·℃）。

计算传热系数 K 时，又需要计算换热系数 α_1 和 α_2，可用下列简化公式计算。

水在管内或管间沿管壁作紊流运动（$R_e \le 10^4$）时的换热系数为：

$$\alpha = 1.163 \times (1\ 400 + 18t_{pj} - 0.035t^2_{pj}) \frac{v^{0.8}}{d^{0.2}} \tag{7-5}$$

水横穿过管束作紊流流动时的换热系数为：

$$\alpha = 1.163 \times (1\ 000 + 15t_{pj} - 0.04t^2_{pj}) \frac{v^{0.64}}{d^{0.36}} \tag{7-6}$$

式中，t_{pj} 为水的平均温度（℃），即进出口水温的算术平均值，$t_{pj} = \dfrac{(t_j + t_c)}{2}$；$v$ 为水的流速（m/s），通常管内水流速在 $1\sim3$ m/s，管外水流速在 $0.5\sim1.5$ m/s；d 为计算管径（m），当水在管内流动时，采用管内径，即 $d=d_n$；当水在管间流动时，采用管束间的当量直径，即：

$$d=d_n=\frac{4f}{s} \tag{7-7}$$

式中，f 为水在管间流动的流通截面积（m^2）；s 为在流动断面上和水接触的那部分长度（m），即湿周，湿周包括水和换热管束的接触周缘和壳体与水的接触周缘。

水蒸汽在竖壁（管）上呈膜状凝结，且流速 $v \leqslant 1\sim2$ m/s 时的换热系数为：

$$\alpha=1.163\times\frac{(5\,689+76.3t_m-0.211\,8t_m^2)}{[H(t_b-t_{bm})]^{0.25}} \tag{7-8}$$

水蒸汽在水平管束上呈膜状凝结时的换热系数为：

$$\alpha=1.163\times\frac{(4\,320+47.5t_m-0.14t_m^2)}{[md_w(t_b-t_m)]^{0.25}} \tag{7-9}$$

式中，H 为竖壁（管）上层流液膜高度，一般即竖管的高度（m）；d_w 为管子外径（m）；m 为沿垂直方向管子的平均根数，$m=\dfrac{n}{n'}$，其中 n 为管束的总根数；n'为最宽的横排中管子的根数；t_b 为蒸汽的饱和温度（℃）；t_{bm} 为管壁壁面的温度（℃）；t_m 为凝结水薄膜温度，即饱和蒸汽温度 t_b 与管壁壁面温度 t_{bm} 的平均温度（℃）。

式（7-8）和（7-9）中管束的壁面温度也是未知的，计算时可采用试算法求解，先假定一个 t_{bm}，求出 α 值后，再根据热平衡关系式求出管束壁面的试算温度 t'_{bm}，满足设计精度要求，则试算成功，否则应重新假设 t_{bm}，再确定 t'_{bm} 值，直到满足要求为止。热平衡关系式为：

当蒸汽在管内流动时　　　　　　　$t'_{bm}=t_b-\dfrac{K\Delta t_p}{\alpha_n}$ (7-10)

当蒸汽在管外流动时　　　　　　　$t'_{bm}=t_b-\dfrac{K\Delta t_p}{\alpha_w}$ (7-11)

式中，Δt_p 为换热器内换热流体之间的对数平均温差（℃）；α_n 为流体在管内的换热系数 $[W/(m^2\cdot℃)]$；α_w 为流体在管外的换热系数 $[W/(m^2\cdot℃)]$；K 为换热器的传热系数 $[W/(m^2\cdot℃)]$。

考虑到换热器换热面上机械杂质、污泥、水垢的影响，以及流体在换热器内分布不均匀等因素，设计换热器的换热面积应比计算值大。对于钢管换热器，换热面积一般增加25%～30%；对于铜管换热器，换热面积一般增加15%～20%。

表 7-1 给出了常用换热器传热系数 K 值的范围，表中数值也可作为估算时的参考值。

表 7-1　常用换热器的传热系数 K 值

设备名称	传热系数 K $[W/(m^2\cdot℃)]$	备注
壳管式水—水换热器	2 000～4 000	$v_n=1\sim3$ m/s
分段式水—水换热器	1 150～2 300	$v_w=0.5\sim1.5$ m/s；$v_n=1\sim3$ m/s
容积式汽—水换热器	700～930	
容积式水—水换热器	350～465	$v_n=1\sim3$ m/s
板式水—水换热器	2 300～4 000	$v=0.2\sim0.8$ m/s
螺旋板式水—水换热器	1 200～2 500	$v=0.4\sim1.2$ m/s
淋水式换热器	5 800～9 300	

注：v_n—管内水流速（m/s）；v_w—管间内流速（m/s）。

汽一水换热器蒸汽的耗量：

$$G_q = \frac{Q}{277.7 \times (h_o - 4.187 t_n)} \tag{7-12}$$

式中，G_q 为蒸汽耗量（t/h）；Q 为被加热水的热量（W）；h_o 为蒸汽进入换热器时的比焓（kJ/kg）；t_n 为流出换热器的凝结水温度（℃）；水一水换热器中热媒的耗量：

$$G_s = \frac{Q}{1.163 \times (\tau_1 - \tau_2)} \tag{7-13}$$

式中，G_s 为加热水的流量（kg/h）；τ_1、τ_2 为加热水的进、出水温（℃）。

流体在管内流动时换热器的压力损失：

$$\Delta p_n = \left(\lambda \frac{L}{d_n} + \Sigma \zeta \right) \frac{\rho \upsilon^2}{2} \tag{7-14}$$

流体在管间流动时换热器的压力损失：

$$\Delta p_j = \left(\lambda \frac{L}{Z d_{di}} + \Sigma \zeta \right) \frac{\rho \upsilon_1^2}{2} \tag{7-15}$$

式中，Δp_n 为管内流体的压力损失（Pa）；Δp_j 为管间流体的压力损失（Pa）；L 为管束的总长度（m）；Z 为行程数；d_n 为管子内径（m）；d_{di} 为管段断面的当量直径（m）；υ 为管内流体的流速（m/s）；υ_1 为管间流体的流速（m/s）；ρ 为热水的密度（kg/m³）；λ 为沿程阻力系数，钢管 $\lambda=0.029 \sim 0.035$；黄铜管 $\lambda=0.023$；$\Sigma \xi$ 为流体通过换热器时的局部阻力系数之和，见表 7-2。

表 7-2　局部阻力系数 $\Sigma \xi$（相应管内流体）

局部阻力形式	ξ
水室的进口和出口	1.0
由一管束经过水室转 180° 进入另一管束	2.5
由一管束经过弯头转 180° 进入另一管束	2.0
水进入管间（其方向与管子垂直）	1.5
由管子之间转 90° 排出	1.0
U 形管的 180° 弯头	0.5
管间流体从一分段过渡到另一分段	2.5
绕过管子挡板	0.5
管子与管子之间转 180° 弯头	1.5

定型标准换热器的压力损失一般由实验测定，可按下列数值估算：

汽一水换热器：20～120 kPa；

水一水换热器：10～30 kPa。

当管间为蒸汽时，蒸汽通过换热器的压降是不大的，一般为 5～10 kPa。

7.1.2　喷射器

喷射器可以使不同压力下的两种流体相互混合，在混合过程中进行能量交换，形成一

种中间压力的混合流体。喷射器结构简单，工作可靠，在供热系统中得到广泛的应用。根据工作流体和被引射流体的性质，在供热系统中有三种不同型式的喷射器。

两种流体均为水的水—水喷射器，俗称水喷射泵或混水器，它常设在用户入口处，将热网的高温水和室内供暖系统的部分回水混合，以满足供水温度的要求。

工作流体为蒸汽，被引射的流体为水的汽—水喷射器，俗称蒸汽喷射泵，它可代替表面式水加热器和循环水泵，适用于中小型热水供热系统。

两相流体均为蒸汽的汽—汽喷射器，俗称蒸汽引射器，常用于工业废气的回收利用，即用新蒸汽来提高废气的压力和温度，在供热系统中也用于凝水回收中的二次蒸汽利用。

下面介绍供热系统中常用的蒸汽喷射器和水—水喷射器，它们的构造、工作原理和设计计算方法基本相同，只是工作介质不同。

1. 蒸汽喷射器

1）蒸汽喷射器的工作原理

蒸汽喷射器的构造，如图7-11所示，由喷管、引水室、混合室和扩压管组成。混合室有圆筒形和圆锥形两种，由于圆筒形混合室参数变动范围大，适应性强，运行稳定，噪声和振动小于圆锥形混合室，且其制造简单，所以大多数蒸汽喷射器采用圆筒形混合室。

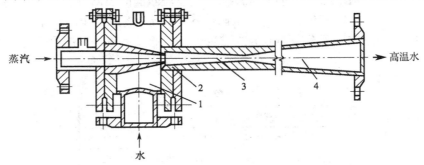

1—喷管；2—引水室；3—混合室；4—扩压管

图7-11　蒸汽喷射器工作原理图

图7-12为蒸汽喷射器在热水供暖系统中的工作简图，高压的工作蒸汽在喷管内作绝热膨胀后，以很高的速度从喷管出口喷射出来，它卷吸引水室的水，使其以一定速度进入混合室，同时蒸汽被水凝结，水温升高。在混合室入口处，水的速度很不均匀，经混合室后水的流速均衡，压力升高，然后再进入扩压管，使压力进一步升高后，再从喷射器流出。

图中 I—I 线为系统不工作时的系统测压管水头线，1'-2'-3'-4'-5'-6'-7'-1'为喷射器工作时的测压管水头线，p_h 表示热水供暖系统的总水头损失，h'' 表示定压点 O 至喷射器引水室入口间的管路水头损失，当定压点 O 控制在喷射器入口附近时，可以认为 $h'' \approx 0$。

从喷射器的工作压力变化可知，混合室入口或喷嘴出口是压力最低和水温最高的地方，为了保证喷射器正常工作，必须使混合室入口处不发生汽化现象，即应满足下列条件：

$$p_P = (p_H - \beta p_h) > p_B \tag{7-16}$$

式中，p_P 为喷嘴出口处的压力，相当于混合室入口处的回水压力 p_2（kPa）；p_H 为喷射器入口处的回水压力（kPa）；β 为喷射器工作时，混合室入口处的压力降低值与供暖系统压力损失的比值，称为负压系数；p_h 为供暖系统的压力损失（kPa）；p_B 为与供水温度相对应的饱

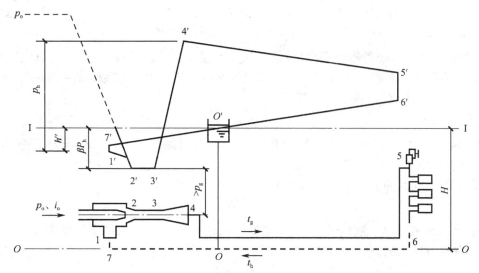

图 7-12　蒸汽喷射器在热水供暖系统中的工作简图

和压力（kPa）。

　　为了满足上述条件，当喷射器入口处的回水压力 p_H 及系统的压力损失 p_h 一定时，必须控制 β 值不超过一定数值，一般建议：当 $p_h<20\ \text{kPa}$ 时，$\beta=2$；$p_h=20\sim50\ \text{kPa}$ 时，$\beta=1$；$p_h>50\ \text{kPa}$ 时，$0<\beta<1$。

　　2）蒸汽喷射器的设计方法与步骤

　　计算喷射器的混合比：

$$\mu=\frac{G_2}{G_o} \tag{7-17}$$

式中，G_o 为喷射器内喷入的蒸汽量（t/h）；G_2 为喷射器的引水量（t/h）。

　　根据能量守恒定律，水得到的热量等于蒸汽失去的热量，即：

$$G_2 c(t'_g-t'_h)=G_o(h_o-c\,t'_g)$$

则

$$\mu=\frac{G_2}{G_o}=\frac{h_o-c\,t'_g}{c(t'_g-t'_h)} \tag{7-18}$$

式中，t'_g、t'_h 为蒸汽喷射器出口和吸入口处的水温，即供暖系统设计的供、回水温度（℃）；h_o 为蒸汽进入喷射器前的比焓（kJ/kg）；c 为水的质量比热 [kJ/（kg·℃）]。

　　根据动量守恒定律，并考虑到两股流体在混合室内的碰撞和流动能量损失，混合室进、出口两个截面的动量方程式可用下式表示：

$$G_o v_p \eta_h+G_2 v_2=(G_2+G_o)v_3$$

则

$$\mu=\frac{G_2}{G_o}=\frac{v_p \eta_h-v_3}{v_3-v_2} \tag{7-19}$$

式中，v_p 为喷嘴出口的蒸汽流速（m/s）；v_2 为混合室进口处水的流速（m/s）；v_3 为混合室出口处水的流速（m/s）；η_h 为混合室效率，取 $\eta_h=0.975$。

　　由于蒸汽喷射器在系统中既要加热循环水，又要克服整个系统的压力损失，因此喷射

器的混合比 μ 必须既符合式（7-18），又要符合式（7-19）的要求。从式（7-18）可以看出，当喷射器进口压力 p_o 和供、回水温度 t_g'、t_h' 给定后，喷射器的混合比 μ 就已经确定，但是从式（7-19）中又可以看出喷射器的混合比 μ 还取决于喷嘴出口汽流速度 v_p 和混合室进出口水流速度 v_2、v_3 值，它与蒸汽和水在混合室内实现的动能与热能相互转换过程密切相关。

喷嘴出口蒸汽流速 v_p 按下式计算：

$$v_p=44.7\sqrt{(h_o-h_p)\eta_1} \tag{7-20}$$

式中，h_o 为压力为 p_o 时蒸汽的比焓（kJ/kg）；h_p 为压力由 p_o 膨胀到 p_p 压力下蒸汽的比焓（kJ/kg）；η_1 为喷嘴的效率，取 $\eta_1=0.95$。

混合室进口处水的流速 v_2 按下式计算：

$$v_2=\sqrt{2g\beta H\eta_2} \tag{7-21}$$

式中，η_2 为引水室效率，取 $\eta_2=0.9$；H 为供暖系统压力损失 p_h 折合的水柱高度（m）。

混合室出口处水的流速 v_3 按下式计算：

$$v_3=\sqrt{\frac{2gH(1+\beta)}{\eta_3}} \tag{7-22}$$

式中，η_3 为扩压管效率，取 $\eta_3=0.8$。

将 v_p、v_2、v_3 的计算公式代入式（7-19）中，得：

$$\mu=\frac{v_p\eta_h-v_3}{v_3-v_2}=\frac{8.58\sqrt{\frac{(h_o-h_p)}{H}}-\sqrt{1+\beta}}{\sqrt{1+\beta}-0.85\sqrt{\beta}} \tag{7-23}$$

装设蒸汽喷射器的热水供暖系统的设计供、回水温差不宜过大，一般应选 $\Delta t=t_g'-t_h'=10\sim20$ ℃，此时相应的汽水混合比在 28～60 的范围内。实践证明，在某一进汽压力下，蒸汽喷射器可在最大和最小混合比之间正常工作，如果超过此范围，蒸汽喷射器就会运行不正常，产生噪音或强烈振动。

在工程设计中，通常供暖系统的压力损失 p_h 和设计供、回水温度 t_g' 和 t_h' 为给定值。如果设计时选用某一负压系数 β 值，则在喷射器入口处回水压力已定情况下，就可确定喷嘴出口的蒸汽压力 p_p 值和相应的 h_p 值。再根据式（7-23），就可确定进入蒸汽喷射器的蒸汽比焓 h_o 和相应的 p_o 值。

蒸汽喷射器的引水量 G_2 按下式计算：

$$G_2=\frac{3.6Q}{c(t_g'-t_h')\left(1+\frac{1}{\mu}\right)} \tag{7-24}$$

式中，Q 为供暖系统的总热负荷（包括网路的热损失）（kW）。

由于 G_o 远小于 G_2，$\frac{1}{\mu}\approx0$，为了计算方便，上式近似计算可改写为：

$$G_2=\frac{3.6Q}{c(t_g'-t_h')} \tag{7-25}$$

蒸汽喷射器喷入的蒸汽量 G_o 按下式计算：

$$G_o = \frac{G_2}{\mu} \tag{7-26}$$

根据供暖系统的总热负荷 Q，可近似按下式确定喷入的蒸汽量：

$$G_o = \frac{3.6Q}{h_o - ct'_g} \tag{7-27}$$

3）蒸汽喷射器的主要几何尺寸的确定

喷嘴出口内径为：

$$d_p = 90\sqrt{\frac{G_o \upsilon_p}{\sqrt{h_o - h_p}}} \tag{7-28}$$

喷嘴临界断面至喷管出口断面之间的长度 L_z 由临界直径 d_1 到出口直径 d_p 之间的扩散角决定，可按下式计算：

$$L_z = \frac{d_p - d_1}{2tg\frac{\theta}{2}} \tag{7-29}$$

式中，θ 为最佳扩散角，$\theta = 6° \sim 10°$。

混合室入口直径按下式计算：

$$d_2 = \sqrt{(d_p + 2s)^2 + \frac{84G^2}{\sqrt{\beta h}}} \tag{7-30}$$

式中，s 为喷嘴出口处的壁厚，一般采用 $0.5 \sim 1.0$ mm。

混合室出口直径为：

$$d_3 = 15\sqrt{\frac{G_o(1+\mu)}{\sqrt{(1+\beta)P_h}}} \tag{7-31}$$

混合室长度 L_h，通常取（$6 \sim 10$）d_3。

扩压管尺寸的确定：扩压管出口直径 d_4，一般取 $d_4 = (2 \sim 3)d_3$。

扩压管长度为：

$$L_k = \frac{d_4 - d_3}{2\tan\frac{\theta}{2}} \tag{7-32}$$

式中，θ 为扩散角，一般取 $\theta = 6° \sim 10°$。

2. 水喷射器

水喷射器也称混水器，构造、工作原理与蒸汽喷射器基本相同。水喷射器也是由喷嘴、引水室、混合室和扩压管组成，如图 7-13 所示。水喷射器的工作流体和被抽引的流体均为水，从管网供水管进入水喷射器的高温水在其压力作用下，由喷嘴高速喷出进入引水室，动能增加，压力下降，使喷嘴出口处的压力低于用户系统的回水压力，将用户系统的一部分回水吸入并一起进入混合室。在混合室内进行热能与动能交换，使混合后的两种流体的温度、速度趋于一致，再进入扩压管。在渐扩型的扩压管内，热水流速逐渐降低而压力逐渐升高，当压力升至足以克服用户系统阻力时被送入用户。

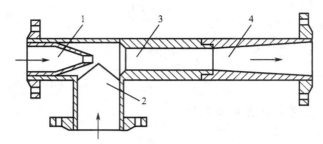

1—喷嘴；2—引水室；3—混合室；4—扩压管

图 7-13　水喷射器

按水力学原理，水喷射器各断面流速分别为：

$$v_p = G_o \frac{V_p}{F_p} \tag{7-33}$$

$$v_2 = \mu G_o \frac{V_h}{F_2} \tag{7-34}$$

$$v_3 = (1+\mu) G_o \frac{V_g}{F_3} \tag{7-35}$$

式中，v_p 为混合室入口处加热水的流速（m/s）；v_2 为混合室入口处被抽引水的流速（m/s）；v_3 为混合室出口处混合水的流速（m/s）；G_o 为外网进入用户的加热水流量（kg/s）；μ 为水喷射器的混合比；V_p 为加热水的比体积（m³/kg）；V_h 为被抽引水的比体积（m³/kg）；V_g 为混合水的比体积（m³/kg）；F_p 为喷管出口截面积（m²）；F_2 为被抽引水在混合室入口截面上所占的面积（m²）；F_3 为圆筒形混合室的截面积（m²）。

水喷射器的动量方程为：

$$\phi_2(v_p + \mu v_2) - (1+\mu)v_3 = (p_3 - p_2)\frac{F_3}{G_o} \tag{7-36}$$

式中，ϕ_2 为混合室的流速系数，取 $\phi_2 = 0.975$；p_2 为被抽引水在混合室入口处的压力（Pa）；p_3 为混合水在混合室出口的压力（Pa）。

假定加热水在混合室入口截面上所占的面积与喷管出口面积 F_p 相等，此假设对水喷射器 $\frac{F_3}{F_p} \geqslant 4$ 情况足够准确，则有 $F_2 = F_3 - F_p$。

因此通过喷管的加热水流量为：

$$G_o = \phi_1 F_p \sqrt{\frac{2(p_0 - p_h)}{v_p}} \tag{7-37}$$

式中，ϕ_1 为喷管的流速系数，取 $\phi_1 = 0.95$；p_o 为加热水进喷管时的压力（Pa）；p_h 为被抽引水在引水室中的压力（Pa）。

引水室中被抽引水的流速和混合水流出扩压管的流速比很小，可以忽略。

由能量守恒定律得：

$$p_2 = p_h - \frac{\left(\dfrac{\upsilon_2}{\phi_2}\right)^2}{2V_h} \tag{7-38}$$

$$p_3 = p_g - \frac{(\phi_3 \upsilon_3)^2}{2V_g} \tag{7-39}$$

式中，p_g 为扩压管出口混合水的压力（Pa）；ϕ_2 为混合室入口的流速系数，取 $\phi_2 = 0.925$；ϕ_3 为扩压管的流速系数，取 $\phi_3 = 0.9$。

如果取 $V_p = V_h = V_g$，则水喷射器的扬程为：

$$\Delta p_g = p_g - p_h = \left[\frac{1.76}{\dfrac{F_3}{F_p}} + 1.76 \frac{\mu^2}{\dfrac{F_3}{F_p}\left(\dfrac{F_3}{F_p} - 1\right)} - 1.05 \frac{\mu^2}{\left(\dfrac{F_3}{F_p} - 1\right)^2} - 1.07 \frac{(1 + \mu)^2}{\left(\dfrac{F_3}{F_p}\right)^2}\right] \Delta p_p \tag{7-40}$$

式中，$\Delta p_g = p_g - p_h$ 为工作水在喷管中的压降（Pa）。

由式（7-40）可知，水喷射器的扬程取决于喷射器的混合比 μ 和截面比 $\dfrac{F_3}{F_p}$，而与水喷射器的绝对尺寸无关，即具有相同截面比 $\dfrac{F_3}{F_p}$ 的水喷射器都具有相同的特征。

在热水供暖系统中，水喷射器的设计主要是选择最佳的截面比。水喷射器的最佳截面比应使水喷射器的效率最佳，也就是在已知热网供、回水资用压差和混合比 μ 时，能提供水喷射器最大扬程以克服供暖用户系统的压力损失，或者在供暖系统压力损失一定和混合比 μ 一定时，水喷射器能提供供热管网供、回水管所需的最小资用压差。

不同混合比 μ 条件下的最佳截面比和最佳压降比，见表 7-3。

表 7-3　不同混合比条件下的最佳截面比和最佳压降比

μ	0.3	1.0	1.2	1.4	1.6	1.8	2.0	2.2
$\left(\dfrac{\Delta p_g}{\Delta p_p}\right)_{opt}$	0.242	0.205	0.176	0.154	0.136	0.121	0.109	0.098
$F_b = \left(\dfrac{F_3}{F_p}\right)_{opt}$	3.8	4.5	5.2	5.9	6.7	7.5	8.3	9.2

在工程设计中，只要已知水喷射器的混合比 μ 值，就可从表 7-3 中查出相应的最优值，相应喷管出口截面积可由下式确定：

$$F_p = \frac{G_o}{\phi_1} \sqrt{\frac{V_p}{2\Delta P_p}} \tag{7-41}$$

喷管出口截面与圆筒形混合室入口截面之间的最佳距离，一般采用 $L_p = (1.0 \sim 1.5)d_3$，d_3 为圆筒形混合室的直径。

圆筒形混合室的长度 L_h，一般取 $L_h = (6 \sim 10)d_3$，扩散管的扩散角一般取 $\theta = 6° \sim 8°$。

7.2 室外供热管道的补偿器

补偿器又称为伸缩器、伸缩节或膨胀节，设置在管道上吸收管道热胀、冷缩和其他位移的元件。主要用于补偿管道受温度变化而产生的变形。如果温度变化时管道不能完全自由地膨胀或收缩，管道中将产生温度应力。在管道设计中必须考虑这种应力，否则它可能导致管道的破裂，影响生产的正常运行。

7.2.1 热力管道线膨胀及应力计算

1. 热力管道线膨胀计算

管道安装完毕投入运行时，常因管内介质的温度与安装时环境温度的差异而产生伸缩。

另外，由于管道本身工作温度的高低，也会引起管道的伸缩。实验证明，温度变化而引起管道长度成比例的变化。管道温度升高，由于膨胀，长度增加；温度下降，则由于收缩，长度缩短。温度变化 1 ℃相应的长度成比例变化量称为管材的线膨胀系数。不同材质的材料线膨胀系数也不同。

为了防止供热管道升温时，由于热伸长或温度应力的作用而引起管道变形或破坏，需要在管道上设置补偿器，以补偿管道的热伸长，从而减小管壁的应力或作用在阀件、支架结构上的作用力。管道受热的自由伸长量可按下式计算：

$$\Delta L = \alpha(t_1 - t_2)L \tag{7-42}$$

式中，ΔL 为管道的热伸长量（m）；α为管材的线膨胀系数，即温度每升高 1 ℃，每米管子的膨胀量 [mm/（m·℃）]，见表 7-4；t_1 为管壁最高温度，可取热媒的最高温度（℃）；t_2 为管道安装时的温度，在温度不能确定时，可取最冷月平均温度（℃）；L 为计算管段的长度（m）。

表 7-4 管材的线膨胀系数

管道材质	线膨胀系数 α 值		管道材质	线膨胀系数 α 值	
	m/（m·℃）	mm/（m·℃）		m/（m·℃）	mm/（m·℃）
碳素钢	12×10^{-6}	0.012	紫铜	16.4×10^{-6}	0.016 4
铸铁	11.4×10^{-6}	0.011 4	黄铜	18.4×10^{-6}	0.018 4
中铬钢	11.4×10^{-6}	0.011 4	铝	24×10^{-6}	0.024
不锈钢	10.3×10^{-6}	0.010 3	聚氯乙烯	80×10^{-6}	0.08
镍钢	13.1×10^{-6}	0.013 1	氯乙烯	10×10^{-6}	0.01
奥氏体钢	17×10^{-6}	0.017	玻璃	5×10^{-6}	0.005

如果管道中通过介质的温度低于环境温度，则计算出来的是缩短量。

实例 7-1 某一段室外碳素钢热水供热管道，管长 100 m，输送热水温度为 95 ℃，管道安装时的温度为-5 ℃，试计算此段管道的热伸长量。

解 根据钢管的热膨胀伸长量计算式（7-42），可得：

$$\begin{aligned}\Delta L &= 12 \times 10^{-6}(t_2 - t_1)L \\ &= 12 \times 10^{-6} \times (95 + 5) \times 100 \\ &= 0.12 \ (\text{m})\end{aligned}$$

表 7-5 为根据式（7-42）制成水和蒸汽管道的热伸长量 ΔL 值。

表 7-5　水和蒸汽管道的热伸长量 ΔL 值（mm）

管段长 L/m	热水温度/℃																	
	60	70	80	90	95	100	110	120	130	140	143	151	158	164	170	175	179	183
	蒸汽表压/MPa																	
							0.049	0.098	0.176	0.265	0.294	0.392	0.49	0.588	0.686	0784	0.882	0.98
5	4	4	5	6	6	6	7	8	8	9	9	10	10	10	11	11	11	12
10	8	9	10	11	12	13	14	15	16	18	18	19	20	21	21	22	22	23
15	11	13	15	17	18	19	21	23	24	26	27	28	30	31	32	33	33	34
20	15	18	20	23	24	25	28	30	33	35	36	38	40	41	43	44	45	46
25	19	22	25	28	30	31	34	38	41	44	45	47	50	51	53	55	56	57
30	23	26	30	34	36	38	41	45	49	53	54	57	60	62	64	66	67	69
35	26	31	35	40	42	44	48	53	57	61	63	66	70	72	74	77	79	80
40	30	35	40	45	48	50	55	60	65	70	72	76	80	82	85	88	90	92
45	34	40	45	51	54	56	62	68	73	79	81	85	90	93	96	99	101	103
50	38	44	50	57	60	63	69	75	81	88	89	95	99	103	106	110	112	114
55	41	48	55	62	66	69	76	83	89	96	99	104	109	113	117	120	123	126
60	45	53	60	68	71	75	83	90	98	105	107	114	119	123	128	131	134	137
65	49	57	65	74	77	81	89	98	106	114	116	123	129	133	138	142	145	148
70	53	62	70	79	83	88	96	105	113	123	125	132	139	144	149	154	157	160
75	56	66	75	85	89	94	103	113	122	131	134	142	148	154	159	164	168	172
80	60	70	80	90	95	100	110	120	130	140	143	152	158	164	170	175	180	183
85	64	75	85	96	101	106	117	128	138	149	152	161	168	174	180	186	190	194
90	68	79	90	102	107	113	124	135	146	157	161	171	178	185	191	197	200	205
95	71	83	95	107	113	119	130	143	154	166	170	180	188	195	202	208	212	217
100	75	88	100	113	119	125	137	150	163	175	179	190	198	205	212	219	224	229
105	79	92	109	119	125	131	144	158	170	184	188	199	208	215	223	230	235	240
110	83	96	110	124	131	138	151	165	180	194	197	208	218	226	234	240	246	252

2. 管道受热时所产生的应力计算

供热管道输送的介质温度很高，运行时势必引起管道的热膨胀，当变形受约束时，使管壁内产生巨大的应力，如果此应力超过了管材的强度极限，就会使管道造成破坏。所以必须了解管道受热时所产生应力的大小。如果管道两端不固定，允许它自由伸缩，那么热伸缩量对管子的强度没有什么影响。若在管子的两端加以限制，阻止管子伸缩，这时在管道内部将产生很大的热应力，热应力按下式计算：

$$\sigma = E\varepsilon$$
$$\varepsilon = \frac{\Delta L}{L}$$

（7-43）

式中，σ 为管材受热时所产生的热应力（MPa）；E 为管材的弹性模量（MPa），碳素钢的弹性模量 $E=20.104\times10^{4}$ MPa；ε 为管段的相对变形量；ΔL 为管段的热膨胀量（m）；L 为某安装环境下的管段原长度（m）。

由式（7-43）可见，管道受热时所产生的热应力，仅与管材的弹性模量、线膨胀系数、管段的长度及管道受热时温度的变化幅度有关，而与管径大小及管壁厚薄无关。

将式（7-42）代入 $\varepsilon = \dfrac{\Delta L}{L}$ 中，则：

$$\varepsilon = \alpha\Delta t$$

那么热应力的计算式应为：

$$\sigma = E\alpha\Delta t \tag{7-44}$$

由此可知，当管道材质确定以后，温度差 Δt 是决定热应力的最主要的因素。对于碳素钢管，线膨胀系数取 12×10^{-6} m/（m·℃），弹性模量取 20.104×10^{4} MPa。那么钢管的热应力计算式可简化为：

$$\sigma = 2.412\,5\Delta t \tag{7-45}$$

利用式（7-45）可以很容易地计算出钢管受热时所产生的热应力，该热应力应小于钢材的许用应力，表 7-6 为常用钢材的许用应力表。

表 7-6　常用钢材的许用应力表

钢号	使用温度（℃）	下列温度下的许用应力[σ]														
		0~50	100	150	200	250	300	350	375	400	425	450	475	500	510	520
10	-40~450	110.7	103.9	100.0	95.1	91.1	86.2	82.3	80.4	73.5	64.7	54.9				
20	-40~450	130.3	130.3	124.5	119.6	113.7	107.8	102.9	97.0	89.2	74.5	61.7				
12CrMo	-40~510	137.2	133.3	129.4	125.4	121.5	117.6	113.7	111.7	109.8	106.8	100.0	90.2	75.5	67.6	
15CrMo	-40~530	147.0	142.1	137.2	132.3	127.4	122.5	117.6	115.6	112.7	107.8	100.9	93.1	82.3	75.5	68.6
Cr5Mo	-40~550	122.5	122.5	117.6	111.7	106.8	100.9	96.0	93.1	91.1	88.2	86.2	80.4	73.5	68.6	63.7
16Mn	-40~450	169.5	169.5	169.5	158.8	147.0	134.3	122.5	115.6	110.7	93.1	61.7				
1Cr18Ni9Ti	-196~600	130.3	127.4	116.6	109.8	105.8	103.9	101.9	101.9	100.9	100.0	99.0	97.0	96.0	95.1	94.1
Q235 钢板	-15~300	124.5	119.6	114.7	109.8	104.9	99.0									
ZD$_g$ 钢板	-40~480	130.3	130.3	124.5	119.6	113.7	107.8	102.9	97.0	89.2	74.5	61.7	49.0			

实例 7-2　某一段两端固定的碳素钢管（Q235），安装时环境温度为-5 ℃，投入运行后管子温度为 150 ℃，求该管道由于热膨胀所产生的热应力。

解　管道投入运行后与安装时的温度差为：

$$\Delta t = 150-(-5)=155\ ℃$$

因此，热膨胀应力：

$$\sigma = 2.412\,5\Delta t = 2.412\,5\times155 = 373.94\ \text{MPa}$$

由以上计算可以看出，管道受热后所产生的热应力远远超过了钢管及接头等配件的许用应力（$\sigma_{钢}$ =114.7 MPa）。不允许使用任何固定支架及构筑物阻止管道的伸缩，只有选用适当的补偿装置，吸收管道的热伸长，消除热应力，才能确保管道系统的安全运行。

7.2.2　补偿器的选用

供热管道采用的补偿器种类很多，主要包括管道自然补偿和补偿器补偿。通常情况下，管道的变形所产生的位移可以由管道本身一定程度内的变形得到补偿，即所谓的自然补偿，主要有 L 型和 Z 型两种型式。当管道变形比较大，管道自身不能在安全使用的条件下补偿的时候，就需要额外设置补偿器来补偿形变，我们称之为补偿器补偿，主要有方形补偿器、波纹管补偿器、套筒补偿器和球形补偿器等。其中，自然补偿器、方形补偿器、波纹管补偿器是利用补偿材料的变形来吸收热伸长的，套筒补偿器、球形补偿器是利用管道的位移来吸收热伸长的。

补偿器的选用原则见表 7-7。

表 7-7　补偿器选用原则

种　类	选 用 原 则
自然补偿器	1. 管道布置时，应尽量利用所有管路原有弯曲的自然补偿，当自然补偿不能满足要求时，才考虑装设其他类型的补偿器； 2. 当弯管转角小于 150° 时，可用作自然补偿；大于 150° 时，不能用自然补偿； 3. 自然补偿的管道臂长不应超过 20～25 m，弯曲应力不应超过 80 MPa
方形补偿器	1. 供热管网一般采用方形补偿器，只有在方形补偿器不便使用时，才选用其他类型的补偿器； 2. 方形补偿器的自由臂（导向支架至补偿器外臂的距离），一般为 40 倍公称直径的长度； 3. 方形补偿器须用优质无缝钢管制作，DN<150 mm 时，用冷弯法制做；DN>150 mm 时，用热弯法制做；弯头弯曲半径通常为 3DN～4DN
波纹管补偿器	1. 波纹管补偿器补偿能力较小，轴向推力较大，相同补偿量的情况下，其尺寸比套筒补偿器要大； 2. 波纹管补偿器用不锈钢制作，钢板厚度一般采用 3～4 mm； 3. 波纹管补偿器的波节以 3～4 个为宜
套筒补偿器	1. 套筒补偿器一般用于管径大于 100 mm、工作压力小于 1.3 MPa（铸铁制）及 1.6 MPa（钢制）的管道上； 2. 由于使用填料密封，一定时期必须向其填充填料，因此不易用于不通行地沟内敷设的管道上； 3. 钢制套筒补偿器有单向和双向两种，一个双向补偿器的补偿能力相当于两个单向补偿器的补偿能力，可用于工作压力不大于 1.6 MPa、安装方形补偿器有困难的供热管道上
球形补偿器	1. 球形补偿器是利用球形管的随机弯转来解决管道的热补偿问题，对于定向位移的蒸汽和热水管道最宜采用； 2. 球形补偿器可以安装于任何位置，工作介质可以由任意一端出入，其缺点是存在侧向位移，易漏，要求加强维修； 3. 安装前须将两端封堵，存放于干燥通风的室内。长期保存时，应经常检查，防止锈蚀

7.2.3　补偿器的构造特点及安装要求

1. 管道自然补偿器

自然补偿是利用管道自然转弯构成的几何形状所具有的弹性来补偿管道的热膨胀，使管道应力得以减小。为了防止管道受热后上下左右移动，在管道系统中通常会设置固定支架。由于固定支架间的管道因受热膨胀会产生伸长量，管道会变形，为了解决由于这种变形而带来的应力变化，通常会由管道本身的弯曲部件或管道中设置的伸缩器来进行补偿。

管道系统中弯曲部件的转角小于 150° 时，均可做为自然补偿装置，其优点是简单、可靠。但弯管转角大于 150° 时，不能作为自然补偿装置，否则会产生侧移，严重时破坏管道系统。此外，在自然补偿弯管的拐弯处附近，最好采用焊接，不应采用法兰连接，尤其不

能采用法兰连接的弯头。因为有法兰连接的接头时，由于管道热膨胀所产生的剪切力的作用，法兰处容易发生事故。

常见的自然补偿器有 L 型和 Z 型两种。

1) L 型自然补偿器

L 型自然补偿器实际上是一个 L 形弯管，弯管距两个固定端的长度多数情况下是不相等的，有长臂和短臂之分，如图 7-14 所示。L_1 为短臂，L_2 为长臂，其夹角为 90°～150°。受热后，产生图中虚线所示的变形，由于长臂 L_2 的热变形量大于短臂 L_1，所以最大弯曲应力发生在短臂一端的固定点 A 处，短臂 H 愈短，弯曲应力越大。因此选用 L 型补偿器的关键是确定或核定短臂的长度 H 值。在实际工作中，常常根据长臂的热伸长量和管材的许用弯曲应力反求出短臂的最小长度，看其是否合适。若不合适，则可适当调整两固定点的位置，增加短壁长度或减小长臂长度，使两臂长度相适应。

对于两臂夹角为 90° 的 L 形碳素钢管，当已知长臂的长度并计算出其热伸长量时，可用下式粗略地计算出自然补偿所需短臂的长度。

$$L_1 = 1.1\sqrt{\frac{\Delta L D_{\mathrm{W}}}{300}} \tag{7-46}$$

式中，L_1 为短臂长度（m）；ΔL 为长臂上的热伸长量（mm）；D_{W} 为管子外径（mm）。

2) Z 型自然补偿器

Z 型自然补偿器是一个 Z 形弯管，可把它看作是两个 L 形弯管的组合体，其中间臂长度 H（即两弯管间的管道长度）越短，弯曲应力越大。因此选用 Z 型自然补偿器的关键是确定或核定中间臂长度 H 值，如图 7-15 所示，受热后产生图中虚线所示的弹性变形。

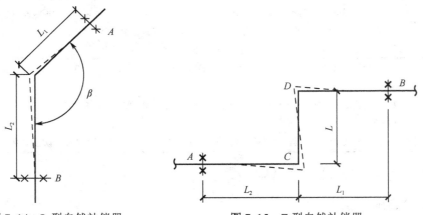

图 7-14 L 型自然补偿器   图 7-15 Z 型自然补偿器

根据该管段所产生的弯曲应力不应大于管材的许用弯曲应力的要求，可以推算出其垂直臂长 L 的计算公式：

$$L = \sqrt{\frac{6\Delta L E D_{\mathrm{W}}}{\sigma(1+12k)}} \tag{7-47}$$

式中，L 为垂直臂长度（m）；ΔL 为热伸长量，$\Delta L = \Delta L_1 + \Delta L_2$（mm）；E 为材料的弹性模量（MPa）；$D_{\mathrm{W}}$ 为管子外径（mm）；σ 为管子的弯曲许用应力（MPa）；k 为短臂与垂直臂长之

比，$k=L_1/L$。

当实际垂直臂长小于计算出来的值时，应适当调整两平行管段的长度，即缩短长臂，加长短臂，使其总长不变，或者适当加长垂直臂。

为了简化计算，也可以用线算图来确定 L 型补偿器的短臂长度和 Z 型补偿器的中间臂长度（图中 H 表示臂的长度）。图 7-16 是 L 型弯管段自然补偿线算图。

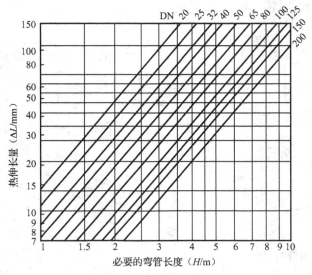

图 7-16　L 型弯管段自然补偿线算图

图 7-17 是 Z 型弯管段自然补偿线算图。

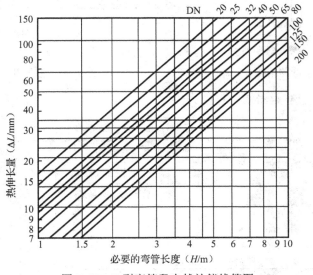

图 7-17　Z 型弯管段自然补偿线算图

2. 方形补偿器

1）方形补偿器构造特点

方形补偿器通常是由四个 90° 无缝钢管煨弯或机制弯头构成的 U 型补偿器，依靠弯管的变形来补偿管段的热伸长。方形补偿器制造安装方便，不需要经常维修，补偿能力大，作用在固定点上的推力（即补偿器的弹性力）较小，可用于各种压力和温度条件下，缺点是补偿器外形尺寸大，占地面积多。为了提高补偿器的补偿能力（或减少其位移量），常采用预先冷拉的办法，一般预拉伸量为管道伸长量的 50%，在极限情况下，其补偿能力可比无预拉时提高一倍。图 7-18 是方形补偿器的类型图，图 7-19 是方形补偿器的结构图。

图 7-20 是计算钢制方形补偿器的线算图。

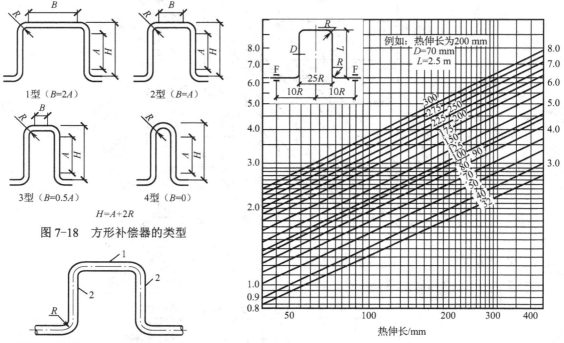

图 7-18　方形补偿器的类型

1—水平臂（平行臂）；2—外伸臂；R—弯曲半径

图 7-19　方形补偿器的结构

图 7-20　方形补偿器线算图

表 7-8 给出了方形补偿器的补偿能力。

表 7-8　方形补偿器的补偿能力

补偿能力 ΔL (mm)	型号	公称直径（mm）											
		20	25	32	40	50	65	80	100	125	150	200	250
		外升臂长 H=A+2R（mm）											
30	1	450	520	570	—	—	—	—	—	—	—	—	—
	2	530	580	630	670	—	—	—	—	—	—	—	—
	3	600	760	820	850	—	—	—	—	—	—	—	—
	4	—	760	820	850	—	—	—	—	—	—	—	—
50	1	570	650	720	760	790	860	930	1 000	—	—	—	—
	2	690	750	830	870	880	910	930	1 000	—	—	—	—
	3	790	850	930	970	970	980	980	—	—	—	—	—
	4	—	1 060	1 120	1 140	1 050	1 240	1 240	—	—	—	—	—

续表

补偿能力 ΔL (mm)	型号	公称直径（mm）											
		20	25	32	40	50	65	80	100	125	150	200	250
		外升臂长 H=A+2R（mm）											
75	1	680	790	860	920	950	1 050	1 100	1 200	1 380	1 530	1 800	—
	2	830	930	1 020	1 070	1 080	1 150	1 200	1 300	1 380	1 530	1 800	—
	3	980	1 060	1 150	1 220	1 180	1 220	1 250	1 350	1 450	1 600	—	
	4	—	1 350	1 410	1 430	1 450	1 450	1 350	1 450	1 530	1 650		
100	1	780	910	980	1 050	1 100	1 200	1 270	1 400	1 590	1 730	2 050	—
	2	970	1 070	1 170	1 240	1 250	1 330	1 400	1 530	1 670	1 830	2 100	2 300
	3	1 140	1 250	1 360	1 430	1 450	1 470	1 500	1 600	1 750	1 830	2 100	—
	4	—	1 600	1 700	1 780	1 700	1 710	1 720	1 730	1 840	1 980	2 190	
150	1	—	1 100	1 260	1 270	1 310	1 400	1 570	1 730	1 920	2 120	2 500	—
	2	—	1 330	1 450	1 540	1 550	1 660	1 760	1 920	2 100	2 280	2 630	2 800
	3	—	1 560	1 700	1 800	1 830	1 870	1 900	2 050	2 230	2 400	2 700	2 900
	4	—	—	—	2 070	2 170	2 200	2 200	2 260	2 400	2 570	2 800	3 100
200	1	—	1 240	1 370	1 450	1 510	1 700	1 830	2 000	2 240	2 470	2 840	—
	2	—	1 540	1 700	1 800	1 810	2 000	2 070	2 250	2 520	2 700	3 080	3 200
	3	—	2 000	2 100	2 100	2 220	2 300	2 450	2 670	2 850	3 200	3 400	
	4	—	—	2 720	2 750	2 770	2 780	2 950	3 130	3 400	3 700		
250	1	—	—	1 530	1 620	1 700	1 950	2 050	2 230	2 520	2 780	3 160	—
	2	—	—	1 900	2 010	2 040	2 260	2 340	2 560	2 800	3 050	3 500	3 800
	3	—	—	—	2 370	2 500	2 600	2 800	3 050	3 300	3 700	3 800	
	4	—	—	—	—	3 000	3 100	3 230	3 450	3 640	4 000	4 200	

2）方形补偿器制作要求

（1）方形补偿器的椭圆度、波浪度和角度偏差等应符合弯管制作的相应规定。

（2）煨弯组合的补偿器、弯管之间的连接点应放在各臂的中部。

（3）用冲压弯管或焊制弯管组焊的方形补偿器，各臂应采用整管制作。

（4）管子的材质应优于或相同于相应管道的材质。管子的壁厚，宜厚于相应管道的管材壁厚。组对时，应在平台上进行，四个弯头均为 90°，且在一个平面上，其扭曲偏差不应大于 3 mm/m，且总偏差不大于 10 mm。两条垂直臂的长度应相等，允许偏差为 ±10 mm，平行臂长度允许偏差±20 mm。

（5）补偿器的安装，应在固定支架及固定支架间的管道安装完毕后进行，且阀件和法兰上螺栓要全部拧紧，滑动支架要全部装好。补偿器的两侧应安装导向支架，第一个导向支架应放在距弯曲起点 40 倍公称直径处。在靠近弯管设置的阀门、法兰等连接件处的两侧，也应设导向支架，以防管道过大的弯曲变形而导致法兰等连接件泄漏。补偿器两边的第一个支架，宜设在距弯曲起点 1 m 处。

（6）补偿器两侧的导向支架和活动支架在安装时，应考虑偏心，其偏心的长度应视该点距固定点的管道热伸长量而定。偏心的方向都应以补偿器的中心为基准。

（7）为了减少热状态下（即运行时）补偿器的弯曲应力，提高其补偿能力，安装方形补偿器时应进行预拉伸或预撑（即不加热进行冷拉或冷撑）。预拉伸（或预撑）量为补偿管段（两固定支架之间管段）热延伸量的1/2。补偿器的冷拉方法有两种：

① 用带螺栓的冷拉器进行冷拉。采用冷拉器进行冷拉时，将一块厚度等于预拉伸量的木块或木垫圈夹在冷拉接口间隙中，再在接口两侧的管壁上分别焊上挡环，然后把冷拉器的法兰管卡卡在挡环上，在法兰管卡孔内穿入加长双头螺栓，用螺母上紧，并将木垫块夹紧，如图 7-21 所示。待管道上其他部件全部安装好后，把冷拉口中的木垫拿掉，均匀地调紧螺母，使接口间隙达到焊接时的对口要求。焊口焊好后才可松开螺栓，取下冷拉器；

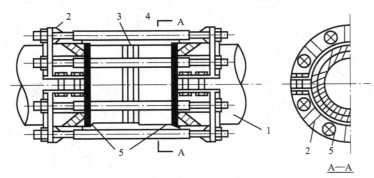

1—管子；2—对开卡箍；3—木垫环；4—双头螺栓；5—挡环（环形堆焊凸肩）

图 7-21　双头螺栓冷拉器

② 用带螺丝杆的撑拉工具或千斤顶将补偿器的两垂直臂撑开以实现冷拉。图 7-22 所示为常用的撑拉器，使用时只要旋动螺母使其沿螺杆前进或后退，就能使补偿器的两臂受到撑开或放松。

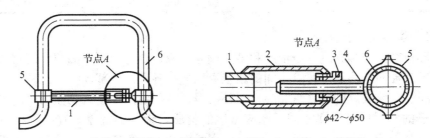

1—拉杆；2—短管；3—调节螺母；4—螺杆；5—卡箍；6—补偿器

图 7-22　方形补偿器的撑拉器

（8）补偿器做好预拉伸，按位置固定好，然后再与管道相连。补偿器的冷拉接口位置通常在施工图中给出，如果设计未作明确规定，为避免补偿器出现歪斜，冷拉接口应选在距补偿器弯曲起点 2～3 m 处的直线管段上，或在与其邻近的管道接口处预留出冷拉接口间隙，不得过于靠近补偿器，如图 7-23 所示。方形补偿器可水平安装，也可垂直安装。水平安装时，外伸的垂直臂应水平，突出的平行臂的坡度和坡向与管道相同；垂直安装时，最高点应设放气装置，最低点应设放水装置。

（9）为了使管道伸缩时不致破坏保温层，滑动支架的高度应大于保温层的厚度。

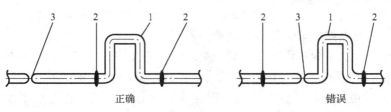

1—补偿器；2—焊口；3—冷紧口

图7-23　补偿器冷拉口位置

3. 波纹管补偿器

1）波纹管补偿器构造特点

波纹管补偿器是用多层或单层薄壁金属管（通常为不锈钢）制成的具有轴向波纹的管状补偿设备。主要是利用波纹变形进行管道热补偿，供热管道上使用的波纹管，多用不锈钢制造。图7-24所示的是供热管道上常用的轴向型波纹管补偿器，用在管道上进行轴向长度补偿。这种补偿器优点是节省空间，节约材料，易于布置，安装方便。在波纹管内侧装有导流管，减小了流体的流动阻力，同时也避免了介质流动时对波纹管壁面的冲刷，延长了波纹管的使用寿命。波纹管补偿器具有良好的密封性能，不需要进行维修，承压能力和工作温度较高，但其补偿能力小，价格也较高。轴向补偿器的最大补偿能力，可从产品样本上查出选用。

为使轴向波纹管补偿器严格地按管道轴向热胀或冷缩，补偿器应靠近一个固定支架设置，并设置导向支座，导向支座宜采用整体箍住管子的方式以控制横向位移和防止管子纵向变形。常用的轴向波纹管补偿器通常都作为标准的管配件，用法兰或焊接的形式与管道连接。

波纹管补偿器的适用范围为：

（1）用于工艺要求阻力降及湍流程度尽可能小的管道；

（2）不允许有接管负荷加在设备上的设备进口管道；

（3）要求吸收隔离高频机械振动的管道；

（4）变形与位移量大而空间位置受到限制的管道；

（5）变形与位移量大而工作压力低的管道；

（6）考虑吸收地震或地基沉陷的管道。

2）波纹管补偿器安装要求

（1）波纹管补偿器安装时首先应进行质量检查，并进行水压试验；

（2）在任意直管段上两固定支架之间只能安装一组波纹管补偿器。轴向型波纹管补偿器一端应布置在离固定支架4DN处，另一端长距离管线应安装防止波纹管失稳的导向支座；

（3）安装波纹管补偿器时，应使套管的焊缝端与介质流动方向相迎；

（4）波纹管补偿器安装时应考虑预拉伸量50%，拉伸量应根据补偿零点温度来定位。所谓补偿零点温度就是管道设计最高温度和最低温度的中点温度。安装环境温度等于补偿零点温度时，不拉伸；大于零点温度时，压缩；小于零点温度时，拉伸。波纹管补偿器的预压或预拉，应当在平地上进行，逐渐增加作用力，尽量保证波纹管的圆周面受力均匀，

拉伸或压缩量的偏差应小于 5 mm。当拉伸或压缩到要求数值时应当安装固定；

（5）波纹管补偿器必须与管道保持同心，不得偏斜；

（6）安装过程中，不允许焊渣飞溅到波壳表面，不允许波壳受到其他机械损伤；

（7）当管道内有凝结水产生时，需在波纹管补偿器的每个波节下方安装放水阀，北方寒冷地区非保温管道如不能保证波节内及时排水，应预先将波纹管内灌密度大于水的防冻油，防止波节冻裂；

（8）吊装波纹管补偿器时，不能把支撑件焊在波纹管上，也不能把吊索绑扎到波纹管上；

（9）管系安装完毕后，应尽快拆除波纹补偿器上用作安装运输的黄色辅助定位构件及紧固件，并按设计要求将限位装置调到规定位置，使管系在环境条件下有充分的补偿能力。

4. 套筒补偿器

1）套筒补偿器构造特点

套筒补偿器又叫填料函式补偿器，它以填料函来实现密封，以插管和套筒的相对运动来补偿管道的热伸缩量，套筒补偿器是由填料密封的套管和外壳管组成的，两者同心套装并可轴向补偿，有单向和双向两种形式，单向伸缩器应安装在固定支架旁边的平直管道上，双向伸缩器应安装在两固定支架的中间。图 7-25 是单向套筒补偿器，套筒与外壳体之间用填料圈密封，填料被紧压在端环和压盖之间，以保证封口紧密。填料采用石棉夹铜丝盘根，更换填料时需要松开压盖，维修方便。

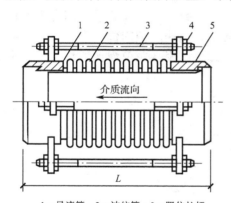

1—导流管；2—波纹管；3—限位拉杆；

4—限位螺母；5—端管

图 7-24　轴向型波纹管补偿器

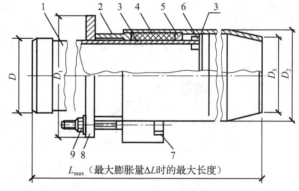

1—套管；2—前压兰；3—壳体；4—填料圈；5—后压兰；

6—防脱肩；7—T 型螺栓；8—垫圈；9—螺母

图 7-25　单向套管补偿器

套筒补偿器的补偿能力大，一般可达 250～400 mm，占地小，介质流动阻力小，造价低，适用于工作压力小于或等于 1.6 MPa，工作温度低于 300 ℃的管路上，补偿器与管道采用焊接连接。

套筒补偿器轴向推力大，易发生介质渗漏，而且其压紧、补充和更换填料的维修工作量大，管道在地下敷设时，要增设检查室。如果管道变形有横向位移时，易造成填料圈卡住，它只能用在直线管段上，当其使用在阀门或弯管处时，其轴向产生的盲板推力（由内压引起的不平衡）也较大，需要设置加强的固定支座。套筒补偿器的最大补偿量，可从产品样本上查出。

2）套筒补偿器安装要求

（1）安装前应将伸缩器拆开，检查内部零件及填料是否齐备，质量是否符合要求。安装时，要求管道中心线与伸缩器中心线一致时，方能正常工作，故不适用于在悬吊式支架上安装。补偿器两侧，必须各设一个导向支座，使其运行时不致偏离中心线。

（2）安装前须检查补偿器的规格及套管、芯子的加工精度、间隙等是否符合设计要求。校核尺寸后，填满填料盒中填料，并进行压紧。

（3）安装前必须作好预拉伸，如设计无明确要求，按表 7-9 规定进行。

表 7-9　套筒补偿器预拉伸长度

补偿器规格（mm）	15	20	25	32	40	50	65	75	80	100	125	150
拉出长度（mm）	20	20	30	30	40	40	56	56	59	59	59	63

（4）套筒补偿器应安装在介质的流入端，安装时应使芯子与外套的间隙不大于 2 mm。

（5）采用套筒补偿器时，应计算各种安装温度下的补偿器安装长度，安装长度应考虑气温变化，留有剩余的伸缩量，可不经计算，按表 7-10 采用。

表 7-10　套筒补偿器剩余伸缩量（安装间隙）（mm）

两固定支架间的管段长度（m）	安装时温度		
	低于-5 ℃	-5~20 ℃	20 ℃以上
100	30	50	60
75	30	40	50

（6）校核尺寸后，填满填料盒中填料，并进行压紧。填塞的石棉绳应涂以石墨粉，各层填料环的接口应错开放置。介质温度在 100 ℃ 以内时，允许采用麻、棉质填料。外套拉紧时，其压盖插入套筒补偿器的外皮不超过 30 mm。

（7）单向套筒补偿器应安装在固定支架附近，套管外壳一端朝向管道固定支架，伸缩端与产生热胀缩的管子相连。如固定点与套筒补偿器间的管道不直，从固定点到套筒补偿器间有较大距离时，为保证管子与补偿器同心，补偿器的伸缩端方向必须设 1~2 个导向支架。

（8）双向套筒补偿器应装在两固定支架间中部，同时两侧均应设 1~2 个导向支架。

（9）焊制套筒补偿器的安装应符合下列规定：

① 焊制套筒补偿器应与管道保持同轴；

② 焊制套筒补偿器芯管外露长度应大于设计规定的伸缩长度，芯管端部与套管内挡圈之间的距离应大于管道冷收缩量；

③ 采用成型填料圈密封的焊制套筒补偿器，填料的品种及规格应符合设计规定，填料圈的接口应做成与填料箱圆柱轴线成 45° 的斜面，填料应逐圈装入，逐圈压紧，各圈接口应相互错开；

④ 采用非成型填料的补偿器，填注密封填料时应按规定压力依次均匀注压。

5. 球形补偿器

1）球形补偿器构造特点

球形补偿器结构如图 7-26 所示。它由外壳、球体、密封圈、压紧法兰和连接法兰等主要部件组成。外壳一般为铸铁件，球体可由钢板冲压成半球体，再经拼焊、研磨、电镀而成。球体与外壳可相对折曲或旋转一定的角度（一般可达 30°），它是靠一组两个或三个球形接头的灵活转动及其所构成的相应角度变化来补偿管道的热膨胀。在压紧法兰的压力下，球体通过两个密封圈嵌固在外壳里。密封圈是用加填充剂的聚四氟乙烯制成，其特点是不但密封性好，而且有自润滑作用。密封圈在正常的情况下不易损坏，一旦损坏时可拆下压紧法兰予以更换。

球形补偿器不应单个使用，可根据具体情况以 2～4 个连成一组使用，见图 7-27。球形补偿器具有很好的耐压和耐温性能，能适应 230 ℃的高温和 0.4 MPa 的压力，使用寿命长，运行可靠，占地面积小，补偿能力大。工作时变形应力小，减少了对支座的要求。

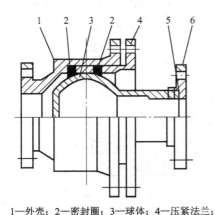

1—外壳；2—密封圈；3—球体；4—压紧法兰；
5—垫片；6—螺纹连接法兰

图 7-26 球形补偿器结构

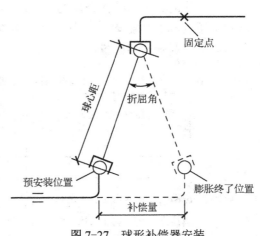

图 7-27 球形补偿器安装

2）球形补偿器安装要求

（1）球形补偿器必须设置两个一组使用，安装时须仔细核对器体上的标志，使其符合使用要求。

（2）球形补偿器的球体与外壳间的密封性能良好，能作空间变形，补偿能力大，适用于架空敷设。

（3）球形补偿器一般只用在有三向位移的蒸汽和热水管道上，介质可由任何一端进出。

（4）球形补偿器安装前，须将通道两端封堵，存放在干燥通风的室内，应严防锈蚀。这种补偿器使用中极易漏水、漏汽，应安装在便于经常检修和操作的位置上。

（5）补偿器可以在管道直线段水平、垂直安装，为减少摩擦力，滑动支座宜采用滚动支座。

（6）安装球形补偿器要正确地分段和合理地确定固定支架位置，以减少固定支架的推力。

（7）由于补偿管段较长（直线段可达 400～500 m），所以应考虑设导向支架。

（8）采用球形补偿器、铰链型波纹管补偿器，且补偿管段较长时，宜采取减小管道摩

擦力的措施。

（9）与球形补偿器相连接的两垂直臂的倾斜角度应符合设计要求，外伸部分应与管道坡度保持一致。

（10）试运行期间，应在工作压力和工作温度下进行观察，应转动灵活，密封良好。

7.3　室外供热管道调节控制设备与支架

7.3.1　调节控制设备

阀门是用来开闭管路和调节输送介质流量的设备。

1. 截止阀

截止阀是关闭件（阀瓣）沿阀座中心线移动的阀门，在管路中主要作切断用，关闭时严密性较好，但阀体长，介质流动阻力大，调节性能不好，不适于用来调节流量，产品公称直径一般不大于 200 mm。截止阀按结构型式的不同可分为直通式、直角式和直流式（斜杆式）三种；按连接方式分内螺纹截止阀、外螺纹截止阀、法兰截止阀、卡套式截止阀；按阀杆螺纹的位置可分为明杆截止阀和暗杆截止阀两种结构型式。图 7-28 是常用的直通式截止阀结构示意图。

2. 闸阀

闸阀的启闭件（闸板）沿通路中心线的垂直方向移动，在管路中主要作切断用，其调节性能不好，不适于用来调节流量。闸阀关闭时，严密性不如截止阀好，但阀体短，介质流动阻力小，常用于公称直径大于 200 mm 的管道上。闸阀的结构型式有明杆（开启时，阀杆伸出手轮，从阀杆的外伸长度就能识别出阀门的开启程度，阀杆不与输送介质相接触）和暗杆两种；按连接方式分为螺纹闸阀和法兰闸阀；按闸板的形状分为楔式闸板与平行式闸板；按闸板的数目分为单板和双板。

如图 7-29 所示为明杆平行式双板闸阀，该类型阀门结构简单，密封性能差，适用于压力不超过 1.0 Mpa，温度不超过 200 ℃的介质。

3. 蝶阀

蝶阀是阀板在阀体内沿垂直管道轴线的固定轴旋转的阀门，当阀板与管道轴线垂直时，阀门全关闭；阀板与管道轴线平行时，阀门全开。蝶阀结构简单、重量轻、外形尺寸小，流动阻力小，全开时，阀座通道有效流通面积较大，启闭较省力，调节性能稍优于截止阀和闸阀，但造价高。蝶阀结构示意图如图 7-30 所示。

截止阀、闸阀和蝶阀可用法兰、螺纹或焊接连接方式。传动方式有手动传动（小口径）、齿轮传动、电动传动、液动传动和气动传动等等。公称直径大于或等于 600 mm 的阀门，应采用电动驱动装置。

4. 止回阀（逆止阀）

止回阀用来防止管道或设备中的介质倒流，它利用介质本身流动而自动启闭阀瓣的阀门。在供热系统中，止回阀常设在水泵的出口、疏水器的出口管道以及其他不允许流体反

向流动的地方。

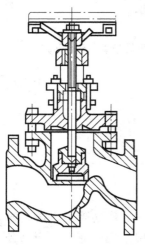

图 7-28　直通式截止阀

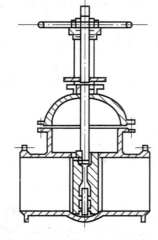

图 7-29　明杆平行式双闸板闸阀

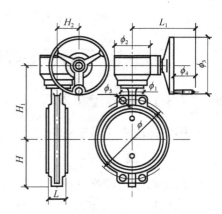

图 7-30　蝶阀结构

常用的止回阀有旋启式止回阀和升降式止回阀两种。旋启式止回阀阀瓣绕阀座外的销轴旋转，介质的流动方向基本没有改变，介质的流通面积较大，因此其阻力比升降式止回阀小，但密封性能较升降式止回阀差些，一般多用在垂直管道上，介质自下而上流动，如图 7-31 所示。升降式止回阀密封性能较好，但只能安装在水平管道上，一般多用于公称直径小于 200 mm 的水平管道上，如图 7-32 所示。

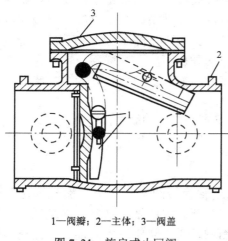

1—阀瓣；2—主体；3—阀盖

图 7-31　旋启式止回阀

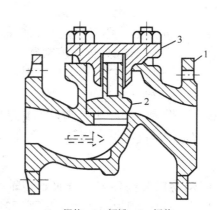

1—阀体；2—阀瓣；3—阀盖

图 7-32　升降式止回阀

5. 平衡阀

平衡阀属于手动调节阀的范畴，调节阀阀瓣呈锥形，通过转动手轮调节阀瓣的位置可以改变阀瓣与阀体通径之间所形成的缝隙面积，从而调节介质流量。不同之处在于阀体上有开度指示、开度锁定装置及两个测压小阀，具有流量测量、流量设定、关断和泄水等功能。

（1）自力式流量控制阀。自力式流量控制阀也称流量限制器、流量调节器、定流量阀等，是无需外加能量即可工作的比例调节器。通过手动调节可使阀门流量调至设计流量。

当阀前后压差偏离设计值时，阀门自动调节机构可以移动阀锥而使阀前后压差趋于恒定，从而保持流量不变。如图 7-33 所示，双座自力式流量调节阀在结构上分为两个部分：一个是相当于静态平衡元件的手动可调孔板（包括 7、8、9 的流量设定调节阀）和一个相当于动态平衡元件的自动可调孔板（由两个阀瓣 5 及弹簧 2、膜片 3、自动阀杆 4 组成）组成。

（2）自力式压差控制阀。自力式压差控制阀也称定压差阀、压差调节器等，是以控制系统压差恒定为目的的自力式比例调节器。当系统压差升高时，阀芯关小，反之，则阀芯开大。调节器可以使超量的压差减小，直至达到预设定值。压差调节器需安装在回水管路上，调节器压力感应元件须与毛细管相连通并通过毛细管与进水管相连。毛细管不可安装在进水管的底部，并应避免粉尘微粒堵住毛细管。调节器安装之前，必须将管网清洗干净，并在阀前安装过滤器。自力式压差调节阀也属于动态类调节阀，如图 7-34 所示。

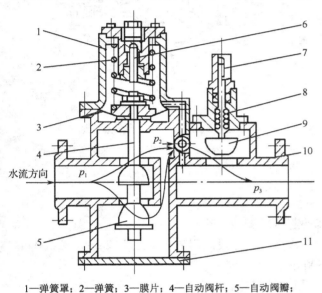

1—弹簧罩；2—弹簧；3—膜片；4—自动阀杆；5—自动阀瓣；

6—顶杆；7—流量刻度尺；8—手动阀杆；9—手动阀瓣；

10—阀体；11—下盖

图 7-33　双座自力式流量调节阀

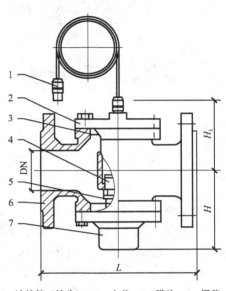

1—连接管（接头）；2—上盖；3—膜片；4—阀芯；

5—弹簧；6—阀体；7—下盖

图 7-34　自力式压差控制阀

6. 电磁阀

电磁阀是自动控制系统中常用的执行机构。它是依靠电流通过电磁铁后产生的电磁吸力来操纵阀门的启闭，电流可由各种信号控制。常用的电磁阀有直接启闭式和间接启闭式两类。

（1）图 7-35 为直接启闭式电磁阀，它由电磁头和阀体两部分组成。电磁头中的线圈 3 通电时，线圈 3 和衔铁 2 产生电磁力使衔铁 2 带动阀针 1 上移，阀孔被打开。电流切断时，电磁力消失，衔铁 2 靠自重及弹簧力下落，阀针 1 将阀孔关闭。直接启闭式电磁阀结构简单，动作可靠，但不宜控制较大直径的阀孔，通常阀孔直径在 3 mm 以下。

（2）图 7-36 为间接启闭式电磁阀，大直径的阀孔常采用间接启闭式电磁阀。阀的开启过程分为两步：当电磁头中的线圈 1 通电后，衔铁 2 和阀针 3 上移，先打开孔径较小的操

纵孔，此时浮阀 4 上部的流体从操纵孔流向阀出口，其上部压力迅速降低，浮阀 4 在上下压力差的作用下上升，于是阀门全开。当线圈 1 断电后，阀针 3 下落，先关闭操纵孔，流体通过平衡孔进入上部空间，使浮阀 4 上下压力平衡，而后在自重和弹簧力的作用下，再将阀孔关闭。当浮阀4发生故障时，可旋转调节杆6，将浮阀顶开。

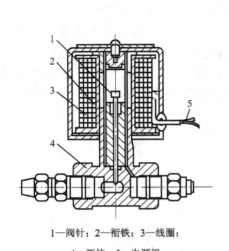

1—阀针；2—衔铁；3—线圈；
4—阀体；5—电源级
图 7-35　直接启闭式电磁阀

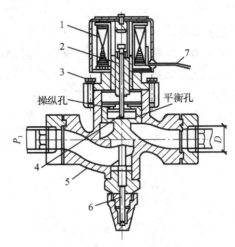

1—线圈；2—衔铁；3—阀针；4—浮阀；
5—阀体；6—调节杆；7—电源线
图 7-36　间接启闭式电磁阀

7．阀门布置要求

（1）热力网管道干线、支干线、支线的起点应安装关断阀门。

（2）热水热力网干线应装设分段阀门。输送干线分段阀门的间距宜为 2 000～3 000 m；输配干线分段阀门的间距宜为 1 000～1 500 m。

（3）热力网的关断阀和分段阀均应采用双向密封阀门。

（4）工作压力大于或等于 1.6 MPa，且公称直径大于或等于 500 mm 的管道上的闸阀应安装旁通阀。旁通阀的直径可按阀门直径的 1/10 选用。

（5）当供热系统补水能力有限，需控制管道充水流量时，管道阀门应装设口径较小的旁通阀作为控制阀门。

（6）当动态水力分析需延长输送干线分段阀门关闭时间，以降低压力瞬变值时，宜采用主阀并联旁通阀的方法解决。旁通阀直径可取主阀直径的 1/4。主阀和旁通阀应连锁控制，旁通阀必须在开启状态时，主阀方可进行关闭操作，主阀关闭后旁通阀才可关闭。

7.3.2　热力管道支架

管道支架是指能支撑管道，并限制管道的变形和位移的一种支撑结构。管道支架是管道安装工程中的重要构件之一。除埋地管道外，管道支架制作与安装是管道安装中的第一道工序。

按支架对管道的约束作用不同，可分为活动支架和固定支架两大类；按结构形式可以分为托架、吊架和管卡三种。其中，常用的固定支架有夹环式固定支架、焊接角钢固定支

架、曲面槽固定支架和挡板式固定支架；常用的活动支架有滑动支架、滚动支架、悬吊支架及导向支架四种形式。

1. 固定支架

固定支架主要用于固定管道，均匀分配补偿器之间管道的伸缩量，保证补偿器正常工作。由于在固定支架之间的管段被牢牢地固定住，不能有任何位移，管道只能在两个固定支架间伸缩，因此，固定支架不仅承受管道、附件、管内介质及保温结构的重量，同时还承受管道因温度、压力的影响而产生的轴向伸缩推力和变形应力，并将这些力传到支承结构上去，所以固定支架必须有足够的强度。常用的固定支架，如图 7-37 所示。

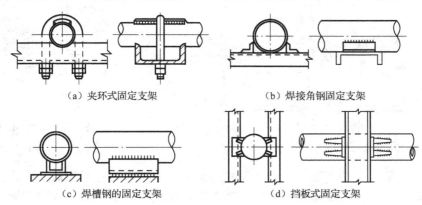

（a）夹环式固定支架　　　　　　　　（b）焊接角钢固定支架

（c）焊槽钢的固定支架　　　　　　　（d）挡板式固定支架

图 7-37　固定支架结构型式

2. 活动支架

活动支架是指直接承受管道及保温结构的重量，并允许管道在温度作用下，沿管轴线自由伸缩。活动支架的类型较多，有滑动支架、导向支架、滚动支架、吊架等。

（1）滑动支架：滑动支架是能使管子与支架结构间自由滑动的支架，是由安装（采用卡固或焊接方式）在管子上的钢制管托与下面的支承结构构成，可以分为低位支架和高位支架。前者适用于室外不保温管道，后者适用于室外保温管道。

低位支架按其构造型式又分为卡环式和弧形板式两种。如图 7-38 所示为卡环式，用圆钢煨制 U 形管卡，一端套丝固定，另一端不套丝。图 7-39 所示为弧形板式，在管壁与支承结构间垫上弧形板，并与管壁焊接，当管子伸缩时，弧形板在支承结构上来回滑动。

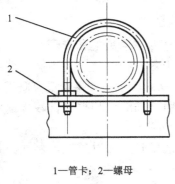

1—管卡；2—螺母

图 7-38　卡环式低滑动支架

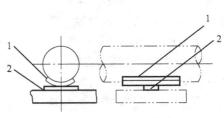

1—弧形板；2—托架

图 7-39　弧形板式低滑动支架

高位支架是利用焊在管道上的高位支座在支承结构上滑动，来防止管道移动摩擦损坏保温层，其结构型式，如图 7-40 所示。

（2）导向支架：导向支架是滑动支架的一种，主要是为使管道在支架上滑动时，不至于偏离管轴线而设置的，一般设置在补偿器、铸铁阀门两侧。导向支架一般只允许管道有轴向位移，而不允许有径向位移，是以滑动支架为基础，在滑动支架两侧的横梁上各焊上一块导向板，如图 7-41 所示。导向板通常采用扁钢或角钢制成，导向板长度与支架横梁的宽度相等，导向板与滑动支座间应有 3 mm 的空隙。

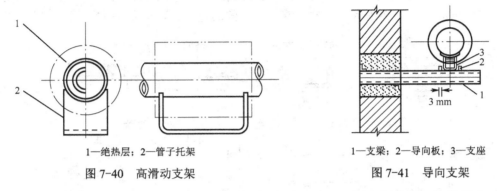

1—绝热层；2—管子托架 　　　　　　　　　1—支梁；2—导向板；3—支座

图 7-40　高滑动支架　　　　　　　　　　图 7-41　导向支架

（3）滚动支架：滚动支架是在管道滑脱与支架之间加入滚柱或滚珠，使管道与支架之间的相对运动为滚动，以滚动摩擦代替滑动摩擦，来减少管道热伸缩时的摩擦力，可分为滚柱支架及滚轴支架两种。滚柱支架用于直径较大而无横向位移的管道；滚轴支架用于介质温度较高、管径较大而无横向位移的管道，如图 7-42 所示。

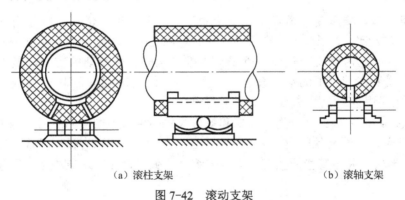

（a）滚柱支架　　　　　　　　　　　（b）滚轴支架

图 7-42　滚动支架

（4）悬吊支架：悬吊支架结构简单，摩擦力小。可分为普通吊架和弹簧吊架。普通吊架主要用于伸缩量较小的管道，管道在运行过程中，由于各点的热变形量不同，造成各悬吊支架的偏移幅度也不一样，会使管道产生扭曲，如图 7-43 所示。如果管道有垂直位移，而又不允许产生扭曲，则可采用弹簧吊架，弹簧吊架适用于伸缩性和振动性较大的管道，如图 7-44 所示。

因悬吊支架管道有易产生扭曲的特点，所以选用补偿器时应加以注意，例如，只能选用可抗扭曲的方形补偿器，而不能选用套管补偿器。

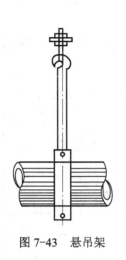

图 7-43　悬吊架

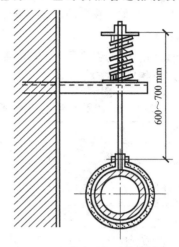

图 7-44　弹簧悬吊支架

7.3.3　管道支架的选用原则

（1）管托一般与管道焊接，支架一般与支撑件焊接，管托常与支架组合使用，滑动、导向支架和管托一般需限位，管托无论是否保温都可以分为滑动、固定、导向三种，不管选择那一种，管托是不变的，只是管托与钢结构或支架的连接上有改变。

（2）水平敷设在支架上有隔热层的管道应设置管托，当管道热胀量超过 100 mm 时，应选用加长管托。

（3）管道的支承点在垂直方向无位移时可采用刚性支吊架；有位移时应采用可变弹簧支吊架；位移量大时应采用恒力弹簧支吊架。

（4）下列情况不宜采用焊接型管托和吊托支架：

① 介质温度≥400 ℃的碳钢管道；

② 输送冷冻介质管道；

③ 输送浓碱液管道；

④ 合金钢管道；

⑤ 生产中需要经常拆卸检修的管道；

⑥ 不易焊接施工和不宜与管托、支架直接焊接的管道。

（5）允许管道有轴向位移，而对横向位移需要加以限制时，在下列情况应设置导向支架：

① 安全阀出口的高速放空管道和可能产生振动的两相流管道；

② 横向位移过大可能影响邻近管道时；固定支架之间的距离过长，可能产生横向不稳定时；

③ 为防止法兰和活接头泄漏，要求管道不宜有过大的横向位移时；

④ 方型补偿器两侧的管道上应设导向支架，其位置距补偿器弯头宜为管道公称直径的40 倍；

⑤ 导向支架不宜设置在靠近弯头和支管的连接处。

（6）需要限制管道位移量时，应设置限位支架。

（7）直接与设备相接或靠近设备管口的 DN≥150 mm 的水平安装的阀门应考虑支撑。

（8）靠近弯头的地方最好用滑动支架，一般位置要大于 6 倍的管道直径，管道的两个膨胀节之间要用固定支架。

（9）表 7-11 是由固定点起，允许不装补偿器的直管段长度 L，该表同时适用于带有支管的干管，固定点指固定支架节点处。

表 7-11　由固定点起，允许不装补偿器的直管段的最大长度（m）

建筑物性质	热水温度（℃）												
	60	70	80	90	95	100	110	120	130	140	143	151	158
	蒸汽压力（MPa）												
	—	—	—	—	—	—	0.05	0.1	0.18	0.27	0.3	0.4	0.5
民用建筑	55	45	40	35	33	32	30	26	25	22	22	22	–
工业建筑	65	57	50	45	42	40	37	32	30	27	27	27	25

（10）当受热管段本身弯曲部件的补偿能力不能满足要求时，在管道中必须设置补偿装置，其固定支架间的最大间距见表 7-12。

表 7-12　热力管道固定支架间的最大间距

管道公称直径 DN/mm		25	32	40	50	70	80	100	125	150	200	250	300	350	400	450	500	600
方形补偿器	地沟或架空敷设/m	30	35	45	50	55	60	65	70	80	90	100	115	130	145	160	180	200
	无地沟敷设/m			45	50	55	60	65	70	70	90	90	110	110	110	125	125	125

7.4　室外供热管道的其他附属设备

7.4.1　供热管道的排水、放气装置

为了在需要时排除管道内的水，放出管道内聚集的空气，供热管道必须敷设一定的坡度，并配置相应的排水、放气装置。在确定管网线路时，要根据地形情况在适当部位设置排水点和放气点，并应使排水点邻近城市或厂区的排水管道。

为了检修时减少热水的损失和缩短放水时间，应在供、回水干管上每隔 800～1 000 m 设一分段阀，如图 7-45 所示。热水低点处（包括分段阀门划分的每个管段的低点处），应安装排水装置。放水阀门的直径一般选用热水管道直径的 1/10 左右，但最小不应小于 20 mm。放水不应直接排入下水管或雨水管道内，而必须先排入集水坑。排水装置应保证一个排水段的排水时间不超过下面的规定：对于 DN≤300 mm 的管道，排水时间为 2～3 h；对于 DN=350～500 mm 的管道，排水时间为 4～6 h；对于 DN≥600 mm 的管道，排水时间为 5～7 h，规定排水时间主要是考虑在冬季出现事故时能迅速排水，缩短抢修时间，以免供暖系统和管路冻结。

放气装置应设在管段的最高点，一般排气阀门直径选用 15～25 mm，如图 7-45 所示，

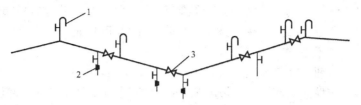

1—放气阀；2—排水阀；3—阀门

图 7-45　热水或凝结水管道排水和放气装置

放气管直径需根据管道直径来确定。

表 7-13 给出了常见规格管道所需放气管的直径，表中还给出了管道排水管直径的选择范围，供选用时参考。

表 7-13　排水管、放气管直径选择表（mm）

热水管 凝水管	公称直径	<80	100~125	150~200	250~300	350~400	450~550	>600
排水管公称直径		25	40	50	80	100	125	150
放气管公称直径		15	20	25			32	40

7.4.2　供热管道的检查室及检查平台

在《城镇供热管网设计规范》（CJJ34—2010）中明确规定："地下敷设管道安装套筒补偿器、波纹补偿器、阀门、放水和除污装置等设备附件时，应设检查室"。这里所说的检查室即检查井，对热力管道系统起到监控、检查、维护以及保证系统安全运行的重要作用，检查室还用来汇集和排除渗入地沟或由管道放出的网路水。检查室的结构尺寸，应根据管道的根数、管径、阀门及附件的数量和规格大小确定，既要考虑维护操作方便，又要尽可能地紧凑。

热力管道系统在其系统中设置的检查井按其功能可分为管阀布置井、补偿装置安装井、泄水放气专用井。

管阀布置井多布置在输配干管设置的分段阀或分支管接出处。在井内的干管、分支管上根据不同的载热体分别装有阀门、仪表、疏水系统、泄水放气装置等。

补偿装置安装井一般用于安装波纹补偿器或套筒补偿器。由于在城市热力管道系统中，补偿方式只能选用与管道一致的轴向型补偿器，即波纹补偿器和套筒补偿器。为了保证补偿器与管道的同心度，消除垂直于补偿装置的侧向外力，不宜在该类型井内引出支管。

泄水井、放气井是室外地下敷设热力管道系统中布置的另外一种专用检查井。在系统运行中空气从放气井中设置的放气阀排出。泄水井的作用对不同的管道是不同的，对热水管道通常是在检修时需将水排干净，以利于检修；对蒸汽管道则是需要将运行中产生的凝结水排除掉，以防止在管道内形成水击。

检查室设置应符合下列规定：

（1）净空高度不应小于 1.8 m；人行通道宽度不应小于 0.6 m；干管保温结构表面与检查室地面距离不应小于 0.6 m。

（2）检查室人孔直径不小于 0.7 m，人孔数量不少于 2 个，并应对角布置。人孔应尽量避开检查室内的设备，当检查室净空面积小于 4 m² 时，可只设一个人孔。在每个人孔处，应装设梯子或爬梯，以便工作人员出入。

（3）检查室内至少设一个集水坑，尺寸不小于 0.4 m×0.4 m×0.5 m（长×宽×深），位于人孔的下方。检查室地面应坡向集水坑，其坡度为 1%。检查室地面低于地沟内底应不小于 0.3 m。

（4）检查室内装有电动阀门时，应采取措施，保证安装地点的空气温度、湿度满足电气装置的技术要求。公称直径大于或等于 300 mm 的阀门应设支承。

（5）检查室内爬梯高度大于 4 m 时应设护拦或在爬梯中间设平台。当检查室内需更换的设备、附件不能从人孔进出时，应在检查室顶板上设安装孔。安装孔的尺寸和位置应保证需更换设备的出入和便于安装。

（6）所有分支管路在检查室内均应装设关断阀和排水管，以便当支线发生事故时能及时切断管路，并将管道中的积水排除。检查室盖板上的覆土深度不得小于 0.3 m。检查室布置图例，如图 7-46 所示。

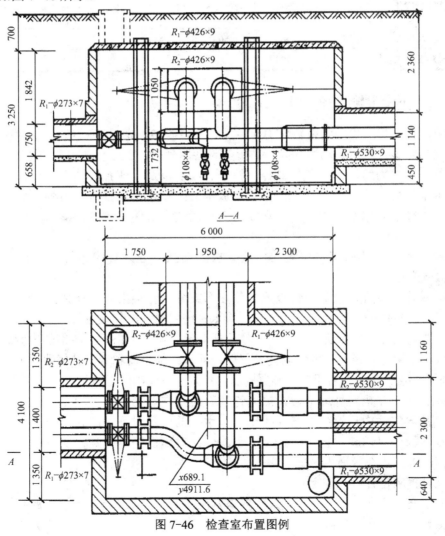

图 7-46　检查室布置图例

架空敷设的中、高支架敷设的管道，在安装阀门、排水、放气、除污装置的地方应设操作平台，操作平台的尺寸应保证维修人员操作方便，平台周围应设防护栏杆。

检查室或操作平台的位置及数量应在管道平面定线和设计时一起考虑，在保证安全运行和检修方便的前提下，尽可能减少其数目。

7.4.3　集中蒸汽供热管网附属设备的安装要求

（1）除污器应按设计或标准图组装。安装除污器应按热介质流动方向，进出口不得装反，除污器的除污口应朝向便于检修的位置，宜设集水坑。

（2）分汽缸、分水器、集水器安装位置、数量、规格应符合设计要求，同类型的温度表和压力表规格应一致，且排列整齐、美观。

（3）减压阀组装后的阀组称为减压器，包括减压阀、前后控制阀、压力表、安全阀、冲洗管及冲洗阀、旁通管及旁通阀等部分。

减压器螺纹连接时，用三通、弯头、活接头等管件进行预组装，组装后减压器两侧带有活接头，便于和管道进行螺纹连接，亦可用焊接形式与管道连接，减压器安装见图 7-47。

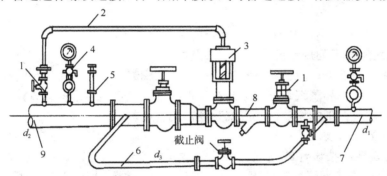

1—截止阀；2—DN15 均压管；3—减压阀；4—压力表；5—安全阀；6—旁通管；7—高压蒸汽管；8—过滤器；9—低压蒸汽管

图 7-47　减压器的安装

减压器安装时需注意以下问题：

① 减压器应按设计或标准图组装，减压器应安装在便于观察和检修的托架（或支座）上，安装应平整牢固。减压阀具有方向性，安装时不得装反，且应垂直安装在水平管道上；

② 减压器各部件应与所连接的管道处于同一中心线上。带均压管的减压器，均压管应连接于低压管一侧；

③ 旁通管的管径应比减压阀公称直径小 1～2 号；

④ 减压阀出口管径应比进口管径大 2～3 号。减压阀两侧应分别装高、低压压力表；

⑤ 公称直径为 50 mm 及以下的减压阀，配弹簧安全阀；公称直径为 70 mm 及以上的减压阀，配杠杆式安全阀。所有安全阀的公称直径应比减压阀公称直径小 2 号；

⑥ 减压器沿墙敷设时，距离地面 1.2 m；平台敷设时，距离操作平台 1.2 m；

⑦ 蒸汽系统的减压器前设疏水器；减压器阀组前设过滤器；

⑧ 波纹管式减压器用于蒸汽系统时，波纹管朝下安装；

⑨ 减压器安装完后，应根据使用压力进行调试，并做出调试标志。

（4）疏水装置。为排除蒸汽管道的沿途凝水，蒸汽管道的低点和垂直升高管段前应设

置启动疏水和经常疏水装置。同一坡向的管段，在顺坡情况下每隔 400～500 m，逆坡时每隔 200～300 m 应设启动疏水和经常疏水装置。经常疏水装置排出的凝结水，宜排入凝结水管道，以减少热量和水量的损失。蒸汽管道的坡度应根据管道所经过地区的地形状况来确定，一般不小于 0.2%，对于汽水逆向流动的蒸汽管道，其坡度不小于 0.5%。室外供热管道的坡向，因受地形限制不可能都满足沿水流方向低头走的要求，尤其是直埋敷设的管道更无法满足此要求，管道只能随地形敷设。由于管道管径较大，管路上局部管件少，管内水流速度较高，不会产生气塞现象。

选择疏水器时，要从它的使用条件、与使用条件相适应的容量及良好的耐用性等方面考虑，不能只根据管径大小来套用疏水器。一般情况下，应按以下几个方面进行选择：

① 根据加热设备和对排出凝结水的要求，选择疏水器的型式。疏水器的组装形式有两种：带旁通阀的疏水器和不带旁通阀的疏水器。组装后的疏水器，用螺纹或焊接连接于管道系统中，不带旁通管的热动力型疏水器的安装采用螺纹连接时，用三通、活接头等螺纹组件组装；

② 根据用汽设备的最高工作压力、最高工作温度，确定疏水器的公称压力、阀体材质及连接方式等；

③ 根据排水量的大小，选择确定疏水器的性能参数；

④ 蒸汽系统应按下列规定位置设疏水装置：

★蒸汽管路的最低点、流量测量孔板前和分汽缸底部应设启动疏水装置；

★分汽缸底部和饱和蒸汽管路安装启动疏水装置处应安装经常疏水装置；

★无凝结水水位控制的换热设备应安装经常疏水装置。

（5）疏水器的安装要求：

① 疏水器安装应按设计或标准图组装，并安装在便于操作和检修的位置，安装应平整，支架应牢固。连接管路应有坡度，出口的排水管与凝结水干管相接时，应连接在凝结水干管的上方；

② 在螺纹连接的管道系统中，组装的疏水器两端应装有活接头。疏水器进口端应装有过滤器，以定期清除积存的污物，保证疏水阀孔不被堵塞；

③ 当凝结水不回收直接排放时，疏水器可不设截断阀；

④ 疏水器前应设放气管，来排放空气或不凝性气体，减少系统的气堵现象；

⑤ 疏水器管道水平敷设时，管道应坡向疏水阀，以防水击；

⑥ 蒸汽干管变坡"翻身处"的疏水器安装方法见图 7-48；用汽设备处疏水器的安装方法见图 7-49。

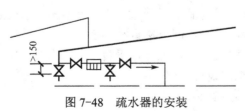

图 7-48 疏水器的安装　　　图 7-49 疏水器用汽设备处的安装

（6）安全阀安装应符合下列规定：

① 安全阀必须垂直安装，并在两个方向检查其垂直度，发现倾斜时应予以校正；

② 安全阀在安装前，应根据设计和用户使用需要，由相关的有检测资质的单位进行检测，同时按设计要求进行调整，调校条件不同的安全阀应在试运行时及时调校；

③ 安全阀的开启压力和回座压力应符合设计规定值，安全阀最终调整后，在工作压力下不得有泄漏现象；

④ 安全阀调整合格后，应填写安全阀调整实验记录；

⑤ 蒸汽管道和设备上的安全阀应有通向室外的排汽管。热水管道和设备上的安全阀应有接到安全地点的排水管，并应有足够的截面积和防冻措施确保排放通畅。在排汽管和排水管上不得装设阀门；

⑥ 调压孔板是用不锈钢或铝合金制作的圆板，开孔的位置及直径由设计决定。介质通过不同孔径的孔板进行节流，增加阻力损失，起到减压作用。安装时夹在两片法兰中间，两侧加垫石棉垫片，减压孔板应待整个系统冲洗干净后方可安装；

⑦ 在蒸汽管道的高点设手动放空气阀（平时不用），当管道系统进行水压试验（向管道内充水）或初次通蒸汽运行时，利用此阀排除管道系统内的空气。在凝结水干管的始端（高点）设自动放空气阀，若采用不带排气阀的疏水器时，在疏水器的前方应装设放空气阀。以便在系统运行过程中能及时排除凝结水管道内的空气。管道和设备上的放气阀，操作不便时应设置操作平台。站内管道和设备上的放气阀，在放气点高于地面 2 m 时，放气阀门应设在距地面 1.5 m 处便于安全操作的位置。

知识梳理与总结

通过项目教学活动，培养学生掌握室外供热管道附属设备的施工安装方法。培养学生良好的职业道德、自我学习能力、实践动手能力和耐心细致分析处理问题的能力，以及诚实、守信、善于沟通和合作的专业素养。该任务的重点如下：

1. 掌握室外供热管道的换热器和喷射器的选择方法；
2. 掌握补偿器的选择方法；
3. 掌握室外供热管道法兰、阀门与支座的选择方法；
4. 掌握室外供热管道的其他附属设备的选择方法。

任务 8

室外供热管道的防腐与保温施工

教学导航

教	知识重点	通过项目教学活动,培养学生掌握进行室外供热管道防腐与保温施工的方法	
	知识难点	进行室外供热管道保温的方法	
	教学方式	讲授法、任务驱动法、自主学习法、练习法、读书指导法、案例教学法、直观演示法、参观教学法、现场教学法	
	学时	6 学时	
学	学习目标	1. 掌握进行室外供热管道防腐的方法; 2. 掌握进行室外供热管道保温的方法	
	能力目标	培养学生良好的职业道德、自我学习能力、实践动手能力和耐心细致分析处理问题的能力,以及诚实、守信、善于沟通和合作的专业素养	

知识分布网络

室外供热管道的防腐与保温施工 —— 室外供热管道的防腐施工

室外供热管道的保温施工

8.1　室外供热管道的防腐施工

室外供热工程中的管道、容器、设备等常因腐蚀损坏而引起系统的泄漏，影响生产又浪费能源。输送有毒介质的管道还会造成环境污染和人身伤亡事故，许多工艺设施会因腐蚀而报废。金属的腐蚀原因是复杂的，而且常常是难以避免的，为了防止和减少金属的腐蚀，延长管道的使用寿命，应根据不同情况采取相应防腐措施。防腐的方法很多，如金属镀层、金属钝化、电化学保护、衬里及涂料工艺等。在管道及设备的防腐方法中，采用最多的是涂料工艺。明装的管道和设备，一般采用油漆涂料；设置在地下的管道，多采用沥青涂料。

8.1.1　管道除锈

为了提高油漆防腐层的附着力和防腐效果，在涂刷油漆前应清除钢管和设备表面的锈层、油污和其他杂质。

1. 除锈质量

钢材表面的除锈质量分为四个等级：

（1）一级要求彻底除净金属表面上的油脂、氧化皮、锈蚀等一切杂物，并用吸尘器、干燥洁净的压缩空气或刷子清除粉尘。表面无任何可见残留物，呈现均一的金属本色，并有一定粗糙度。

（2）二级要求完全除去金属表面的油脂、氧化皮、锈蚀产物等一切杂物，并用工具清除粉尘。残留的锈斑、氧化皮等引起轻微变色的面积，在任何部位 100 mm×100 mm 的面积上不得超过 5%。

一、二级除锈标准，一般可采用喷砂除锈和化学除锈的方法达到。

（3）三级要求完全除去金属表面上的油脂、疏松氧化皮、浮锈等杂物，并用工具清除粉尘。紧附的氧化皮、点锈蚀或旧漆等斑点状残留物面积，在任何部位 100 mm×100 mm 的面积上不得超过 1/3。三级除锈标准可用人工除锈、机械除锈和喷砂除锈的方法达到。

（4）四级要求除去金属表面上油脂、铁锈、氧化皮等杂物，允许有紧附的氧化皮、锈蚀产物或旧漆存在，四级除锈标准用人工除锈即可达到。

建筑设备安装中的管道和设备一般要求表面除锈质量达到三级。

2. 除锈方法

常用除锈的方法有人工除锈、喷砂除锈、机械除锈和化学除锈等。

（1）人工除锈。人工除锈常用的工具有钢丝刷、砂布、刮刀、手锤等。当管道设备表面有焊渣或锈层较厚时，先用手锤敲除焊渣和锈层；当表面油污较重时，先用熔剂清理油污。待干燥后用刮刀、钢丝刷、砂布等刮擦金属表面直到露出金属光泽，再用干净的废棉纱或废布擦干净，最后用压缩空气吹洗。钢管内表面的锈蚀，可用圆形钢丝刷来回拉擦。

人工除锈劳动强度大、效率低、质量差，但工具简单、操作容易，适用于各种形状表面的处理。由于安装施工现场多数不便使用除锈机械设备，所以在建筑设备安装工程中，人工除锈仍是一种主要的除锈方法。

（2）喷砂除锈。喷砂除锈采用 0.35～0.5 MPa 的压缩空气，把粒度为 1.0～2.0 mm 的砂子喷射到有锈污的金属表面上，靠砂粒的打击去除金属表面的锈蚀、氧化皮等，除锈装置如图 8-1 所示。喷砂时工件表面和砂子都要经过烘干处理，喷嘴距离工件表面 100～150 mm，并与之成 70°夹角，喷砂方向尽量顺风操作。用这种方法能将金属表面凹处的锈除尽，处理后的金属表面粗糙而均匀，使油漆能与金属表面很好地结合。喷砂除锈是加工厂或预制厂常用的一种除锈方法。

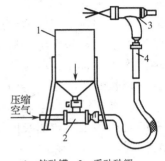

1—储砂罐；2—手动砂阀；
3—喷砂枪；4—橡胶管
图 8-1　喷砂装置

喷砂除锈操作简单、效率高、质量好，但喷砂过程中会产生大量的灰尘，污染环境，影响人们的身体健康。为减少尘埃的飞扬，可采用喷湿砂的方法来除锈，喷湿砂除锈是将砂子、水和缓蚀剂在储砂罐内混合，然后从喷嘴高速喷出。缓蚀剂（如磷酸三钠、亚硝酸钠）能在金属表面形成一层牢固而密实的膜（即钝化），可以防止喷砂后的金属表面生锈。

（3）机械除锈。机械除锈是利用电机驱动旋转式或冲击式除锈设备进行除锈，除锈效率高，但不适用于形状复杂的工件。常用的除锈机械有旋转钢丝刷、风动刷、电动砂轮等。图 8-2 是电动钢丝刷内壁除锈机，由电动机、软轴、钢丝刷组成，当电机转动时，通过软轴带动钢丝刷旋转进行除锈，用来清除管道内表面上的铁锈。

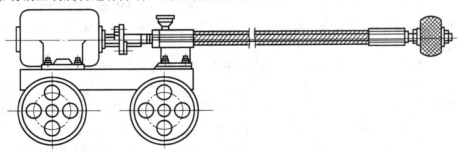

图 8-2　电动钢丝刷内壁除锈机

（4）化学除锈。化学除锈又称酸洗，是使用酸性溶液与管道设备表面金属氧化物进行化学反应，使其溶解在酸溶液中。用于化学除锈的酸液有工业盐酸、工业硫酸、工业磷酸等。酸洗前先将水加入酸洗槽中，再将酸缓慢注入水中并不断搅拌，当加热到适当温度时，将工件放入酸洗槽中，应掌握酸洗时间，避免清理不净或侵蚀过度。酸洗完成后应立即进行中和、钝化、冲洗、干燥，并及时刷油漆。

8.1.2　管道及设备的涂漆

1. 管道及设备的涂漆方法

油漆防腐的原理就是靠漆膜将空气、水分、腐蚀介质等隔离起来，以保护金属表面不受腐蚀。常用的管道和设备表面的涂漆方法有手工涂刷、空气喷涂、高压喷涂和静电喷涂等。

（1）手工涂刷。手工涂刷是将油漆稀释调和到适当稠度后，用刷子分层涂刷。这种方法操作简单，适应性强，可用于各种漆料的施工，但工作效率低，涂刷的质量受操作者技术水平的影响较大，漆膜不易均匀。手工涂刷应自上而下、从左至右、先里后外、纵横交错地进行，漆层厚度应均匀一致，无漏刷和挂流处。

（2）空气喷涂。空气喷涂是利用压缩空气通过喷枪时产生的高速气流，将贮漆罐内漆液引射混合成雾状，喷涂于物体的表面。空气喷涂中喷枪（如图8-3所示）所用空气压力为 0.2～0.4 MPa，一般距离工件表面 250～400 mm，移动速度 10～15 m/min。空气喷涂漆膜厚薄均匀，表面平整、效率高，但漆膜较薄，往往需要喷涂几次才能达到需要的厚度。为提高一次喷膜厚度，可采用热喷涂施工，热喷涂施工就是将漆加热到 70 ℃左右，使油漆的粘度降低，增加被引射的漆量。采用热喷涂法比一般空气喷涂法可节省 2/3 左右的稀释剂，并提高近 1 倍的工作效率，同时还能改变涂膜的流平性。

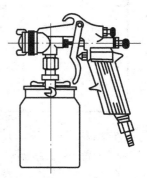

图 8-3　油漆喷枪

（3）高压喷涂。高压喷涂是将加压的涂料由高压喷枪喷出，剧烈膨胀并雾化成极细的漆粒喷涂到构件上。由于漆膜内没有混入压缩空气而带进水分和杂质，漆膜质量较空气喷涂高，同时由于涂料是扩容喷涂，提高了涂料粘度，雾粒散失少，减少了溶剂用量。

（4）静电喷涂。静电喷涂是使喷枪喷出的油漆雾粒细化，在静电发生器产生的高压电场中带电，带电涂料微粒在静电力的作用下被吸引贴覆在异性带电荷的构件上。由于飞散量减少，这种喷涂方法较空气喷涂可节约涂料 40%～60%。

其他涂漆方法还有滚涂、浸涂、电泳涂、粉末涂等，在建筑安装工程管道和设备防腐中应用较少。

2. 管道及设备涂漆的施工程序及要求

涂漆的施工程序一般分为涂底漆或防锈漆、涂面漆、罩光漆三个步骤。底漆或防锈漆直接涂在管道或设备表面，一般涂 1～2 遍，每层涂层不能太厚，以免起皱和影响干燥。若发现有不干、起皱、流挂或露底现象，要进行修补或重新涂刷。面漆一般涂刷调和漆或磁漆，漆层要求薄而均匀，无保温的管道涂刷一遍调和漆，有保温的管道涂刷两遍调和漆。罩光漆层一般是用一定比例的清漆和磁漆混合后涂刷一遍。不同种类的管道设备涂刷油漆的种类和涂刷次数见表8-1。

表 8-1　管道设备涂刷油漆种类和涂刷次数

分　类	名　称	先刷油漆名称和次数	再刷油漆名称和次数
不保温管道和设备	室内布置管道设备	2 遍防锈漆	1～2 遍油性调和漆
	室外布置的设备和冷水管道	2 遍环氧底漆	2 遍醇酸磁漆或环氧磁漆
	室外布置的气体管道	2 遍云母氧化铁酚醛底漆	2 遍云母氧化铁面漆
	油管道和设备外壁	1～2 遍醇酸底漆	1～2 遍醇酸磁漆
	管沟中的管道	2 遍防锈漆	2 遍环氧沥青漆

续表

分　类	名　　称	先刷油漆名称和次数	再刷油漆名称和次数
不保温管道和设备	循环水、工业水管和设备	2遍防锈漆	2遍沥青漆
	排气管	1～2遍耐高温防锈漆	
保温管道和设备	介质<120℃的设备和管道	2遍防锈漆	
	热水箱内壁	2遍耐高温油漆	
其他	现场制作的支吊架	2遍防锈漆	1～2遍银灰色调和漆
	室内钢制平台扶梯	2遍防锈漆	1～2遍银灰色调和漆
	室外钢制平台扶梯	2遍云母氧化铁酚醛底漆	2遍云母氧化铁面漆

管道及设备涂漆的施工要求为：

（1）涂料质量应符合下列规定：

① 与基面粘结牢固，涂层应均匀，厚度应符合产品要求，面层颜色一致；

② 漆膜均匀、完整，无漏涂、损坏；

③ 色环宽度一致，间距均匀，与管道轴线垂直；

④ 当设计有要求时，应进行涂层附着力测试；

⑤ 钢管除锈、涂料质量标准应符合表8-2的规定。

表8-2　钢管除锈、涂料质量标准

序　号	项　目	质量标准	检　查　频　率		检　验　方　法
			范围（m）	点　数	
1	△除锈	铁锈全部清除，颜色均匀，露金属本色	50	5	外观检查每10m，计1点
2	涂料	颜色光泽、厚度均匀一致，无起褶、起泡、漏刷	50	5	外观检查每10m，计1点

注：△为主控项目，其余为一般项目。

（2）涂料的耐温性能、抗腐蚀性能应按输热介质温度及环境条件进行选择。涂层的厚度应符合设计文件要求。对安装后不宜涂刷的部位，在安装前要预先刷漆，焊缝及其标记处在压力实验前不应刷漆。有色金属、不锈钢、镀锌钢管、镀锌钢板和铝板等表面不宜涂漆，一般可进行钝化处理。

（3）多种涂料配合使用，应按照产品说明书对涂料进行选择，各涂料性能应相互匹配，配比合适。调制成的涂料内不得有漆皮等影响涂刷的杂物，并应按涂刷工艺要求稀释至适当稠度，搅拌均匀，色调一致，及时使用，涂料应密封保存。漆膜应附着牢固、完整、无损坏，无剥落、皱纹、气泡、针孔、流淌等缺陷。

（4）涂刷油漆前应清理被涂刷表面上的锈蚀、焊渣、毛刺、油污、灰尘等，保持被涂刷表面清洁干燥。

（5）涂刷时的环境温度和相对湿度应符合涂料产品说明书的要求。当无要求时，环境温度宜在5～40℃之间，相对湿度不应大于75%。涂刷时金属表面应干燥，不得有结露。当相对湿度大于75%时或金属表面潮湿时，应采取措施，保证在清洁、干燥、通风良好的

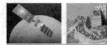

环境中进行涂刷。在雨雪和大风天气中进行涂刷，应有遮挡。涂刷后四天内应免受雨淋；当环境温度低于-5 ℃时，应按照涂料的性能掺入可促进漆膜固化的掺合料，并将漆膜的金属面加热至 30～40 ℃，再进行涂刷。当环境温度低于-25 ℃时，不宜进行涂料施工。涂漆施工宜在无灰尘、烟雾污染的环境下进行，并有一定的防冻、防雨措施。

8.1.3　埋地管道防腐

埋地管道腐蚀是由于土壤的酸性、碱性、潮湿、空气渗透以及地下杂散电流的作用等因素引起的，其中主要是电化学作用。防止腐蚀的方法主要是涂刷沥青涂料。

埋地管道腐蚀的强弱主要取决于土壤的性质。根据土壤腐蚀性质的不同，可将防腐层结构分为普通防腐层、加强防腐层和特加强防腐层三种类型，其结构见表 8-3。普通防腐层适用于腐蚀性轻微的土壤，加强防腐层适用于腐蚀性较剧烈的土壤，特加强防腐层适用于腐蚀性极为剧烈的土壤。土壤腐蚀性等级及其防护见表 8-4。

表 8-3　埋地管道防腐层结构

防腐层层次	普通防腐层	加强防腐层	特加强防腐层
1	冷底子油	冷底子油	冷底子油
2	沥青涂层	沥青涂层	沥青涂层
3	外包保护层	加强包扎层	加强包扎层
		（封闭层）	（封闭层）
4		沥青涂层	沥青涂层
5		外保护层	加强包扎层
			（封闭层）
6			沥青涂层
7			外保护层
防腐层厚度不小于（mm）	3	6	9

注：防腐层次从金属表面起。

表 8-4　土壤腐蚀性表

电阻测量法（Ω/m）	<10	10～20	20～100	>100
腐蚀性	高	较高	一般	低
防腐措施	特加强	加强	普通	普通

防腐材料、稀释剂和固化剂等材料的品种、规格、性能应符合现行国家标准和设计要求，产品应有质量合格证明文件（出厂合格证、有资质的检测机构的检测报告等），并应符合环保要求。材料在运输、储存和施工过程中，应采取有效措施，防止变质和污染环境。涂料应密封保存，严禁明火和暴晒，所用材料应在有效期内使用。

为了增强沥青涂料与钢管表面的粘结力，在涂刷沥青玛蹄脂之前一般要在管道或设备表面先涂刷冷底子油。沥青玛蹄脂温度应保持在 160～180 ℃时进行涂刷作业，涂刷时冷底子油层应保持干燥清洁，涂层应光滑均匀。沥青涂层中间所夹的加强包扎层可采用玻璃丝布、石

棉油毡、麻袋布等材料，其作用是为了提高沥青涂层的机械强度和热稳定性。施工时包扎料最好用长条带呈螺旋状包缠，圈与圈之间的接头搭接长度应为 30～50 mm，并用沥青粘合紧密，不得形成空气泡和折皱。防腐层外面的保护层多采用塑料布或玻璃丝布包缠而成，其施工方法和要求与加强包扎层相同，保护层可提高整个防腐层的防腐性能和耐久性。

　　沥青防腐层施工完成后应进行外观检验、厚度检验、粘结力检验和绝缘性能检验等质量检验。还应按施工作业顺序连续跟班对除锈、涂冷底子油、涂沥青玛蹄脂、缠玻璃丝布等各个环节进行外观检验。要求各层间无气孔、裂缝、凸瘤和混入杂物等缺陷，外观平整无皱纹。沿管线每 100 mm 检查厚度一处，每处沿周围上下左右四个对称点测定防腐层厚度，并取其平均值，厚度大小应满足要求。沿管线每 500 m 处或认为有怀疑的地方应取点进行粘结力检验，用小刀在防腐层上切出一夹角为 45°～60° 的切口，然后从角尖处撕开防腐层，如果防腐层不成层剥落，只能从冷底子油层撕开即为合格。绝缘性能检验是在管子下沟回填土前用电火花检验器沿全管线进行，检测用的电压为：普通防腐层 12 kV，加强防腐层 24 kV，特强防腐层 36 kV。

8.1.4 防腐涂层的质量检查

1）油漆涂层的质量检验等级标准

油漆涂层的质量检验等级标准，目前还没有定量的技术数据指标，只能采用目测的模糊级别标准，分为四级：

（1）一级：漆膜颜色一致，亮光好，无漆液流挂、漆膜平整光滑、镜面反光好。不允许有划痕和肉眼能看到的疵病，装饰感强。

（2）二级：漆膜颜色一致，底层平整光滑、光泽好，无流挂，无气泡，无杂纹，用肉眼看不到显著的机械杂质和污浊，有装饰性。

（3）三级：面漆颜色一致，无漏漆，无流挂，无气泡，无触目颗粒，无皱纹。

（4）四级：底漆涂后不露金属，面漆涂后不漏底漆。

管道工程一般参照三级精度的要求进行施工。

2）防腐涂层的质量要求

（1）在自然干燥的现场涂刷时应防止漆膜被污染和受损坏。多层涂刷时，在前一遍漆膜未干前不得涂刷第二遍漆。全部涂层完成后，漆膜未干燥固化前，不得进行下道工序施工。

（2）已完成防腐的管道、管件、附件、设备等，在漆膜干燥过程中应防止冻结、撞击、振动和湿度剧烈变化，并应做好成品保护，不得踩踏或当作支架使用。损坏的漆膜在下道工序施工前应提前进行修补，并进行检验。

（3）安装后无法涂刷或不易涂刷的部位，安装前应预先涂刷。在安装过程中应注意保护漆膜完好。

（4）预留的未涂刷部位，在其他工序完成后，应按要求进行涂刷。管道的焊口部位应加强防腐和检查。

（5）涂层上的一切缺陷、不合格处以及检查时被破坏的部位，应及时修补，并应达到质量标准的要求。

（6）用涂料和玻璃纤维做加强防腐层时，除遵守上述的有关规定外，尚应符合下列

规定：

① 按设计规定涂刷的底漆应均匀完整，无空白、凝块和流痕；

② 玻璃纤维的厚度、密度、层数应符合设计要求，缠绕重叠部分，宽度应大于布宽的1/2，压边量宜为 10～15 mm。用机械缠绕时，缠布机应稳定匀速前进，并与钢管旋转转速相配合；

③ 玻璃纤维两面沾油应均匀，经刮板或挤压滚轮后，布面无空白，不得淌油和滴油；

④ 防腐层的厚度不得低于设计厚度。玻璃纤维与管壁应粘结牢固、缠绕紧密均匀。表面应光滑，不得有气孔、针孔和裂纹。钢管两端应留 200～250 mm 空白段。

（7）工程竣工验收前，管道、设备外露金属部分所刷涂料的品种、性能、颜色等应与原管道设备所刷涂料相同。

（8）埋地钢管阴极保护（牺牲阳极）防腐应符合下列规定：

① 安装的牺牲阳极规格、数量及埋设深度应符合设计要求，设计无规定时，宜按国家现行标准《埋地钢质管道阴极保护技术规范》（GB/T21448—2008）的规定执行；

② 牺牲阳极填包料应注水浸润；

③ 牺牲阳极电缆应焊接牢固，焊点应进行防腐处理。

（9）当保温外保护层采用金属板时，保温层表面应铲平灰疤、补平凹痕、填严缝隙、打磨光滑，并应将浮灰清理干净后，按设计规定进行防腐。

（10）钢外护直埋保温管道的防腐材料及施工还应符合相关的国家标准。

8.2　室外供热管道的保温施工

绝热，俗称保温。工程上分为保温绝热和保冷绝热，保温绝热是减少系统内介质的热能向外界环境传递；保冷绝热是减少环境中的热能向系统内的介质传递。

保温绝热层和保冷绝热层，本身没什么区别。但由于热量传递的方向不同和应用的温度范围不同，其使用性质上产生了质的差别，因此在结构构造上也有所不同，应引起施工作业的重视。

热量传递过程中，存在温度场的空间，也同时存在水蒸气的分压力场。伴随热量传递的同时，也有水蒸气的渗流，其方向与热量的传递方向相同，但应用的温度范围不同时，水蒸气产生的物态变化就有根本的区别。保冷绝热层内：水蒸气正好处在气态（汽）、液态（水）和固态（冰）的温度变化范围内，随着水蒸气由外向保冷绝热层内渗流，温度越来越低，可能达到露点甚至冰点，因此在保冷绝热层内就会结露和结霜，从而降低绝热效果和破坏绝热层。因此，作为保冷绝热层，必须在绝热层外设防潮隔汽层，阻止水蒸气向绝热层内渗流。保温绝热层内：由于介质的温度较高，不存在水蒸气的三态变化，即使发生，也只能发生在系统间歇工作时（如系统的启动、停止等不稳定传热期间），变化时间较短，而且随着系统进入稳定运行状态，水蒸气总是处在气态下不会发生上面所述的结露、结霜现象，故作为保温绝热层，无须设置防潮隔汽层。保温层的作用是减少能量损失、节约能源，提高经济效益，保障介质的运行参数，满足用户生产生活要求。对于保温绝热层来说，还可降低保温层外表面温度，改善环境工作条件、避免烫伤事故发生；对于保冷绝热层来说，可提高保温层外表面温度，改善环境工作条件，防止保温层外表面结露、结霜。

集中供热工程施工

对于寒冷地区，管道保温层能保障系统内的介质水不被冻结，保证管道安全运行。由于室外架空管道要防雨雪，就要在保温绝热层外设防潮防水层，这时保温绝热层和保冷绝热层构造就基本相同了，统一称为绝热。

8.2.1 保温层的设计要求

保温层能否取得满意效果，关键在于保温材料的选用和保温层的施工质量。保温层的设计要求是：

（1）散热损失低于标准热损失。管道四周的散热损失值要尽可能一致，其表面平均热流值应小于标准中规定的允许散热损失值。表 8-5 给出了最大允许热损失量。

表 8-5　最大允许热损失量

设备管道外表面温度 t/℃	隔热层表面最大允许热损失量[Q]/（W/m²）	
	常年运行	季节运行
50	58	116
100	93	163
150	116	203
200	140	244
250	163	279
300	186	308
350	209	—
400	227	—
450	244	—
500	262	—
550	279	—
600	296	—
650	314	—
700	330	—
750	345	—
800	360	—
850	375	—

注：《设备及管道绝热技术通则》（GB/T 4272—2008）中仅有外表面温度 50～650 ℃ 的数据，而且两标准相同。

（2）有足够的机械强度。绝热结构必须有足够的机械强度，要在自重的作用下或偶尔受到外力冲击时不致脱落下来。GB/T 4272—2008 规定硬质绝热制品的抗压强度不应小于 0.3 MPa。

（3）有良好的保护层（面层），使外部的水汽、雨水以及潮湿泥土中的水分都不能进入绝热材料内。因为水分进入后，不仅使绝热材料的热导率增加，还会使绝热材料变软，破坏了绝热结构的完整性，降低了机械强度，同时也增加了散热损失。

（4）绝热结构不能使管道和设备受到腐蚀。

（5）绝热结构所产生的应力不能传到管道或设备上。尤其是间歇运行的系统，温差变化较大，在考虑绝热结构时必须注意这个问题。

（6）绝热结构要简单。绝热结构简单不但可减少材料消耗，节省投资，而且也使施工方便，维修简便。

（7）设计绝热结构时要考虑管道或设备振动情况。在管道弯曲部分、管道与泵或其他转动设备相连接处，由于管道伸缩以及泵或设备产生振动，传到管道上来，绝热结构如不牢固，时间一长就会产生裂缝，以致脱落。此时，不宜使用预制绝热材料，最好采用毡材来包扎。

（8）绝热结构的外表面应整齐美观。

8.2.2　保温材料的种类和选用

保温材料种类繁多，工程上使用不同的保温材料时，保温层采用不同的构造形式，其施工方法也不同。

1. 保温材料的种类

（1）早期的保温材料：多以天然矿物和自然资源为原材料，如石棉、硅藻土、软木、草绳、锯末等。这些材料一般经简单加工就可使用，其保温结构多为涂抹或填充形式。

（2）人工生产的保温材料：玻璃棉、矿渣棉、珍珠岩、蛭石等。这些保温材料一般为工厂生产的原料或预制半成品，其保温结构多为捆绑和砌筑形式。

（3）20世纪70年代以来研制开发的保温材料有：聚苯乙烯泡沫塑料、聚氨酯泡沫塑料、泡沫玻璃、泡沫石棉等，其保温层的结构多为喷涂或灌注成型的形式。

2. 保温材料的选用

管道系统的工作环境多种多样，有高温、低温、空中、地下、干燥、潮湿等条件。所选用的保温材料要求能适应这些条件，在选用保温材料时首先考虑其热工性能，然后还要考虑施工作业条件，如：高温系统应考虑材料的热稳定性；振动管道应考虑材料的强度；潮湿的环境应考虑材料的吸湿性；间歇运行的系统应考虑材料的热容量等。保温材料的品种、规格、性能等应符合现行国家产品标准和设计要求，产品应有质量合格证明文件（出厂合格证、有资质的检测机构的检测报告等），并应符合环保要求。

在工程上，可根据保温材料适应的温度范围进行保温材料的应用分类，如表8-6所示，供选用参考。

表8-6　保温材料应用温度分类

序号	介质温度/℃	绝 热 材 料
1	0～250（常温）	酚醛玻璃棉制品，水玻璃珍珠岩制品，水泥珍珠岩制品，沥青及玻璃棉制品
2	250～350	矿渣棉制品，水玻璃珍珠岩制品，水泥珍珠岩制品，沥青及玻璃棉制品
3	350～450	矿渣棉制品，水玻璃珍珠岩制品，水泥珍珠岩制品，水玻璃蛭石制品，水泥蛭石制品
4	450～600	矿渣棉制品，水玻璃珍珠岩制品，水泥珍珠岩制品，水玻璃蛭石制品，水泥蛭石制品
5	600～800	磷酸盐珍珠岩制品，水玻璃蛭石制品
6	−20～0	酚醛玻璃棉制品，淀粉玻璃棉制品，水泥珍珠岩制品，水玻璃珍珠岩制品
7	−40～−20	聚苯乙烯泡沫塑料，水玻璃珍珠岩制品
8	−196～−40	膨胀珍珠岩制品

8.2.3　保温结构的组成

保温结构一般由保温层、防潮层、保护层等部分组成，进行保温结构施工前应先做防锈层。

（1）防锈层：即管道及设备表面除锈后涂刷的防锈底漆，一般涂刷 1～2 遍。

（2）保温层：是减少能量损失，起保温保冷作用的主体层，附着于防锈层外面。

（3）防潮层：防止空气中的水气浸入保温层的构造层，常用沥青油毡、玻璃丝布、塑料薄膜等材料制作。

（4）保护层：保护防潮层和保温层不受外界机械损伤，保护层的材料应有较高的机械强度，常用石棉石膏、石棉水泥、玻璃丝布、塑料薄膜、金属薄板等制作。

（5）防腐及识别标志：它可以保护保护层不受环境侵蚀和腐蚀，用不同颜色的油漆涂料涂抹制成，既作防腐层又作识别标志。

8.2.4　保温设计计算的相关规定

保温计算应根据工艺要求和技术、经济分析，选择保温计算公式以及计算参数。当无特殊工艺要求时，保温的厚度应采用"经济厚度"法计算，但若经济厚度偏小以致散热损失量超过最大允许散热损失量标准时，应采用最大允许散热损失量下的厚度。

1. 保温设计的基本规定

保温设计应符合减少散热损失、节约能源、满足工艺要求、保持生产能力、提高经济效益、改善工作环境、防止烫伤等基本原则。

（1）具有下列情况之一的设备、管道、管件、阀门等必须保温。

① 外表面温度大于 50 ℃（指环境温度为 25 ℃时的表面温度）以及根据需要要求外表面温度小于或等于 50 ℃的设备和管道；

② 介质凝固点高于环境温度的设备和管道或工艺生产中需要减少介质的温度下降或延迟介质凝结的部位。

（2）常压立式圆筒形钢制储罐具有下列要求之一者，应进行绝热：

① 介质储存温度大于或等于 50 ℃；

② 介质储存温度小于 50 ℃，储罐绝热后有利于满足生产工艺要求，并有明显的经济效益时；

③ 储存于浮顶罐、内浮顶罐的液体因降温在罐内壁产生凝结物而影响浮盘正常运行时；

④ 储罐罐壁外侧设有加热盘管时。

（3）储罐的绝热设计应与储存液体的加热方案统一考虑，并同时进行设计。

（4）储罐的绝热设计应按罐壁、罐顶分别进行，并符合下列要求：

① 罐壁绝热厚度应按液体储存温度计算；

② 罐顶绝热厚度应按液面以上气体空间的平均温度计算；

③ 液体储存温度等于或高于 120 ℃时，应对储罐罐顶、罐壁全部绝热。液体储存温度低于 95 ℃时，应仅对储罐罐壁绝热。

（5）储罐罐壁的绝热层高度，应高于储存液体的设计最高液位 50 mm。

（6）除防烫伤要求保温的部位外，具有下列情况之一的设备和管道可不保温：

① 要求散热或必须裸露的设备和管道；

② 要求及时发现泄漏的设备和管道上的连接法兰；

③ 要求经常监测，防止发生损坏的部位；

④ 工艺生产中排气、放空等不需要保温的设备和管道。

（7）表面温度超过 60 ℃的不保温设备和管道，需要经常维护又无法采用其他措施防止烫伤的部位，应在下列范围内设置防烫伤保温：

① 距离地面或工作平台的高度小于 2.1 m；

② 靠近操作平台距离小于 0.75 m。

2．计算保温层厚度的规定

首先根据生产运行的实际需要合理选择设计参数，确定介质温度、压力、流量、温降或允许散热损失、管径及走向等，使设计负荷与实际运行负荷尽可能接近，减少浪费。其次应该合理选材，进行保温厚度的计算。保温厚度计算一般推荐经济保温厚度的计算公式较为合理，但我国目前热价不统一，投资偿还年限和利率取法也各不相同，很难准确计算。目前采用较多的是控制表面散热损失或控制外表面温度的方法来计算保温层厚度。

1）保温层厚度计算应符合的规定

（1）管道和圆筒设备外径大于 1 020 mm 者，可按平面计算保温层厚度；其余均按圆筒面计算保温层厚度。

（2）为减少散热损失，保温层厚度应按经济厚度方法计算。

① 对于热价低廉，保温材料制品或施工费用较高，根据公式计算得出的经济厚度偏小，以致散热损失超过表 8-7 或表 8-8 规定的最大允许散热损失时，应重新按表内最大允许散热损失的 80%～90% 计算其保温层厚度；

② 对于热价偏高、保温材料制品或施工费用低廉、并排敷设的管道，尚应考虑支撑结构、占地面积等综合经济效益，其厚度可小于经济厚度。

表 8-7　季节运行工况允许最大散热损失值

设备、管道及其附件外表面温度/K（℃）	323（50）	373（100）	423（150）	473（200）	523（250）	573（300）
允许最大散热损失/（W/m²）	104	147	183	220	251	272

表 8-8　常年运行工况允许最大散热损失值

设备、管道及其附件外表面温度/K（℃）	323（50）	373（100）	423（150）	473（200）	523（250）	573（300）	623（350）	693（400）	723（450）	773（500）	823（550）	873（600）	923（650）
允许最大散热损失/（W/m²）	52	84	104	126	147	167	188	204	220	236	251	266	283

2）保温层厚度的计算原则

（1）为减少保温结构散热损失的保温层厚度应按"经济厚度"的方法计算，并且其散热损失不得超过表 8-7 或表 8-8 的数值。只有在用"经济厚度"的方法计算无法满足规定

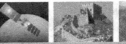

或无条件使用"经济厚度"公式时方可按允许散热损失计算。

（2）设备及管道内介质在允许或指定温度降条件下输送时，保温层厚度按热平衡方法计算。

（3）为延迟管道内介质冻结、凝固的保温层厚度按热平衡方法计算。

（4）防止烫伤的保温层厚度按表面温度计算。保温层外表面温度不得超过 60℃。

（5）加热伴热保温及保温保冷双重结构按各专业部门规定的方法计算。

（6）锅炉及工业炉窑的保温按各专业部门规定的方法计算。

3. 保温结构设计

（1）保温结构一般由保温层和保护层组成。保温结构的设计应符合保温效果好、施工方便、防火、耐久、美观等基本要求，具体为：

① 保温结构一般不考虑可拆卸性，但需要经常维修的部位宜采用可拆卸式的保温结构；

② 保温结构设计必须保证其在经济寿命年限内的完整性；

③ 保温结构设计应保证其有足够的机械强度，不允许有在自重或偶然轻微外力作用下被破坏的现象发生。

（2）保温层设计需注意下面几点：

① 设备、直管道、管件等无需检修处宜采用固定式保温结构；法兰、阀门、人孔等处宜采用可拆卸式的保温结构；

② 保温厚度宜按 10 mm 为分级单位；

③ 保温层设计厚度大于 100 mm 时，保温结构宜按双层考虑；双层的内外层缝隙应彼此错开；

④ 使用软质和半硬质保温材料时，设计应根据材料的最佳保温密度或保证其在长期运行中不致塌陷的密度而规定其施工压缩量。

（3）保温层的支撑及紧固设计要求：

① 高于 3 m 的立式设备、垂直管道以及与水平夹角大于 45°，长度超过 3 m 的管道应设支撑圈，其间距一般为 3～6 m；

② 硬质材料施工中应预留伸缩缝。设置支撑圈者应在支撑圈下预留伸缩缝。缝宽应按金属壁和保温材料的伸缩量之间的差值考虑。伸缩缝间应填塞与硬质材料厚度相同的软质材料，该材料使用温度应大于设备和管道的表面温度；

③ 保温层应采取适当措施进行紧固。

（4）保护层的做法注意如下：

① 保护层必须切实起到保护保温层的作用，以阻挡环境和外力对保温材料的影响，延长保温结构的寿命，并使保温结构外形整齐美观；

② 保护层材料应具有防水、防湿性、不燃性和自熄性，化学稳定性好，强度高，不易开裂，使用年限长等性能；

③ 一般金属保护层应采用 0.3～0.8 mm 厚的镀锌薄钢板或防锈铝板制成外壳，外壳的接缝处必须搭接，以防雨水进入；

④ 玻璃布保护层一般在室内使用，石棉水泥类抹面保护层不得在室外使用；

⑤ 可采用其他已被确认可靠的新型外保护层材料。

4. 保温计算主要数据的选取

1）表面温度 T

（1）无衬里的金属设备和管道的表面温度 T，取介质的正常运行温度。

（2）有内衬的金属设备和管道的外表面温度 T，应按有外保温层存在的条件下进行传热计算而确定。

2）环境温度 T_a

（1）设置在室外的设备和管道在经济保温厚度和散热损失计算中，环境温度 T_a 常年运行的取历年年平均温度的平均值；季节性运行的取历年运行期日平均温度的平均值。各地环境温度、相对湿度表见附录 H。

（2）设置在室内的设备和管道在经济保温厚度及散热损失计算中，环境温度 T_a 均取 20 ℃。

（3）设置在地沟中的管道，当介质温度 $T=80$ ℃时，环境温度 T_a 取 20 ℃；当介质温度 $T=81\sim110$ ℃时，环境温度 T_a 取 30 ℃；当介质温度 $T\geq110$ ℃时，环境温度 T_a 取 40 ℃。

（4）在校核有工艺要求的各保温层计算中，环境温度 T_a 应按最不利的条件取值，如：

① 在防止人身烫伤的厚度计算中，环境温度 T_a 应取历年最热月平均温度值；

② 在防止设备管道内介质冻结的计算中，T_a 应取冬季历年极端平均最低温度。

3）界面温度

对于异材复合保温结构在内外两种不同材料界面处以摄氏度（℃）计的温度，必须控制在低于或等于外层保温材料安全使用温度的 0.9 倍以内。

4）保温结构表面放热系数

保温结构表面放热系数 α_s 的取值应符合下列规定：

（1）在进行经济厚度、最大允许热损失下的厚度、表面放热损失量和保温结构外表面温度的计算中，室外 α_s 应按下式计算，即：

$$\alpha_s = 1.163\times(10+6\sqrt{\omega}) \tag{8-1}$$

式中，ω 为年平均风速（m/s）；当无风速值时，α_s 可取为 11.63 W/（m²·℃）。

（2）保温结构表面温度现场校核计算中，一般情况按 $\alpha=1.163\times(6+3\sqrt{\omega})$ 计算，式中 ω 为风速（m/s）。

（3）防烫伤计算中，α_s 可取为 8.141 W/（m²·℃）。

（4）防冻计算中，用公式（8-1）计算 α_s 时，风速 ω 取冬季最多风向平均风速。

（5）在保温效果检测研究中进行保温计算时，外表面放热系数 α_s 应为表面材料的辐射放热系数 α_r 与对流放热系数 α_c 之和。

5）热导率

热导率 λ 应取保温材料在平均设计温度下的热导率，对软质材料应取安装密度下的热导率。保温材料制品的热导率或热导率方程应由制造厂提供。

6）热价

热价 P_H 应按建设单位所在地实际价格取值，在无实际热价时，可采用下式计算：

$$P_H = 1\,000\frac{C_1 C_2 P_F}{q_F \eta_B} \tag{8-2}$$

式中，P_H 为热价（元/10^6 kJ）；P_F 为燃料到厂价（元/t）；q_F 为燃料收到基低位发热量（kJ/kg）；η_B 为锅炉热效率（$\eta_B=0.76\sim0.92$），对大容量、高参数锅炉 η_B 取值应取上限，反之应取下限；C_1 为工况系数（$C_1=1.2\sim1.4$）；C_2 为㶲值系数，C_2 应按表 8-9 取值。

7）保温结构单位造价（P_T）

保温结构单位造价应按下列公式计算：

（1）管道保温结构单位造价（P_T）应按下式计算：

$$P_T = (1+D_X)\left[F_i P_i + F_{ia} + \frac{4 \times F_1 D_1}{D_1^2 - D_0^2} \times (F_9 \times P_9 + F_{91})\right] \tag{8-3}$$

（2）设备保温结构单位造价（P_T）应按下式计算：

$$P_T = (1+D_X)\left[F_i P_i + F_{ia} + \frac{F_1}{\delta} \times (F_9 \times P_9 + F_{92})\right] \tag{8-4}$$

式中，P_T 为保温结构单位造价（元/m^3）；P_i 为保温层材料到厂单价（元/m^3）；P_5 为防潮层材料单价（元/m^2）；P_9 为保护层材料单价（元/m^2）；D_x 为固定资产投资方向调节税（以下简称"定向税"）税率（%）；F_i 为保温层材料损耗及费税系数，$F_i=1.10\sim1.18$；F_{ia} 为保温层每立方米人工、管理等附加费，F_{ia} 应按表 8-10 取值；F_1 为保护层费税系数，$F_1=1.08$；F_9 为保护层材料损耗、重叠系数，$F_9=1.20\sim1.30$；F_{91} 为管道保护层每平方米人工、管理等附加费，$F_{91}=4\sim7$ 元/m^2；F_{92} 为设备保护层每平方米人工、管理等附加费，$F_{92}=4\sim6$ 元/m^2（钉口），$F_{92}=9\sim13$ 元/m^2（咬口）。

表 8-9 㶲值系数

设备及管道种类	㶲 值 系 数
利用锅炉出口新蒸汽的设备及管道	1
抽汽管道，辅助蒸汽管道	0.75
疏水管道，连续排污及扩容器	0.50
通大气的放空管道	0

表 8-10 每立方米保温层人工、管理附加费 F_{ia}

项 目	F_{ia}/（元/m^3）
$\varphi76$-$\varphi426$ 管道	$43\sim96$
$\varphi57$-$\varphi476$ 管道的泡沫玻璃	160
小于 $\varphi57$ 管道的泡沫玻璃	320

8）年运行时间

对常年运行的应按 8 000 h 计，对非常年运行的应按实际运行时间计。

9）计息年数 n

指计算期年数，根据不同情况取 5～10 年。

10）年利率 i

年利率取 6%～10%（复利）。

8.2.5 设备和管道的保温计算

1. 保温层厚度计算

圆筒型保温层厚度公式

$$\delta = \frac{1}{2}(D_1 - D_0) \quad (\text{保温，单层时厚度}) \tag{8-5}$$

$$\delta = \frac{1}{2}(D_2 - D_0) \quad (\text{保温，双层时总厚度}) \tag{8-6}$$

$$\delta_1 = \frac{1}{2}(D_1 - D_0) \quad (\text{保温，双层中的内层厚度}) \tag{8-7}$$

$$\delta_2 = \frac{1}{2}(D_2 - D_1) \quad (\text{保温，双层中的外层厚度}) \tag{8-8}$$

式中，D_0 为管道或设备外径（m）；D_1 为内层保温层外径，当为单层时，D_1 即保温层外径（m）；D_2 为外层保温层外径（m）；δ 为保温层厚度，当保温层为两种不同保温材料组合的双层保温结构时，为双层总厚度（m）；保温层厚度应按每一档为 10 mm 取整，如 10、20、30、40、50…；δ_1 为内层保温层厚度（m）；δ_2 为外层保温层厚度（m）。

2. 保温层的经济厚度计算

在圆筒型保温层经济厚度计算中，应使保温层外径 D_1 满足下式要求，即：

$$D_1 \ln \frac{D_1}{D_0} = 3.795 \times 10^{-3} \sqrt{\frac{P_E \lambda t |T_0 - T_a|}{P_T S}} - \frac{2\lambda}{\alpha_s} \tag{8-9}$$

式中，P_E 为能量价格（元/10^6 kJ）；P_T 为保温结构单位造价（元/m^3）；λ 为保温材料在平均温度下的热导率 [W/（m·℃）]；α_s 为保温层外表面向周围环境的放热系数 [W/（m^2·℃）]；t 为年运行时间（h）；T_0 为管道或设备的外表面温度（℃）；T_a 为环境温度 [℃（运行期间平均气温）]；S 为保温工程投资年摊销率（%）。宜在设计使用年限内按复利率计算：

$$S = \frac{i(1+i)^n}{(1+i)^n - 1} \tag{8-10}$$

式中，i 为年利率（复利率）（%）；n 为计息年数（年）。

1）平面型保温层经济厚度

平面型保温层经济厚度应按下式计算，即：

$$\delta = 1.897\,5 \times 10^{-3} \sqrt{\frac{P_E \lambda t |T_0 - T_a|}{P_T S}} - \frac{\lambda}{\alpha_s} \tag{8-11}$$

2）圆筒型单层最大允许热损失下保温层厚度计算

最大允许热损失量在按规定取值时，保温层厚度计算中，应使其外径 D_1 满足下式要求，即：

$$D_1 \ln \frac{D_1}{D_0} = 2\lambda \left[\frac{(T_0 - T_a)}{[Q]} - \frac{1}{\alpha_s} \right] \tag{8-12}$$

式中，$[Q]$ 是以每平方米保温层外表面积为单位的最大允许热损失量（W/m^2）。$[Q]$ 应按规范取值。

3）圆筒型双层热损失下的保温层厚度计算

当最大允许热损失量按规定取值时，双层保温层总厚度计算中，应使外层保温层外径 D_2 满足下式的要求，即：

$$D_2 \ln\frac{D_2}{D_0} = 2\left[\frac{\lambda_1(T_0 - T_1) + \lambda_2(T_1 - T_2)}{[Q]} - \frac{\lambda_2}{\alpha_s}\right] \quad (8-13)$$

内层厚度计算中，应使内层保温层外径 D_1 满足下式的要求，即：

$$\ln\frac{D_1}{D_0} = \frac{2\lambda_1}{D_2} \cdot \frac{T_0 - T_1}{[Q]} \quad (8-14)$$

式中，T_1 为内层保温层外表面温度（℃），式中 T_1 的绝对值应小于以℃计的外层保温材料的允许使用温度 T_2 的 0.9 倍，其正负号与 T_2 的符号一致；T_2 为外层保温层外表面温度（℃）；λ_1 为内层保温材料热导率 [W/（m·℃）]；λ_2 为外层保温材料热导率 [W/（m·℃）]。

4）平面型单层最大允许热损失下保温厚度计算

$$\delta = \lambda\left[\frac{(T_0 - T_a)}{[Q]} - \frac{1}{\alpha_s}\right] \quad (8-15)$$

3. 根据允许或给定的介质温降计算保温层厚度

当允许或给定介质温降时，保温厚度不能按经济厚度方法计算，而由允许或给定温降的条件用稳定传热的热平衡方法计算。

1）无分支管道

输送介质的无分支保温管道全程散失热量为：

$$Q = qL_c = \frac{\Delta t_m}{R}L_c \quad (8-16)$$

式中，Q 为全程散失热量（W）；q 为单位长度管道平均散热量（W/m）；L_c 为管道全程计算长度（m）；Δt_m 为管内介质与环境的平均温差（℃）；R 为单位管长的总热阻（m·℃/W）。

$$L_c = KL + \Sigma l \quad (8-17)$$

式中，K 为由于管道上设有支、吊架，管道散（吸）热的附加系数，见表 8-11；l 为阀门、法兰管件的当量长度（m），见表 8-12；L 为管道的实际长度（m）。

表 8-11 支吊架散（吸）热附加系数 K

场所 类别	室内	室外
吊架	1.10	1.15
支架	1.15	1.20

注：SHJ10-90 规定 K=1.05～1.15。

表 8-12 阀门、法兰的当量长度（m）

管径 DN	室内		室外	
	t=100 ℃	t=400 ℃	t=100 ℃	t=400 ℃
100	2.3	4.8	4.5	6.2
500	3.0	7.5	5.5	8.5

当 $\dfrac{t_1 - t_a}{t_2 - t_a} \geqslant 2$ 时：

$$\Delta t_m = \frac{t_1 - t_2}{\ln\dfrac{t_1 - t_a}{t_2 - t_a}} \quad (8-18)$$

当 $\dfrac{t_1 - t_a}{t_2 - t_a} < 2$ 时：

$$\Delta t_{\mathrm{m}} = \frac{1}{2}(t_1 + t_2) - t_{\mathrm{a}} \tag{8-19}$$

式中，t_1、t_2、t_{a} 分别为介质在起点、终点的温度和环境温度（℃）；Δt_m 为管内介质与环境的平均温度（℃）。

一般忽略管内介质与内表面的换热热阻、金属管壁内部的导热热阻以及外护层的导热热阻，单位长度管道的总热阻为：

$$R = \frac{1}{2\pi\lambda}\ln\frac{D_0}{D_{\mathrm{i}}} + \frac{1}{\pi D_0 \alpha} \tag{8-20}$$

按热平衡，可得全程散热量 Q 为：

$$Q = G\overline{c}\,(t_1 - t_2) \tag{8-21}$$

式中，G 为管内介质的质量流量（kg/h）；$\overline{c}$ 为管内介质在 t_1 至 t_2 温度区间内的定压比热 [J/(kg·℃)]。

当 $\dfrac{t_1 - t_{\mathrm{a}}}{t_2 - t_{\mathrm{a}}} \geqslant 2$ 时：

$$G\overline{c}(t_1 - t_2) = \frac{\Delta t_{\mathrm{m}}}{R}L_{\mathrm{c}} = \frac{t_1 - t_2}{\ln\dfrac{t_1 - t_{\mathrm{a}}}{t_2 - t_{\mathrm{a}}}} \cdot \frac{L_{\mathrm{c}}}{\dfrac{1}{2\pi\lambda}\ln\dfrac{D_0}{D_{\mathrm{i}}} + \dfrac{1}{\pi D_0 \alpha}}$$

经整理得：

$$\frac{1}{2\pi\lambda}\ln\frac{D_0}{D_{\mathrm{i}}} + \frac{1}{\pi D_0 \alpha} = \frac{L_{\mathrm{c}}}{G\overline{c}\ln\dfrac{t_1 - t_{\mathrm{a}}}{t_2 - t_{\mathrm{a}}}}$$

$$\ln\frac{D_0}{D_{\mathrm{i}}} = 2\pi\lambda\left(\frac{L_{\mathrm{c}}}{G\overline{c}\ln\dfrac{t_1 - t_{\mathrm{a}}}{t_2 - t_{\mathrm{a}}}} - \frac{1}{\pi D_0 \alpha}\right) \tag{8-22}$$

当 $\dfrac{t_1 - t_{\mathrm{a}}}{t_2 - t_{\mathrm{a}}} < 2$ 时：

$$G\overline{c}(t_1 - t_2) = \frac{\left[\dfrac{1}{2}(t_1 + t_2) - t_{\mathrm{a}}\right]L_{\mathrm{c}}}{\dfrac{1}{2\pi\lambda}\ln\dfrac{D_0}{D_{\mathrm{i}}} + \dfrac{1}{\pi D_0 \alpha}} = \frac{(t_{\mathrm{m}} - t_{\mathrm{a}})L_{\mathrm{c}}}{\dfrac{1}{2\pi\lambda}\ln\dfrac{D_0}{D_{\mathrm{i}}} + \dfrac{1}{\pi D_0 \alpha}}$$

经整理得：

$$\frac{1}{2\pi\lambda}\ln\frac{D_0}{D_{\mathrm{i}}} + \frac{1}{\pi D_0 \alpha} = \frac{(t_{\mathrm{m}} - t_{\mathrm{a}})L_{\mathrm{c}}}{G\overline{c}(t_1 - t_2)}$$

$$\ln\frac{D_0}{D_{\mathrm{i}}} = 2\pi\lambda\left(\frac{(t_{\mathrm{m}} - t_{\mathrm{a}})L_{\mathrm{c}}}{G\overline{c}(t_1 - t_2)} - \frac{1}{\pi D_0 \alpha}\right) \tag{8-23}$$

又有保温层厚度

$$\delta = \frac{D_0 - D_{\mathrm{i}}}{2} \tag{8-24}$$

式中，t_{m} 为算术平均温度，即 $\dfrac{1}{2}(t_1 + t_2)$ （℃）；D_{i}、D_0 为分别为管外直径、保温后外直径（m）；L_{c} 为管道全程长度（m）；λ 为保温材料的平均温度热导率 [W/（m·℃）]；α 为外表面散

热系数［W/（m·℃）］；δ为保温层厚度（m）。

可联立公式（8-22）与（8-24）、公式（8-23）与（8-24）求解不同条件下的保温层厚度，公式（8-22）与公式（8-23）中的 D_0、λ均为未知数，故在计算 $\ln \dfrac{D_0}{D_i}$ 时要用试算法，其步骤如下：

（1）假设 D_0 值；

（2）根据给定的介质温降要求，确定 t_1 和 t_2；

（3）根据 $\dfrac{t_1 - t_a}{t_2 - t_a}$ 值计算平均温差；

（4）确定介质平均温度，由式 $\dfrac{1}{2}(t_1 + t_2) = \Delta t_m + t_a$ 求得；

（5）计算单位长度在单位时间的散热量 q，$q = \dfrac{Gc(t_1 - t_2)}{L_c}$；

（6）确定 α 值，并计算保温层外表面温度 t_s（其中用到假设的 D_0 值）；

$$t_s = t_a + \frac{q}{\pi D_0 \alpha}$$

（7）取保温层内表面温度，$t_i = \dfrac{1}{2}(t_1 + t_2)$；

（8）按保温层平均温度 $t_m = \dfrac{1}{2}\left[\dfrac{1}{2}(t_1 + t_2) + t_s\right]$ 计算平均热导率 λ，$\lambda = \lambda_0 + bt_m$；

（9）将 D_0、λ值代入式（8-22）或式（8-23），计算 $\ln \dfrac{D_0}{D_i}$ 值而求得 D_0，逐次逼近。

2）有分支（结点）的管道

首先将各结点处的温度求出，然后分段按式（8-22）或式（8-23）进行保温厚度计算。

图 8-4 有分支的管道中 A—B—C—D 为主管，A 为起点，介质温度 T_A，D 为终点，设定温度为 T_D，B、C 为支管的结点，E、F 为支管的终点，其介质温度均为设定的。

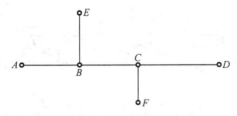

图 8-4　有分支的管道

根据热量平衡：

$$G\overline{c}\Delta T = qL_c \tag{8-25}$$

式中，G 为介质质量流量（kg/h）；$\overline{c}$ 为介质比热［J/（kg·℃）］；ΔT 为介质温降（℃）；q 为散热热量（J/h）；L_c 为管段长度（m）。

公式（8-25）中的 $\overline{c}$、q 为常数，则温降ΔT与L_c/G比值成正比。

因此，主管的某一管段内介质的温降可由下式求得：

$$\frac{\Delta T_{AB}}{\left(\dfrac{L_c}{G}\right)_{AB}} = \frac{\Delta T_{BC}}{\left(\dfrac{L_c}{G}\right)_{BC}} = \frac{\Delta T_{CD}}{\left(\dfrac{L_c}{G}\right)_{CD}} = \frac{T_A - T_D}{\left(\dfrac{L_c}{G}\right)_{AB} + \left(\dfrac{L_c}{G}\right)_{BC} + \left(\dfrac{L_c}{G}\right)_{CD}} \qquad (8\text{-}26)$$

式中，ΔT_{AB}、ΔT_{BC}、ΔT_{CD} 分别为 AB 段、BC 段、CD 段的温降（℃），可写成 $T_A - T_B$、$T_B - T_C$、$T_C - T_D$；$\left(\dfrac{L_c}{G}\right)_{AB}$、$\left(\dfrac{L_c}{G}\right)_{BC}$、$\left(\dfrac{L_c}{G}\right)_{CD}$ 分别为 AB 段、BC 段、CD 段的管长与流量的比值；T_A 为主管起点介质温度（℃）；T_D 为主管终点介质温度（℃），是设定的。

由式（8-26）可求得 B、C 点的温度 T_B、T_C：

$$T_B = T_A - (T_A - T_D)\frac{\left(\dfrac{L_c}{G}\right)_{AB}}{\left(\dfrac{L_c}{G}\right)_{AB} + \left(\dfrac{L_c}{G}\right)_{BC} + \left(\dfrac{L_c}{G}\right)_{CD}}$$

$$T_C = T_B - (T_A - T_D)\frac{\left(\dfrac{L_c}{G}\right)_{BC}}{\left(\dfrac{L_c}{G}\right)_{AB} + \left(\dfrac{L_c}{G}\right)_{BC} + \left(\dfrac{L_c}{G}\right)_{CD}}$$

由此可导出管段上任一结点温度的通式：

$$T_{i+1} = T_i - (T_i - T_n)\frac{\left(\dfrac{L_c}{G}\right)_{i \Rightarrow i+1}}{\sum\limits_{i=1}^{n}\left(\dfrac{L_c}{G}\right)_i} \qquad (8\text{-}27)$$

式中，T_i 为管道起点的介质温度（℃）；T_n 为管道终点的介质温度（℃）；T_{i+1} 为管道第 i 点后一结点的介质温度（℃）；$\left(\dfrac{L_c}{G}\right)_{i \Rightarrow i+1}$ 为第 i 点至 $i+1$ 点间的管段长度（m）与其流量（kg/h）的比值。

4. 地下敷设管道的保温计算

地下管道有三种敷设方法，保温计算也因敷设情况不同而有所区别。

在通行地沟中敷设的管道，其保温计算可按前述室内管道的保温计算方法进行计算。无沟直埋敷设的管道以及在不通行地沟敷设的管道，保温计算方法如下。

1）无沟直埋敷设管道的保温计算

直埋管道在城市供热工程的热力管网中应用较广，在稳定传热情况下的保温计算，基本原则与一般保温管道相同，但有一些具体特点：一般热力管道的表面散热由外界空气吸收，而直埋管道由周围土壤吸收；一般管道属于无限空间放热，直埋管道散热与管道埋设深度有关。因此，直埋管道散热热阻，除管壁和保温层外，还有土壤的热阻。一般直埋管道埋设深度都大于 4 倍管外径，可按下式计算其保温层厚度：

（1）单层保温结构的保温层厚度应按下列公式计算：

$$\ln D_w = \frac{\lambda_g(t_w - t_s)\ln D_0 + \lambda_1(t_0 - t_w)\ln 4H_1}{\lambda_1(t_0 - t_w) + \lambda_g(t_w - t_s)} \qquad (8\text{-}28)$$

当 $\dfrac{H}{D_w} < 2$ 时，$H_1 = H + \dfrac{\lambda_g}{\alpha}$，$t_s$ 取地面大气温度（℃）；

当 $\dfrac{H}{D_w} \geq 2$ 时，$H_1 = H$，t_s 取直埋管中心埋设深度处的自然地温（℃）；

$$\delta = \frac{D_w - D_0}{2} \qquad (8\text{-}29)$$

式中，D_w 为保温层外径（m）；D_0 为工作管外径（m）；H_1 为管道当量埋深（m）；H 为管道中心埋设深度（m）；λ_1 为保温层材料在运行温度下的热导率 [W/（m·℃）]；λ_g 为土的热导率 [W/（m·℃）]，见表 8-13；干土壤 $\lambda_g = 0.5$，不太湿的土壤 $\lambda_g = 1.0$，较湿的土壤 $\lambda_g = 1.5$，很湿的土壤 $\lambda_g = 2.0$；t_0 为工作管外表面温度（℃），可按介质温度取值；t_s 为直埋管道周边环境温度（℃），见附录 I，全国主要城市实测地温月平均值；t_w 为保温管外表面温度（℃），按设计要求确定；α 为直埋蒸汽管上方地表面大气的换热系数 [W/（m²·℃）]，取 10~15；δ 为保温层厚度（m）。

表 8-13 常用地质资料

名　称	密度 p/（kg/m³）	热导率 λ/ [W/（m·K）]	质量比热容 C/ [kJ/（kg·℃）]	导温系数 a/（m²/h）
砂岩、石英岩	2 400	2.035	0.92	0.000 3
重石灰岩	2 000	1.163	0.92	0.002 27
贝壳石灰岩	1 400	0.639	0.92	0.001 79
石灰重火山灰岩	1 300	0.523	0.92	0.001 57
大理石、花岗石	2 800	3.489	0.92	0.004 87
石灰岩	2 000	3.024	0.92	0.004 5
灰质页岩	1 765	0.837	1.036	0.001 66
片麻岩	2 700	3.489	1.036	0.004 63
钢筋混凝土	2 400	1.547	0.836	0.002 77
混凝土		1.279		
沥青混凝土	2 100	1.047	1.673	
砾石混凝土	2 200	1.628	0.837	0.002 5
碎石混凝土	1 800	0.872	0.837	0.002 08
水泥砂浆粉刷	1 800	0.930	0.837	
轻砂浆砖砌体		0.756		
重砂浆砖砌体		0.814		
黄土（湿）	1 910	1.651		
黄土（干）	1 440	0.628		
粘土	1 457		0.878	0.003 6
软粘土（湿）	1 770			
硬粘土（湿）	2 000			

续表

名 称	密度 ρ / （kg/m³）	热导率 λ / ［W/（m·K）］	质量比热容 C / ［kJ/（kg·℃）］	导温系数 a / （m²/h）
硬粘土（干）	1 610	1.163		
砂土（干）		0.349		
砂土（湿）		2.326		
砂土（中等湿度）		1.745		
粘土及砂质粘土（湿）		1.861		
砂质粘土（中等湿度）		1.396		
砂质粘土（干）		1.407		

（2）多层保温结构的保温层厚度计算应符合下列要求：

① 散热损失（初算值）应按下式计算：

$$q = \frac{t_w - t_s}{\frac{1}{2\pi\lambda_g}\ln\frac{4H_1}{D'_w}} \tag{8-30}$$

式中，q 为单位管长热损失（初算值）（W/m）；D'_w 为根据经验设定的保温层外径（m）。

② 第一层保温材料厚度应按下列公式计算：

$$\ln D_1 = \ln D_0 + \frac{2\pi\lambda_1(t_0 - t_1)}{q} \tag{8-31}$$

$$\delta_1 = \frac{D_1 - D_0}{2} \tag{8-32}$$

式中，D_1 为第一层保温材料外径（m）；λ_1 为第一层保温材料在运行温度下的热导率 ［W/（m·℃）］；t_1 为第一层保温材料外表面温度（℃），按设计要求确定；δ_1 为第一层保温层厚度（m）。

③ 第 i 层保温材料厚度应按下列公式计算：

$$\ln D_i = \ln D_{i-1} + \frac{2\pi\lambda_i(t_{i-1} - t_i)}{q} \tag{8-33}$$

$$\delta_i = \frac{D_i - D_{i-1}}{2} \tag{8-34}$$

式中，D_i 为第 i 层保温材料外径（m）；λ_i 为第 i 层保温材料在运行温度下的热导率 ［W/（m·℃）］；t_i 为第 i 层保温材料外表面温度（℃），按设计要求确定；δ_i 为第 i 层保温层厚度（m）。

④ 计算得到的 D_i，应校核计算散热损失，其校核值与式（8-30）计算的散热损失初算值相比较，两个值的相对差值应小于或等于5%。

⑤ 当相对差值大于 5%时，应将按公式（8-33）计算得到的保温层外径，作为新设定的保温层外径，代入式（8-30）、（8-31）、（8-33）重新计算散热损失（初算值）、D_1 和 D_i，并应符合第④条的规定。

2）不通行地沟中管道的保温计算

已知数据：允许热损失 $q[\text{W/}（\text{m}\cdot\text{℃}）]$；载热介质温度 t_f（℃）；管道外径 D_0（m）；管沟深度 h（土壤表面至管沟水平对称轴心的距离）（m）；管沟的主要尺寸（横截面尺寸）（m）；土壤特性（土壤种类、温度）；管沟埋设处的土壤温度 t_g（℃），见附录 H，各地环境温度、相对湿度表。

保温层厚度计算：

$$\ln\frac{D_1}{D_0} = 2\pi\lambda[R-(R_s+R_{aw}+R_g)]$$

$$= 2\pi\lambda\left[\frac{t_f-t_g}{q}-\left(\frac{1}{\alpha_1\pi D_1}+\frac{1}{\alpha_{aw}\pi D_{ag}}+\frac{1}{2\pi\lambda_g}\ln\frac{4h}{D_{ag}}\right)\right] \qquad (8\text{-}35)$$

式中，R 为总热阻（$\text{m}^2\cdot\text{h}\cdot\text{℃/kJ}$）；$R_s$ 为保温层表面放热阻（$\text{m}^2\cdot\text{h}\cdot\text{℃/kJ}$）；$R_{aw}$ 为管沟内空气至管沟内壁的热阻（$\text{m}^2\cdot\text{h}\cdot\text{℃/kJ}$）；$R_g$ 为土壤热阻（$\text{m}^2\cdot\text{h}\cdot\text{℃/kJ}$）；$\alpha_{aw}$ 为管沟内空气至管沟壁的换热系数，取 $\alpha_{aw}=\alpha_1=37.7\text{kJ/}（\text{m}^2\cdot\text{h}\cdot\text{℃}）$；$D_{ag}$ 为管沟的当量直径（m）。

$$D_{ag} = \frac{4F}{u} \qquad (8\text{-}36)$$

式中，F 为管沟截面积（m^2）；u 为截面周边长（m）。

实际计算时，管沟壁的热阻 R_{aw} 可略去不计。因为管沟壁材料的热导率λ_{aw} 常与土壤的热导率λ_g 相同，所以大多数情况下就采用土壤的热导率值。

计算求得 $\ln\dfrac{D_1}{D_0}$ 值后，即可由式（8-5）确定保温层厚度δ。

知识梳理与总结

通过项目教学活动，培养学生掌握进行室外供热管道防腐与保温施工的方法。培养学生良好的职业道德、自我学习能力、实践动手能力和耐心细致分析处理问题的能力，以及诚实、守信、善于沟通和合作的专业素养。该任务的重点如下：

1. 掌握进行室外供热管道防腐施工的方法；
2. 掌握进行室外供热管道保温施工的方法。

任务 **9**

室外供热管道的试验、清洗、试运行与质量验收

<table>
<tr><td rowspan="5">教学导航</td><td rowspan="4">教</td><td>知识重点</td><td>通过项目教学活动，培养学生掌握进行室外供热管道的试验、清洗、试运行与质量验收的方法</td></tr>
<tr><td>知识难点</td><td>室外供热管道的试验</td></tr>
<tr><td>教学方式</td><td>讲授法、任务驱动法、自主学习法、练习法、读书指导法、案例教学法</td></tr>
<tr><td>学时</td><td>4 学时</td></tr>
<tr><td rowspan="2">学</td><td>学习目标</td><td>1. 掌握进行室外供热管道试验的方法；
2. 掌握进行室外供热管道清洗的方法；
3. 掌握进行室外供热管道试运行的方法；
4. 掌握进行室外供热管道质量验收的方法</td></tr>
</table>

能力目标	培养学生良好的职业道德、自我学习能力、实践动手能力和耐心细致分析处理问题的能力，以及诚实、守信、善于沟通和合作的专业素养

知识分布网络

室外供热管道的试验、清洗、试运行与质量验收 —— 室外供热管道的试验、清洗与试运行

室外供热管道的质量验收

9.1 室外供热管道的试验、清洗与试运行

9.1.1 室外供热管道与设备的试验

1. 室外供热管道的试验

供热管道安装完毕后，必须进行其强度与严密性试验。强度试验应在试验段内的管道接口防腐、保温施工及设备安装前进行。严密性试验应在试验范围内的管道工程全部安装完成后进行，其试验长度宜为一个完整的设计施工段。已停运两年或两年以上的直埋蒸汽管道，运行前应按新建管道要求进行吹洗和严密性试验。

供热管道一般采用水压试验，严寒地区冬季试压也可以用气压进行试验。水压试验应符合下列规定：

（1）管道水压试验应以洁净水作为试验介质；

（2）充水时，应排尽管道及设备中的空气；

（3）试验时，环境温度不宜低于 5 ℃；当环境温度低于 5 ℃时，应有防冻措施；

（4）当运行管道与试压管道之间的温度差大于 100 ℃时，应采取相应措施，确保运行管道和试压管道的安全；

（5）对高差较大的管道，应将试验介质的静压计入试验压力中。热水管道的试验压力应为最高点的压力，但最低点的压力不得超过管道及设备的承受压力。

1）供热管道强度试验

由于供热管道的直径较大，距离较长，一般试验都是分阶段进行。强度试验的试验压力为设计压力的 1.5 倍，且不得小于 0.6 MPa。

试验前，应将管道中的阀门全部打开，试验段与非试验段管道应隔断，管道敞口处要用盲板封堵严密。与室外管道连接处，应在从干线接出的支线上的第一个法兰中插入盲板。

经充水排气后关闭排气阀，如各接口无漏水现象就可缓慢加压。先升压至 1/4 试验压力，全面检查管道，无渗漏时继续升压。当压力升至试验压力时，停止加压并观测 10 min，无渗漏、无压降后设置为设计压力，无渗漏、无压降为合格。另外，管网上用的预制三通、弯头等零件，在加工厂用 2 倍的工作压力试验，闸阀在安装前用 1.5 倍工作压力试验。

2）供热管道的严密性试验

严密性试验一般伴随强度实验进行，强度试验合格后，将水压降至 1.25 倍的工作压力，且不得低于 0.6 MPa。当压力达到试验压力并趋于稳定后，检查管道、焊缝、管路附件及设备等无渗漏，固定支架无明显变形等，同时稳压一定时间（对于一级管网及热力站内，稳压在 1 h；对于二级管网稳压在 30 min），前后压降不大于 0.05 MPa 为合格。

当室外温度在 -10～0 ℃间仍采用水压试验时，水的温度应为 50 ℃左右的热水。试验完毕后应立即将管内存水排放干净，有条件时最好用压缩空气冲净。还应指出的是，架空敷

设的供热管道试压时，若手压泵及压力表设置在地面上，其试验压力应加上管道标高至压力表的静水压力。

供热管道严密性试验的操作要求：

（1）试验范围内的管道安装质量应符合设计要求及规范的有关规定，且有关材料、设备资料齐全；

（2）应编制试验方案，并应经监理（建设）单位和设计单位审查同意。试验前应对有关操作人员进行技术、安全交底；

（3）管道的各种支架已安装调整完毕，固定支架的混凝土已达到设计强度，回填土及填充物已满足设计要求；

（4）焊接质量外观检查合格，焊缝无损检验合格；

（5）安全阀、爆破片及仪表组件等已拆除或加盲板隔离，加盲板处有明显的标记并做记录，安全阀全开，填料密实；

（6）管道自由端的临时加固装置已安装完成，经设计核算与检查确认安全可靠。试验管道与无关系统应采用盲板或采取其他措施隔开，不得影响其他系统的安全；

（7）试验用的压力表已校验，精度不宜低于 1.5 级。表的满量程应达到试验压力的 1.5～2 倍，数量不得少于 2 块，安装在试验泵出口和试验系统末端；

（8）进行压力试验前，应划定工作区，并设标志，无关人员不得进入；

（9）检查室、管沟及直埋管道的沟槽中应有可靠的排水系统；

（10）试验现场已清理完毕，具备对试验管道和设备进行检查的条件。

2. 供热站、中继泵站内的管道和设备的试验

（1）站内所有系统均应进行严密性试验，试验压力应为 1.25 倍设计压力，且不得低于 0.6 MPa。

（2）供热站内设备应按设计要求进行试验。当设备有特殊要求时，试验压力应按产品说明书或根据设备性质确定。

（3）开式设备只做满水试验，以无渗漏为合格。

3. 水压试验的检验要求

（1）当试验过程中发现渗漏时，严禁带压处理。消除缺陷后，应重新进行试验。

（2）试验结束后，应及时拆除试验用临时加固装置，排尽管内积水。排水时应防止形成负压，严禁随地排放。

（3）水压试验的检验内容及检验方法应符合表 9-1 的规定。

（4）试验合格后，填写强度、严密性试验记录。

9.1.2 室外供热管道的清洗

供热管道的清洗应在试压合格后，用水或蒸汽进行。清洗方法应根据供热管道的运行要求、介质类别而定，宜分为人工清洗、水力冲洗和气体吹洗。清洗前，应编制清洗方案。方案中应包括清洗方法、技术要求、操作及安全措施等内容。

表 9-1　水压试验的检验内容及检验方法

序号	项　目	试验方法及质量标准		检验范围
1	△强度试验	升压到试验压力稳压 10 min 无渗漏、无压降后降至设计压力，稳压 30 min 无渗漏、无压降为合格		每个试验段
2	△严密性试验	升压至试验压力，并趋于稳定后，应详细检查管道、焊缝、管路附件及设备等无渗漏，固定支架无明显的变形等		全段
		一级管网及站内	稳压在 1 h 内压降不大于 0.05 MPa，为合格	
		二级管网	稳压在 30 min 内压降不大于 0.05 MPa，为合格	

注：△为主控项目，其余为一般项目。

1. 清洗前的准备

（1）将减压器、疏水器、流量计和流量孔板、滤网、调节阀芯、止回阀芯及温度计的插入管等拆下并妥善存放，待清洗结束后复装。

（2）把不应与管道同时清洗的设备、容器及仪表管等与需清洗的管道隔开。

（3）支架的牢固程度应能承受清洗时的冲击力，必要时应予以加固。

（4）排水管道应在水流末端的低点处接管引至排水量可满足需要的排水井或其他允许排放的地点。水力冲洗进水管的截面积不得小于被冲洗管截面积的 50%，排水管的截面积应按设计要求确定或根据水力计算确定，排水管截面积不得小于进水管截面积，应能将脏物排出。

（5）蒸汽吹洗用的排汽管管径应按设计要求确定或根据计算确定，应能将脏物排出，管口的朝向、高度、倾角等应认真计算，排汽管应简短，端部应有牢固的支撑。

（6）设备和容器应有单独的排水口，在清洗过程中管道中的脏物不得进入设备，设备中的脏物应单独排放。

（7）清洗使用的其他装置已安装完成，并应经检查合格。

2. 供热管道的水力清洗

（1）清洗应按主干线、支干线的次序分别进行，二级管网应单独进行冲洗。冲洗前应充满水并浸泡管道，水流方向应与设计的介质流向一致。

（2）小口径管道中的脏物，在一般情况下不宜进入大口径管道中。未冲洗管道中的脏物，不应进入已冲洗合格的管道中。

（3）在清洗用水量可以满足需要时，尽量扩大直接排水清洗的范围。

（4）水力冲洗应连续进行并尽量加大管道内的流量，一般情况下管内的平均流速不应低于 1.0 m/s，排水时，不得形成负压。

（5）大口径管道，当冲洗水量不能满足要求时，宜采用密闭循环的水力清洗方式，管内流速应达到或接近管道正常运行时的流速。循环清洗的水质较脏时，应更换循环水继续进行清洗。循环清洗的装置应在清洗方案中考虑和确定。

（6）管网清洗的合格标准：清洗排水中全固形物的含量接近或等于清洗用水中全固形物的含量为合格；当设计无明确规定时，入口水与排水的透明度相同即为合格。

（7）冲洗时排放的污水不得污染环境，严禁随意排放。

（8）水力冲洗结束前应打开阀门用水清洗。冲洗合格后，应对排污管、除污器等装置

进行人工清除，保证管道内清洁。

3. 输送蒸汽的管道宜用蒸汽吹洗

（1）蒸汽吹洗按下列要求进行：

① 吹洗时必须划定安全区，设置标志，确保人员及设施的安全，其他无关人员严禁进入；

② 在冲洗段末端与管道垂直升高处设冲洗口，冲洗管使用钢管，焊接在蒸汽管道下侧，并装设阀门；

③ 吹洗前，应缓慢升温暖管，暖管速度不宜过快并应及时疏水。应检查管道热伸长、补偿器、管路附件及设备等工作情况，恒温 1 h 后进行吹洗；

④ 吹洗用蒸汽的压力和流量应按计算确定。一般情况下，吹洗压力应不大于管道工作压力的 75%；

⑤ 吹洗次数一般为 2～3 次，每次的间隔时间宜为 20～30 min；

⑥ 蒸汽吹洗的检查方法：将刨光的洁净木板置于排汽口前方，板上无铁锈、脏物即为合格；

⑦ 清洗合格的管道，不应再进行其他影响管道内部清洁的工作。清洗合格的管道应按技术要求恢复拆下来的设施及部件，并应填写供热管网清洗记录。

（2）蒸汽吹洗的过程为：

① 拆除管道中的流量孔板、温度计、滤网、止回阀、疏水阀等；

② 缓缓开启总阀门，切勿使蒸汽流量和压力增加过快；

③ 冲洗时先将各冲洗口阀门打开，再开大总进气阀，增大蒸汽量进行冲洗，延续 20～30 min，直至蒸汽完全清洁；

④ 冲洗后拆除冲洗管及排气管，将水放尽。

9.1.3 室外供热管道的试运行

1. 试运行前的准备工作

（1）供热管网与热用户系统已具备试运行条件。

（2）编制试运行方案并经建设单位、设计单位审查同意，应进行技术交底。

（3）热力站内所有系统和设备经验收合格。

（4）热力站内的管道和设备的水压试验及清洗质量合格。

（5）在环境温度低于 5 ℃进行试运行时，应制定可靠的防冻措施。

（6）水泵试运转合格，并应符合下列要求：

① 各紧固连接部位不应松动；

② 润滑油的质量、数量应符合设备技术文件的规定；

③ 安全、保护装置灵敏、可靠；

④ 盘车应灵活、正常；

⑤ 启动前，泵的进口阀门全开，出口阀门全关；

⑥ 水泵在启动前应与管网连通，水泵应充满水，并排净空气；

⑦ 在水泵出口阀门关闭的状态下启动水泵，水泵出口阀门前压力表显示的压力应符合

水泵的最高扬程，水泵和电机应无异常情况；

⑧ 逐渐开启水泵出口阀门，水泵的工作扬程与设计选定的扬程相比较，两者应当接近或相等，同时保证水泵的运行安全；

⑨ 在 2 h 的运转期间内不应有不正常的声音；各密封部位不应渗漏；各紧固连接部位不应松动；滚动轴承的温度不应高于 75 ℃；填料升温正常，普通软填料宜有少量的渗漏（每分钟 10～20 滴）；电动机的电流不得超过额定值；振动应符合设备技术文件的规定，当设备文件无规定时，用手提式振动仪测量泵的径向振幅（双向）不应超过表 9-2 的规定；泵的安全保护装置灵敏、可靠。

表 9-2　泵的径向振幅（双向）

转速（r/min）	600～750	750～1 000	1 000～1 500	1 500～3 000
振幅不应超过（mm）	0.12	0.10	0.08	0.06

2. 供热管网的充水、通热

供热管网的充水、通热要求：

（1）先用软化水将供热管网全部充满。

（2）再启动循环水泵，使水缓慢加热，要严防产生过大的温差应力。

（3）同时，注意检查伸缩器支架工作情况，发现异常情况要及时处理，直到全系统达到设计温度为止。

（4）管网的介质为蒸汽时，向管道灌充，要缓缓开启分汽缸上的供汽阀门，同时仔细观察管网的伸缩器、阀件等工作情况。

（5）若为机械热水供暖系统，首先使水泵运转达到设计压力，然后开启建筑物内引入管的供、回水阀门。要通过压力表监视水泵及建筑物内的引入管上的总压力。

（6）供热管网运行中，要注意排尽管网内空气后方可进行系统调试工作。室内进行初调后，可对室外各用户进行系统调节。

（7）系统调节从最远的用户及最不利供热点开始，利用建筑物进户处引入管的供、回水温度计，观察其温度差的变化，调节进户流量。

3. 供热系统调节

供热系统调节要求：

（1）首先将最远用户的阀门开到最大，观察其温度差，如温差小于设计温差则说明该用户进户流量大；如温度大于设计温差，则说明该用户进户流量小，可用阀门进行调节。

（2）按上述方法再调节倒数第二户，将这两用户的温度调至相同为止，这说明最后两用户的流量平衡。若达不到设计温度，须这样逐一调节、平衡。

（3）再调整倒数第三户，使其与倒数第二户的流量平衡。在平衡倒数第二、三户过程中，允许再适当拧动这二户的进口调节阀，此时第一户已定位，该进户调节阀不准拧动，并且做上定位标记。

（4）依次类推，调整倒数第四户使其与倒数第三户的流量平衡。允许稍拧动第三户阀门，但第二阀门应做定位标记，不准拧动。

（5）调节完全部进户阀门后，若流量还有剩余，最后可调节循环水泵的阀门。

4. 蒸汽供热系统暖管

蒸汽供热系统暖管要求：

（1）试运行前应进行暖管，暖管合格后，缓慢提高蒸汽管的压力，待管道内蒸汽压力和温度达到设计规定的参数后，保持恒温时间不宜少于 1 h。向管道灌充时，要缓缓开启分汽缸上的供汽阀门，同时仔细观察管路，应对管道、设备、支架及凝结水疏水系统进行全面检查。

（2）在确认管网的各部位均符合要求后，应对用户的用汽系统进行暖管和各部位的检查，确认热用户用汽系统的各部位均符合要求后再缓慢地提高供汽压力并进行适当地调整，供汽参数达到设计要求后即可转入正常的供汽运行。

（3）试运行开始后，应每隔 1 h 对补偿器及其他设备和管路附件等进行检查，并应做好记录。

（4）新建或停运时间超过半年的直埋蒸汽管道，冷态启动时必须进行暖管。暖管应在确认运行前准备工作完毕，管道巡线人员、操作人员到位后，方可开始送汽。

（5）暖管开始时，应关闭疏水器前的阀门，打开疏水旁通阀或启动疏水阀门。暖管时的管内蒸汽温度宜控制在 150 ℃ 以下，暖管时间应以排潮管不排汽而定。

（6）在暖管过程中，当排潮管排汽带压且有响声，稳定 24 h 后仍然未改善时，应停止暖管，分析原因，经确认处理后方可重新暖管。

（7）在暖管过程中，蒸汽压力应逐步提高，直至设计工作压力，暖管的压力要求为：

① 将管内蒸汽压力升至 0.1 MPa，稳压暖管 30 min，无异常现象；

② 将管内蒸汽压力分别逐步升至 0.2 MPa、0.4 MPa 和 0.6 MPa，并分别稳压暖管 1 h，无异常现象；

③ 在 0.6 MPa 压力时仍未见异常，每增加 0.2 MPa，稳压暖管 1 h，直至设计工作压力；

④ 疏水旁通阀或启动疏水阀门关闭时间及暖管时间应在运行方案中明确规定。根据管道长度、管径大小，暖管时间可适当增减。

（8）在暖管的过程中，当发现疏水系统堵塞，发生"汽水冲击"现象，固定支座和设备、设施被破坏现象等，应立即停止暖管，查找原因，处理后方可再行暖管。

5. 供热管网的试运行

供热管网的试运行要求：

（1）供热管线工程宜与供热站工程联合进行试运行。

（2）供热管线的试运行应有完善、灵敏、可靠的通信系统及其他安全保障措施。

（3）在试运行期间，管道法兰、阀门、补偿器及仪表等处的螺栓应进行热拧紧。热拧紧时的运行压力应为 0.3 MPa 以下，温度宜达到设计温度，螺栓应对称，均匀适度紧固。在热拧紧部位应采取保护操作人员安全的可靠措施。

（4）试运行期间发现的问题，属于不影响试运行安全的，可待试运行结束后处理。属于必须当即解决的，应停止试运行，进行处理。试运行的时间，应从正常试运行状态的时间起计。

（5）供热工程应在建设单位、设计单位认可的参数下试运行，试运行的时间应为连续

运行 72 h。试运行应缓慢地升温，升温速度不应大于 10 ℃/h。在低温试运行期间，应对管道、设备进行全面检查，支架的工作状况应做重点检查。在低温试运行正常以后，可再缓慢升温到试运行参数下运行。

（6）试运行期间，管道、设备的工作状态应正常，并应做好检验和考核的各项工作及试运行资料等记录。

（7）直埋蒸汽管道的试运行，应符合国家现行标准《城镇供热管网工程施工及验收规范》（CJJ28—2014）的规定。

（8）新建直埋蒸汽管道运行前应编制运行方案；准备交通、通信工具及有害气体检测器、抽水设备等；对系统进行全面检查，并应符合下列要求：

① 管道工程施工、验收手续应完备、审批手续应齐全；

② 直埋蒸汽管道覆土层应无塌陷，井室内应无积水、杂物，井盖应完好；

③ 阀门操作应灵活，排潮管应畅通。

（9）运行操作人员、维护人员、调度员应经过技术培训，持证上岗。

（10）直埋蒸汽管道疏水井、检查井及构筑物内的临时照明电源电压不得超过 36 V，严禁使用明火照明。当人员在井内作业时，严禁使用潜水泵。

（11）当发现井室或构筑物内有异味时，应立即进行通风，并应进行检测，确认安全后方可进入操作。

（12）直埋蒸汽管道运行中，当蒸汽流量小于安全运行所需最小流量时，应采取安全技术措施或停止管道运行。

（13）蒸汽管网工程的试运行应带热负荷进行，试运行合格后，可直接转入正常的供热运行，不需继续运行的。

9.2 室外供热管道的质量验收

1. 供热管道工程验收的一般规定

供热管网工程的竣工验收，应在一个或多个单位工程验收和试运行合格后进行，在施工单位自检合格的基础上进行。工程验收应复检以下主要项目：承重和受力结构；结构防水效果；补偿器；焊接；防腐和保温；泵、电气、监控仪表、换热器和计量仪表安装；其他标准设备安装和非标准设备的制造安装。

供热管网工程竣工验收应由建设单位组织，监理单位、设计单位、施工单位、管理单位等有关单位参加，验收合格后签署验收文件，移交工程，并填写竣工交接书。

直埋蒸汽管道的工程竣工验收，应符合国家现行标准《城镇供热管网工程施工及验收规范》（CJJ28—2014）的规定。应对补偿器、固定支座、疏水装置等管路附件做出标识。对排潮管、地面接口等易造成烫伤的管路附件，应设置安全标志和防护措施。验收时应对标记进行检查。

2. 供热管道工程竣工测量

供热管线工程竣工后，应全部进行平面位置和高程测量，并应符合当地有关部门的规定。

（1）供热管线竣工数据应包括下列各项：

① 地面建筑物的坐标和高程；

② 管线起点、终点、平面转角点、变坡点、分支点的中心坐标和高程；

③ 管线高程的垂直变动点中心坐标和垂直变动点上下两个部位的钢管上表面高程；

④ 管沟敷设的管线固定支架处、平面转角处、横断面变化点的中心坐标和管沟内底、管沟盖板中心上表面的高程；

⑤ 检查室、人孔中心坐标和检查室内底、顶板上表面中心的高程，管道中心和检查室人孔中心的偏距；其他构筑物的位置、尺寸和上顶高程；

⑥ 管路附件及各类设备的平面位置，异径管处两个不同直径的钢管上表面高程；

⑦ 管沟穿越道路或地下构筑物两侧的管沟中心坐标和管沟内底、管沟盖板中心上表面的高程；

⑧ 地上敷设管线的所有地面支架处中心坐标和支架支承表面处的上表面高程；

⑨ 直埋保温管管路附件、设备、交叉管线的中心坐标或与永久性建筑物的相对位置；变坡点、变径点、转角点、分支点、高程垂直变化点、交叉点的外护层上表面高程和直管段每隔 50 m 外护层上表面高程；穿越道路处道路两侧管道中心坐标和保温管外护层上表面高程；

⑩ 在管网施工中已露出的其他地下管线、构筑物，应测中心坐标、上表面高程、与供热管线的交叉角，构筑物的外形尺寸应进行丈量，并做记录。

（2）竣工测量资料应按下列要求绘制在竣工图上：

① 竣工测量选用的测量标志，应标注在管网总平面图上；

② 各测点的坐标数据，应标注在平面图上；

③ 各测点的高程数据，应标注在纵断面图上。

3. 供热管道工程竣工验收要求

（1）竣工验收时，施工单位应提供下列资料：

① 施工技术资料：施工组织设计（或施工技术措施）、竣工测量资料、竣工图等；

② 施工管理资料：材料的产品合格证、材质单、分析检验报告和设备的产品合格证、安装说明书、技术性能说明书、专用工具和备件的移交证明；

③ 工程竣工报告；

④ 其他需要提供的资料。

（2）竣工验收时，检查项目宜符合下列规定：

① 供热管网输热能力及供热站各类设备应达到设计参数，输热损耗不得高于国家规定标准，管网末端的水力工况、供热工况应满足末端用户的需求；

② 管网及站内系统、设备在工作状态下应严密，管道支架和热补偿装置及供热站机组、电气等设备应正常、可靠；

③ 计量应准确，安全装置应灵敏、可靠；

④ 各种设备的性能及工作状况应正常，运转设备产生的噪声值应符合国家规定标准；

⑤ 供热管网及供热站防腐工程施工质量应合格；

⑥ 工程档案资料应符合要求；

⑦ 保温工程在第一个供暖季结束后，应由建设单位组织，监理单位、施工单位和设计

单位参加，对保温效果进行鉴定，并应按现行国家标准《设备及管道保温效果的测试与评价》（GB/T 8174—2008）进行测定与评价并提出报告。

4. 供热管道工程质量验收方法

（1）工程质量验收分为"合格"和"不合格"。不合格的不予验收，直到返修、返工合格。工程质量验收按分项、分部、单位工程划分。分项工程宜包括下列内容：

① 沟槽、模板、钢筋、混凝土（垫层、基础、构筑物）、砌体结构、防水、止水带、预制构件安装、回填土等土建分项工程；

② 管道安装、支架安装、设备及管路附件安装、焊接、管道防腐及保温等供热分项工程；

③ 供热站、中继泵站的建筑和结构部分等按现行国家有关标准执行。

（2）分部工程宜按长度、专业或部位划分为若干个分部工程，如工程规模小，可不划分分部工程，单位工程宜为一个合同项目。分项工程符合下列二项要求者，为"合格"：

① 主控项目的合格率应达到 100%；

② 一般项目的合格率不应低于 80%，其最大偏差应在允许偏差的 1.5 倍之内。

凡达不到合格标准的分项工程，必须返修或返工，直到合格。分部工程的所有分项工程合格，则该分部工程为"合格"。单位工程的所有分项工程均为合格，则该单位工程为合格。

5. 工程质量验收规定

（1）分项工程交接检验应在施工班组自检、互检的基础上由检验人员进行。

（2）分部工程检验应由检验人员在分项工程交接检验的基础上进行。

知识梳理与总结

通过项目教学活动，培养学生掌握进行室外供热管道的试验、清洗、试运行与质量验收的方法。培养学生良好的职业道德、自我学习能力、实践动手能力和耐心细致分析处理问题的能力，以及诚实、守信、善于沟通和合作的专业素养。该任务的重点如下：

1. 掌握进行室外供热管道试验的方法；
2. 掌握进行室外供热管道清洗的方法；
3. 掌握进行室外供热管道试运行的方法；
4. 掌握进行室外供热管道质量验收的方法。

附录 A 室外热水网路水力计算表

（K=0.5 mm，t=100 ℃，ρ=958.38 kg/m³，ν=0.295×10⁻⁶ m²/s）水流量 G（t/h）；流速 v（m/s），比摩阻 R（Pa/m）

公称直径/mm	25		32		40		50		70		80		100		125		150	
外径×壁厚 mm/mm	32×2.5		38×2.5		45×2.5		57×3.5		76×3.5		89×3.5		108×4		133×4		159×4.5	
G	v	R	v	R	v	R	v	R	v	R	v	R	v	R	v	R	v	R
1.0	0.51	214.8	0.34	73.1	0.23	24.4	0.15	8.6										
1.4	0.71	420.7	0.47	143.2	0.32	47.4	0.21	19.8	0.11	3.0								
1.8	0.91	695.3	0.61	236.3	0.42	84.2	0.27	26.1	0.14	5								
2.0	1.01	858.1	0.68	292.2	0.46	104	0.3	31.9	0.16	6.1								
2.2	1.11	1 038.5	0.75	353	0.51	125.5	0.33	36.2	0.17	7.4								
2.6			0.88	493.3	0.6	175.5	0.38	53.4	0.2	10.1								
3.0			1.02	657	0.69	234.4	0.44	71.2	0.23	13.2								
3.4			1.15	844.4	0.78	301.1	0.5	91.4	0.26	17								
4.0					0.92	415.8	0.59	126.5	0.31	22.8	0.22	9						
4.8					1.11	599.2	0.71	182.4	0.37	32.8	0.26	12.9						
5.6							0.83	252	0.43	44.5	0.31	17.5	0.21	6.4				
6.2							0.92	304	0.48	54.6	0.34	21.8	0.23	7.8	0.15	2.5		
7.0							1.03	387.4	0.54	69.6	0.38	27.9	0.26	9.9	0.17	3.1		
8.0							1.18	506	0.62	90.9	0.44	36.3	0.3	12.7	0.19	4.1		
9.0							1.33	640.4	0.7	114.7	0.49	46	0.33	16.1	0.21	5.1		
10.0							1.48	790.4	0.78	142.2	0.55	56.8	0.37	19.8	0.24	6.3		
11.0							1.63	957.1	0.85	171.6	0.6	68.6	0.41	23.9	0.26	7.6		
12.0									0.93	205	0.66	81.7	0.44	28.5	0.28	8.8	0.2	3.5
14.0									1.09	278.5	0.77	110.8	0.52	38.8	0.33	11.9	0.23	4.7
15.0									1.16	319.7	0.82	127.5	0.55	44.5	0.35	13.6	0.25	5.4
16.0									1.24	363.8	0.88	145.1	0.59	50.7	0.38	15.5	0.26	6.1
18.0									1.4	459.9	0.99	184.4	0.66	64.1	0.43	19.7	0.3	7.6
20.0									1.55	568.8	1.1	227.5	0.74	79.2	0.47	24.3	0.33	9.3
22.0									1.71	687.4	1.21	274.6	0.81	95.8	0.52	29.4	0.36	11.2
24.0									1.86	818.9	1.32	326.6	0.89	113.8	0.57	35	0.39	13.3
26.0									2.02	961.1	1.43	383.4	0.96	133.4	0.62	41.1	0.43	16.7
28.0											1.54	445.2	1.03	154.9	0.66	47.6	0.46	18.1
30.0											1.65	510.9	1.11	178.5	0.71	54.4	0.49	20.8
32.0											1.76	581.5	1.18	203	0.76	62.2	0.53	23.7
34.0											1.87	656.1	1.26	228.5	0.8	70.2	0.56	26.8
36.0											1.98	735.5	1.33	256.9	0.85	78.6	0.59	30
38.0											2.09	819.8	1.4	286.4	0.9	87.7	0.62	33.4

续表

公称直径 /mm	100		125		150		200		250		300	
外径 mm × 壁厚 mm	108×4		133×4		159×4.5		219×6		273×8		325×8	
G	v	R	v	R	v	R	v	R	v	R	v	R
40	1.48	316.8	0.95	97.2	0.66	37.1	0.35	6.8	0.22	2.3		
42	1.55	349.1	0.99	106.9	0.68	40.8	0.36	7.5	0.23	2.5		
44	1.63	383.4	1.04	117.7	0.72	44.8	0.38	8.1	0.25	2.7		
45	1.66	401.1	1.06	122.6	0.74	46.9	0.39	8.5	0.25	2.8		
48	1.77	456	1.13	140.2	0.79	53.3	0.41	9.7	0.27	3.2		
50	1.85	495.2	1.18	152.0	0.82	57.8	0.43	10.6	0.28	3.5		
54	1.99	577.6	1.28	177.5	0.89	67.5	0.47	12.4	0.3	4.0		
58	2.14	665.9	1.37	204	0.95	77.9	0.5	14.2	0.32	4.5		
62	2.29	761	1.47	233.4	1.02	88.9	0.53	16.3	0.35	5.0		
66	2.44	862	1.56	264.8	1.08	101	0.57	18.4	0.37	5.7		
70	2.59	969.9	1.65	297.1	1.15	113.8	0.6	20.7	0.39	6.4		
74			1.75	332.4	1.21	126.5	0.64	23.1	0.41	7.1		
78			1.84	369.7	1.28	141.2	0.67	25.7	0.44	8.2		
80			1.89	388.3	1.31	148.1	0.69	27.1	0.45	8.6		
90			2.13	491.3	1.48	187.3	0.78	34.2	0.5	11		
100			2.36	607	1.64	231.4	0.86	42.3	0.56	13.5	0.30	5.1
120			2.84	873.8	1.97	333.4	1.03	60.9	0.67	19.5	0.46	7.4
140					2.3	454	1.21	82.9	0.78	26.5	0.54	10.1
160					2.63	592.3	1.38	107.9	0.89	34.6	0.62	13.1
180							1.55	137.3	1.01	43.8	0.7	16.6
200							1.72	168.7	1.12	54.1	0.77	20.5
220							1.9	205	1.23	65.4	0.85	24.7
240							2.07	243.2	1.34	77.9	0.93	29.5
260							2.24	285.4	1.45	91.4	1.01	34.7
280							2.41	331.5	1.57	105.9	1.08	40.2
300							2.59	380.5	1.68	121.6	1.16	46.2
340							2.93	488.4	1.9	155.9	1.32	55.9
380							3.28	611	2.13	195.2	1.47	74
420							3.62	745.3	2.35	238.3	1.62	90.5
460									2.57	286.4	1.78	108.9
500									2.8	348.1	1.93	128.5

附录 B 室外热水网路局部阻力当量长度表

(K=0.5 mm; 用于蒸汽网路 K=0.2 mm, 乘修正系数 β=1.26)

名称	局部阻力系数 ζ	当量长度 l/m 公称直径/mm 32	40	50	70	80	100	125	150	175	200	250	300	350	400	450	500	600	700	800
截止阀	4~9	6	7.8	8.4	9.6	10.2	13.5	18.5	24.6	39.5	—	—	—	—	—	—	—	—	—	—
闸阀	0.5~1	—	—	0.65	1	1.28	1.65	2.2	2.24	2.9	3.36	3.73	4.17	4.3	4.5	4.7	5.3	5.7	6	6.4
旋启式止回阀	1.5~3	0.98	1.26	1.7	2.8	3.6	4.95	7	9.52	13	16	22.2	29.2	33.9	46	56	66	89.5	112	133
升降式止回阀	7	5.25	6.8	9.16	14	17.9	23	30.8	39.2	50.6	58.8	—	—	—	—	—	—	—	—	—
套筒补偿器（单向）	0.2~0.5	—	—	—	—	—	0.66	0.88	1.68	2.17	2.52	3.33	4.17	5	10	11.7	13.1	16.5	19.4	22.8
套筒补偿器（双向）	0.6	—	—	—	—	—	1.98	2.64	3.36	4.34	5.04	6.66	8.34	10.1	12	14	15.8	19.9	23.3	27.4
波纹管补偿器（无内套）	1.7~1	—	—	—	—	—	5.57	7.5	8.4	10.1	10.9	13.3	13.9	15.1	16	—	—	—	—	—
波纹管补偿器（有内套）	0.1	—	—	—	—	—	0.38	0.44	0.56	0.72	0.84	1.1	1.4	1.68	2	—	—	—	—	—
方形补偿器																				
三缝焊弯 R=1.5d	2.7	—	—	—	—	—	—	—	17.6	22.1	24.8	33	40	47	55	67	76	94	110	128
锻压弯头 R=(1.5~2)d	2.3~3	3.5	4	5.2	6.8	7.9	9.8	12.5	15.4	19	23.4	28	34	40	47	60	68	83	95	110
焊弯 R≥4d	1.16	1.8	2	2.4	3.2	3.5	3.8	5.6	6.5	8.4	9.3	11.2	11.5	16	20	—	—	—	—	—
弯头																				
45° 单缝焊接弯头	0.3	—	—	—	—	—	—	—	1.68	2.17	2.52	3.33	4.17	5	6	7	7.9	9.9	11.7	13.7
60° 单缝焊接弯头	0.7	—	—	—	—	—	—	—	3.92	5.06	5.9	7.8	9.7	11.8	14	16.3	18.4	23.2	27.2	32
锻压弯头 R=(1.5~2)d	0.5	0.38	0.48	0.65	1	1.28	1.65	2.2	2.8	3.62	4.2	5.55	6.95	8.4	10	11.7	13.1	16.5	19.4	22.8
焊弯 R=4d	0.3	0.22	0.29	0.4	0.6	0.76	0.98	1.32	1.68	2.17	2.52	3.3	4.17	5	6	—	—	—	—	—
除污器	10	—	—	—	—	—	—	—	56	72.4	84	111	139	168	200	233	262	331	388	456

续表

名称	公称直径/mm 当量长度 /m	局部阻力系数ξ	32	40	50	70	80	100	125	150	175	200	250	300	350	400	450	500	600	700	800
分流三通 直通管		1.0	0.75	0.97	1.3	2	2.55	3.3	4.4	5.6	7.24	8.4	11.1	13.9	16.8	20	23.3	26.3	33.1	38.8	45.7
分支管		1.5	1.13	1.45	1.96	3	3.82	4.95	6.6	8.4	10.9	12.6	16.7	20.8	25.2	30	35	39.4	49.6	58.2	68.6
合流三通 直通管		1.5	1.13	1.45	1.96	3	3.82	4.95	6.6	8.4	10.9	12.6	16.7	20.8	25.2	30	35	39.4	49.6	58.2	68.6
分支管		2.0	1.5	1.94	2.62	4	5.1	6.6	8.8	11.2	14.5	16.8	22.2	27.8	33.6	40	46.6	52.5	66.2	77.6	91.5
三通汇流管		3.0	2.25	2.91	3.93	6	7.65	9.8	13.2	16.8	21.4	25.2	33.3	41.7	50.4	60	69.9	78.7	99.3	116	137
三通分流管		2.0	1.5	1.94	2.62	4	5.1	6.6	8.8	11.2	14.5	16.8	22.2	27.8	33.6	40	46.6	52.5	66.2	77.6	91.5
焊接异径接头（按小管径计算）$F_1/F_0=2$		0.1	—	0.1	0.13	0.2	0.26	0.33	0.44	0.56	0.72	0.84	1.1	1.4	1.68	2	2.4	2.6	3.3	3.9	4.6
$F_1/F_0=3$		0.2~0.3	—	0.114	0.2	0.3	0.38	0.98	1.32	1.68	2.17	2.52	3.3	4.17	5	5.7	5.9	6.0	6.6	7.8	9.2
$F_1/F_0=4$		0.3~0.49	—	0.19	0.26	0.4	0.51	1.6	2.2	2.8	3.62	4.2	5.55	6.85	7.4	7.8	8	8.9	9.9	11.6	13.7

注：本表摘自 M.M.Anapucb. Hanaanka Bonhbix Cuctem Liehtpad3obahhoto Tenupochaokchhc. Dhcproatom H3dat.1983。

附录 C　热网管道局部损失与沿程损失的估算比值

补偿器类型		公称直径/mm	估算比值 α_j	
			蒸汽管道	热水和凝结水管道
输送干线	套筒或波纹管补偿器（带内衬筒）	≤1200	0.2	0.2
	方形补偿器	200～350	0.7	0.5
	方形补偿器	400～500	0.9	0.7
	方形补偿器	600～1 200	1.2	1.0
输配干线	套筒或波纹管补偿器（带内衬筒）	≤400	0.4	0.3
	套筒或波纹管补偿器（带内衬筒）	450～1 200	0.5	0.4
	方形补偿器	150～250	0.8	0.6
	方形补偿器	300～350	1.0	0.8
	方形补偿器	400～500	1.0	0.9
	方形补偿器	600～1 200	1.2	1.0

注：本表摘自《城市热力网设计规范》（CJJ 34—2016）。本规范规定：有分支管接出的干线称输配干线；长度超过 2 km 无分支管的干线称输送干线。

附录 D 室外高压蒸汽管路水力计算表

(K=0.2 mm, ρ=1 kg/m³)

公称直径/mm	65		80		100		125		150		175		200		250	
外径/mm ×壁厚/mm	73×3.5		89×3.5		108×4		133×4		159×4.5		194×6		219×6		273×7	
GI (t·h⁻¹)	vl (m·s⁻¹)	Rl (Pa·m⁻¹)	vl (m·s⁻¹)	Rl (Pa·m⁻¹)	vl (m·s⁻¹)	Rl (Pa·m⁻¹)	vl (m·s⁻¹)	Rl (Pa·m⁻¹)	vl (m·s⁻¹)	Rl (Pa·m⁻¹)	vl (m·s⁻¹)	Rl (Pa·m⁻¹)	vl (m·s⁻¹)	Rl (Pa·m⁻¹)	vl (m·s⁻¹)	Rl (Pa·m⁻¹)
2.0	164	5 213.6	105	1 666	70.8	585.1	45.3	184.2	31.5	71.4	21.4	26.5				
2.1	171.6	5 754.6	111	1 832.6	74.3	644.8	47.6	201.9	33.0	78.8	22.4	28.9				
2.2	180.4	6 310.2	116	2 018.8	77.9	707.6	49.8	220.53	34.6	86.7	23.5	31.6				
2.3	188.1	6 902.1	121	2 205	81.4	774.2	52.1	240.1	36.2	94.6	24.6	34.4				
2.4	195.8	7 507.8	126	2 401	85	842.8	54.4	260.7	37.8	102.65	25.6	37.2				
2.5	204.6	8 149.7	132	2 597	88.5	914.3	56.6	282.2	39.3	110.7	26.7	41.1	20.7	21.8		
2.6	212.3	8 816.1	137	2 812.6	92	989.8	59.9	311.6	40.9	119.6	27.8	43.5	21.5	23.5		
2.7	221.1	9 508	142	3 038	95.6	1 068.2	62.2	329.3	42.5	129.4	28.9	47	22.3	25.5		
2.8	228.8	10 224.3	147	3 263.4	99.1	1 146.6	63.4	354.7	44.1	138.2	29.9	51	23.1	27.2		
2.9	237.6	10 965.2	153	3 498.6	103	1 234.8	67.7	380.2	45.6	145.0	31	53.9	24	28.4		
3.0	245.3	11 730.6	158	3 743.6	106	1 313.2	68	406.7	47.2	156.3	32.1	57.8	24.8	30.4		
3.1	253	12 533	163	3 998.4	110	1 401.4	70.2	434.1	48.8	167.6	33.1	61.7	25.6	32.1		
3.2	261.8	13 349	168	4 263	113	1 499.4	72.5	462.6	50.3	179.3	34.2	65.7	26.4	34.8		
3.3	269.5	14 200	174	4 527.6	117	1 597.4	74.8	492	51.9	190.1	35.3	69.6	27.3	37.0		
3.4	278.3	15 072	179	4 811.8	120	1 695.4	77	522.3	53.5	200.9	36.3	73.7	28.1	39.2		
3.5	286	15 966	184	5 096	124	1 793.4	79.3	555.15	55.1	212.7	37.4	78.4	29	41.9		
3.6			190	5 390	127	1 891.4	81.6	588	56.6	224.4	38.5	83.3	30	44.1		

续表

公称直径/mm	65		80		100		125		150		175		200		250	
外径mm × 壁厚mm	73×3.5		89×3.5		108×4		133×4		159×4.5		194×6		219×6		273×7	
G /(t·h⁻¹)	vl/(m·s⁻¹)	Rl/(Pa·m⁻¹)	vl/(m·s⁻¹)	Rl/(Pa·m⁻¹)	vl/(m·s⁻¹)	Rl/(Pa·m⁻¹)	vl/(m·s⁻¹)	Rl/(Pa·m⁻¹)	vl/(m·s⁻¹)	Rl/(Pa·m⁻¹)	vl/(m·s⁻¹)	Rl/(Pa·m⁻¹)	vl/(m·s⁻¹)	Rl/(Pa·m⁻¹)	vl/(m·s⁻¹)	Rl/(Pa·m⁻¹)
3.7			195	5 693.8	131	1 999.2	83.8	619.4	58.2	237.4	39.5	87.2	30.6	46.1		
3.8			200	6 007.4	135	2 116.8	86.1	652.7	59.8	250.9	40.6	92.6	31.4	49		
3.9			205	6 330.8	138	2 224.6	88.4	688	61.4	263.6	41.7	97.5	32.2	51.7		
4.0			211	6 664	142	2 342.2	90.6	723.2	62.9	277.3	42.7	99.6	33	54.4		
4.2			221	7 340.2	149	2 577.4	97.4	835.9	66.1	305.8	44.9	112.7	34.7	58.8		
4.4			232	8 055.6	156	2 832.2	99.7	875.1	69.2	336.1	47.0	122.5	36.4	64.7		
4.6			242	8 810.2	163	3 096.8	104	956.5	72.4	366.5	49.1	133.3	38	70.1		
4.8			253	9 584.4	170	3 371.2	109	1 038.8	75.5	399.8	51.3	145.0	39.7	76.4		
5.0			263	10 407.6	177	3 655.4	113	1 127	78.7	433.2	53.4	157.8	41.3	84.3		
6.0					210	5 262.6	136	1 626.8	94.4	624.3	64.1	226.4	49.6	117.1	31.7	37
7.0					248	8 232	170	2 538.2	118	975.1	80.2	253.8	62	180.3	39.6	57
8.0					283	9 359	181	2 891	126	1 107.4	85.5	401.8	66.1	204.8	42.2	64.4
9.0					319	11 848	204	3 665.2	142	1 401.4	96.2	508.6	74.4	259.7	47.5	81.1
10.0							227	4 517.8	157	1 734.6	107	628.6	82.6	320.5	52.8	99
11.0							249	5 468.4	173	2 097.2	118	760.5	90.9	387.1	58	119.6
12.0							272	6 507.2	189	2 499	128	905.5	99.1	460.6	63.3	142.1

注：编制本表时，假定蒸汽动力粘滞性系数 $\mu=2.05\times10^{-6}$ kg·s/m，进行验算蒸汽流态，对素流过渡区，对素流平方区 计算；对阻力平方区，沿程阻力系数可用尼古拉兹公式，查得数值有误差，但不大于50%。

$$\lambda = \dfrac{1}{\left(1.14+2\lg\dfrac{d}{k}\right)^2}$$

附录 E 饱和水与饱和蒸汽的热力特性表

压力/10⁵ Pa	饱和温度/°C	比体积/（m³/kg）		焓/（kJ/kg）		
P	t	饱和水 v_i	饱和蒸汽 v_q	饱和水 i_i	汽化潜热 Δi	饱和蒸汽 i_q
1.0	99.63	0.001 043 4	1.694 6	417.51	2 258.2	2 675.7
1.2	104.81	0.001 047 6	1.428 9	439.36	2 244.4	2 683.8
1.4	109.32	0.001 051 3	1.237 0	458.42	2 232.4	2 690.8
1.6	113.32	0.001 054 7	1.091 7	475.38	2 221.4	2 696.8
1.8	116.93	0.001 057 9	0.977 8	490.70	2 211.4	2 702.1
2.0	120.23	0.001 060 8	0.885 9	504.7	2 202.2	2 706.9
2.5	127.43	0.001 067 5	0.718 8	535.4	2 181.8	2 717.2
3.0	133.54	0.001 073 5	0.605 9	561.4	2 164.1	2 725.2
3.5	138.88	0.001 078 9	0.524 3	584.3	2 148.2	2 732.5
4.0	143.62	0.001 083 9	0.462 4	604.7	2 133.8	2 738.5
4.5	147.92	0.001 088 5	0.413 9	623.2	2 120.6	2 743.8
5.0	151.85	0.001 092 8	0.374 8	640.1	2 108.4	2 748.5
6.0	158.84	0.001 100 9	0.315 6	670.4	2 086.0	2 768.4
7.0	164.96	0.001 108 2	0.272 7	697.1	2 065.8	2 762.9
8.0	170.42	0.001 115 0	0.240 3	720.9	2 047.5	2 756.4
9.0	175.36	0.001 121 3	0.214 8	742.6	2 030.4	2 773.0
10.0	179.88	0.001 127 4	0.194 3	762.6	2 014.4	2 777.0
11.0	184.06	0.001 133 1	0.177 4	781.1	1 999.3	2 780.4
12.0	187.96	0.001 138 6	0.163 2	798.4	1 985.0	2 783.4
13.0	191.60	0.001 143 8	0.151 1	814.7	1 971.3	2 786.0

附录 F 二次蒸发汽数量 x_2

[单位：kg(蒸汽)/kg]

始端压力（abs）$p_1/×10^5$ Pa	末端压力（abs）$P_s/×10^5$ Pa										
	1	1.2	1.4	1.6	1.8	2.0	3.0	4.0	5.0	6.0	7.0
1.2	0.01										
1.5	0.022	0.012	0.004								
2	0.039	0.029	0.021	0.013	0.006						
2.5	0.052	0.043	0.034	0.027	0.02	0.014					
3	0.064	0.054	0.046	0.039	0.032	0.026					
3.5	0.074	0.064	0.056	0.049	0.042	0.036	0.01				
4	0.083	0.073	0.065	0.058	0.051	0.045	0.02				
5	0.098	0.089	0.081	0.074	0.067	0.061	0.036	0.017			
8	0.134	0.125	0.117	0.11	0.104	0.098	0.073	0.054	0.038	0.024	0.012
10	0.152	0.143	0.136	0.129	0.122	0.117	0.093	0.074	0.058	0.044	0.032
15	0.188	0.18	0.172	0.165	0.161	0.154	0.13	0.112	0.096	0.083	0.071

附录 G 凝结水管道水力计算表

（ρ_b=10.0 kg/m³，K=0.5 mm）

流量/ (t/h)	管径/mm								
	25	32	40	57×3	76×3	89×3.5	108×4	133×4	159×4.5
0.2	9.711 626.0	5.539 182.1	4.21 87.5						
0.4	19.43 3 288.9	11.07 732.6	8.42 350	5.45 109	2.89 20.2				
0.6	29.14 7 397.0	16.62 1590.5	12.63 787.2	8.17 245.2	4.34 45.4	3.16 19.6			
0.8	38.85 13 151.6	22.16 2914.5	16.84 1 400.4	10.88 436	5.78 80.7	4.21 34.5			
1.0	48.56 20 540.8	27.69 4 555.0	21.06 2 186.4	13.61 681.3	7.33 126.1	5.26 54.4	3.54 18.96		
1.5		41.54 10 250.8	31.58 4 919.6	20.41 1 532.7	10.84 283.7	7.9 122.4	5.31 42.7		
2.0			42.12 8 747.5	27.22 2 725.4	14.45 504.2	10.52 217.5	7.08 75.9	4.53 23.3	
2.5				34.02 4 258.1	18.06 787.9	13.17 339.8	8.85 118.6	5.66 36.3	3.93 13.9
3.0				40.83 6 132.8	21.67 1 133.9	15.79 489.3	10.62 170.6	6.8 52.3	4.72 20.0
3.5				47.64 8 345.7	25.29 1 543.5	18.42 666.6	12.39 232.4	7.93 71.2	5.51 27.2
4.0					28.9 2 016.8	21.06 869.8	14.16 303.4	9.06 94.45	6.3 35.5
4.5					32.51 2 552	23.69 1 100.5	15.93 384.0	10.13 117.7	7.08 44.9
5.0					36.12 3 151.7	26.33 1 359.3	17.7 474.0	11.33 145.3	7.87 55.4
6.0					43.35 4 538.4	31.58 1 958.0	21.24 682.8	13.6 209.3	9.44 79.8
7.0						36.85 2 663.6	24.78 929.2	15.85 284.9	11.01 108.7
8.0						42.12 3 479	28.32 1 213.2	18.13 372.1	12.59 142
9.0						47.38 4 404.1	31.86 1 536.6	20.39 471	14.10 179.6
10.0							35.4 11 896.3	22.66 581.5	15.73 221.8
11.0							38.94 2 295.2	24.93 703.6	17.31 268.2
12.0							42.48 2 730.3	27.18 837.3	18.88 319.2
13.0							46.02 3 205.6	29.46 982	20.45 374.8

注：表中数值，上行为流速（m/s）；下行为比摩阻（Pa/m）。

附录H 各地环境温度、相对湿度表

序号	地名	大气压力 hPa (mbar)		常年运行 Ta 年平均温度 (°C)	保温 采暖运行季 Ta 日平均温度		防烫伤 Ta 最热月平均 (°C)	防结露 Ta 夏季空调室外计算干球温度 (°C)	保冷 相对湿度 ψ 最热月平均 (%)	室外风速 W 冬季最多风向平均值 (m/s)	冬季平均 (m/s)	夏季平均 (m/s)	保温 防冻 Ta 极低温 (°C)	保温 极端最高温度平均值 (°C)	最大冻土深度 (cm)
		冬季	夏季		≤5(°C)	≤8(°C)									
1	2	3	4	5	6		7	8	9	10	11	12	13	14	15
01	北京市	1 020.4	998.6	11.4	-1.6	-0.2	25.8	33.2	78	4.8	2.8	1.9	-17.1	37.1	85
02	天津市	1 026.6	1 004.0	12.2	-0.9	0.3	26.4	33.4	78	6.0	3.4	2.6	-11.7	37.1	69
03	河北省														
03.1	承德	989.0	962.3	8.9	-4.2	-3.0	21.4	32.3	72	4.0	1.4	1.1	-21.3	36.0	126
03.2	唐山	1 023.4	1 002.2	11.1	-1.5	-0.6	25.5	32.7	79	3.0	2.6	2.3	-17.8	36.3	73
03.3	石家庄	1 016.9	995.6	12.9	-0.2	1.0	26.6	35.1	75	2.3	1.8	1.5	-16.6	39.2	54
04	山西省														
04.1	大同	899.2	888.6	6.5	-5.0	-3.7	21.8	30.3	66	3.5	3.0	3.4	-25.1	34.5	186
04.2	太原	932.9	919.2	9.5	-2.1	-1.2	23.5	31.2	72	3.3	2.6	2.1	-21.4	35.2	77
04.3	运城	982.1	962.8	13.6	0.3	1.7	27.3	35.5	69	5.3	2.6	3.4	-14.7	39.2	43
05	内蒙古自治区														
05.1	海拉尔	947.2	935.5	-2.1	-14.2	-12.3	19.6	28.1	71	2.4	2.6	3.2	-41.2	33.2	242
05.2	二连浩特	910.1	898.1	3.4	-9.0	-7.4	22.9	32.6	49	2.8	3.9	3.9	-33.7	37.0	337
05.3	呼和浩特	900.9	889.4	5.8	-5.9	-4.8	21.9	29.9	64	4.6	1.6	1.5	-27.0	34.1	143
06	辽宁省														

续表

序号	地名	大气压力 冬季	大气压力 夏季	常年运行 Ta 年平均温度	保温 采暖运行季 Ta 日平均温度 ≤5	≤8	防烫伤 Ta 最热月平均 ≤8	保冷 防结露 Ta 夏季空调室外计算干球温度	相对湿度 ψ 最热月平均	室外风速 W 冬季最多风向平均值	冬季平均	夏季平均	保温 防冻 Ta 极低温	极端最高温度 平均值	最大冻土深度
		hPa (mbar)	hPa (mbar)	(°C)	(°C)	(°C)	(°C)	(°C)	(%)	(m/s)	(m/s)	(m/s)	(°C)	(°C)	(cm)
1	2	3	4	5	6	6	7	8	9	10	11	12	13	14	15
06.1	开源	1 013.0	994.3	6.5	-6.9	-5.4	23.8	30.9	80	3.6	3.3	3.0	-30.3	33.5	143
06.2	沈阳	1 020.8	1 000.7	7.8	-5.7	-4.0	24.6	31.4	78	3.2	3.1	2.9	-26.8	34.0	118
06.3	锦州	1 017.6	997.4	9.0	-3.9	-2.5	24.3	31.0	80	6.8	3.9	3.8	-21.4	31.6	113
06.4	鞍山	1 117.5	997.1	8.8	-4.5	-2.9	24.8	31.2	76	4.7	3.5	3.1	-25.5	34.5	118
06.5	大连	1 013.8	994.7	10.2	-1.5	-0.1	23.9	28.4	83	7.4	5.8	4.3	-16.2	31.5	93
07	吉林省														
07.1	吉林	1 001.3	984.7	4.4	-9.0	-7.1	22.9	30.3	79	4.5	3.0	2.5	-35.0	33.7	190
07.2	长春	994.0	977.0	4.9	-8.0	-6.6	23.0	30.5	78	5.1	4.2	3.5	-30.2	33.8	180
07.3	通化	974.5	960.7	4.9	-7.4	-5.9	22.2	29.4	80	3.3	1.3	1.7	-32.8	32.5	133
08	黑龙江省														
08.1	齐齐哈尔	1 004.6	987.7	3.2	-9.8	-8.5	22.8	30.6	73	3.0	2.8	3.2	-32.6	35.2	225
08.2	哈尔滨	1 001.5	985.1	3.6	-9.5	-7.6	22.8	30.3	77	4.7	3.8	3.5	-33.4	34.2	205
08.3	牡丹江	992.1	978.7	3.5	-9.1	-7.5	22.0	30.3	76	2.5	2.3	2.1	-33.1	34.3	191
09	山东省														
09.1	烟台	1 021.0	1 001.0	12.4	0.3	1.5	25.2	30.7	80	4.2	3.3	4.8	-10.4	35.2	43
09.2	济南	1 220.2	998.5	14.2	0.9	1.8	27.4	34.8	73	4.3	3.2	2.8	-13.7	38.6	41
09.3	青岛	1 016.9	997.2	12.2	0.9	2.2	25.1	29.0	85	6.5	5.7	4.9	-10.2	32.6	49

附录1　全国主要城市实测地温（深度0.0～3.2 m）月平均值

（单位：℃）

地名	深度/m	1月	2月	3月	4月	5月	6月	7月	8月	9月	10月	11月	12月
北京	0.0	−5.3	−1.5	5.8	16.1	23.7	28.2	29.1	27.0	21.5	13.1	3.1	−3.6
	−0.8	2.6	1.7	3.6	9.4	15.1	20.2	22.8	23.9	21.5	16.9	11.2	5.6
	−1.6	7.4	5.6	5.4	8.0	11.9	15.6	18.6	21.0	20.6	18.3	14.7	10.6
	−3.2	12.7	11.0	9.8	9.5	10.4	12.1	13.9	16.3	17.3	17.3	16.4	14.8
上海	0.0	4.4	6.2	9.5	15.2	20.2	25.1	30.4	29.9	25.0	18.9	12.8	6.7
	−0.8	9.7	8.9	10.2	13.4	16.7	20.3	24.2	25.9	25.0	21.5	17.5	13.0
	−1.6	13.2	11.4	11.4	12.8	15.2	17.7	20.7	22.9	23.4	21.9	19.4	16.2
	−3.2	17.2	15.8	14.8	14.4	14.8	15.5	16.7	18.2	19.4	19.9	19.7	18.8
天津	0.0	−5.0	−1.0	5.8	16.2	23.2	28.0	29.4	27.2	22.4	13.5	4.0	−2.4
	−0.8	3.2	2.3	4.5	10.3	15.5	19.9	23.0	23.9	21.9	17.8	12.4	7.3
	−1.6	8.1	6.2	6.3	8.9	12.5	16.1	18.9	20.6	20.4	18.7	15.6	11.7
	−3.2	12.9	11.3	10.1	9.8	10.6	12.0	13.7	15.2	16.3	16.7	16.2	14.8
哈尔滨	0.0	−20.8	−15.4	−4.8	6.9	16.8	23.2	25.9	24.1	15.7	5.9	−6.2	−16.7
	−0.8	−4.3	−4.8	−2.9	−0.6	2.4	9.7	15.1	17.3	15.4	10.4	4.8	0.3
	−1.6	2.0	0.3	−0.2	0.1	0.2	3.1	8.8	12.2	12.9	11.1	7.9	4.5
	−3.2	6.0	4.7	3.0	2.4	2.1	2.1	4.0	6.6	8.5	9.2	8.6	7.3
长春	0.0	−17.3	−12.7	−3.7	7.4	16.7	22.7	26.0	23.7	16.3	7.2	4.0	−13.5
	−0.8	−1.3	−2.0	−1.0	0.0	5.2	12.2	17.1	18.9	16.7	12.1.	6.4	2.1
	−1.6	3.3	1.6	1.0	1.0	2.5	7.3	11.5	14.5	14.6	12.7	9.4	6.1
	−3.2	7.2	5.8	4.7	4.0	3.8	4.6	6.5	8.6	10.2	10.6	10.1	8.8
沈阳	0.0	−12.5	−7.8	−0.1	9.8	18.2	23.9	26.9	25.7	18.5	9.6	−0.6	−9.4
	−0.8	1.0	−0.7	−0.6	0.9	7.8	14.5	18.8	20.7	18.6	13.8	8.3	3.9
	−1.6	5.0	3.2	2.3	2.6	5.4	10.6	14.5	17.2	17.3	14.8	11.3	7.6
	−3.2	9.2	7.8	6.8	6.2	6.3	7.9	10.0	12.4	14.0	14.1	12.9	11.0
石家庄	0.0	−3.5	0.2	8.5	18.1	24.5	28.8	29.7	27.6	23.4	14.9	5.1	−2.0
	−0.8	3.4	3.5	7.0	12.9	18.2	28.8	25.6	25.6	23.1	18.2	11.9	6.5
	−1.6	8.0	6.6	7.5	11.1	15.2	19.0	22.0	23.5	22.7	20.2	11.1	11.6
	−3.2	13.9	12.1	11.2	11.4	12.7	14.4	16.3	18.1	18.1	18.9	17.8	16.0
呼和浩特	0.0	−12.8	−7.9	1.8	9.9	18.4	24.4	26.5	23.6	16.5	7.9	−2.4	−10.7
	−0.8	1.3	0.6	0.9	1.4	8.3	14.2	17.6	18.7	16.8	12.9	7.8	3.8
	−1.6	4.1	2.6	1.9	1.7	4.6	9.1	12.1	14.2	14.1	12.5	9.6	6.5
	−3.2	7.8	6.5	5.4	4.6	4.6	6.0	7.8	9.5	10.8	11.3	10.8	9.5
西安	0.0	−0.6	3.6	10.4	17.6	22.4	28.8	30.5	28.6	22.8	15.3	7.4	0.6
	−0.8	4.6	5.0	8.4	12.9	17.0	21.4	24.2	25.1	12.6	18.5	13.2	8.2
	−1.6	8.9	7.6	8.7	11.3	14.4	17.7	20.5	22.4	21.9	19.8	16.5	12.3
	−3.2	14.4	12.8	11.9	12.0	12.9	14.3	15.9	17.7	18.8	18.9	18.1	16.3

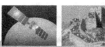

续表

地名	深度/m	1月	2月	3月	4月	5月	6月	7月	8月	9月	10月	11月	12月
银川	0.0	-9.4	-3.8	4.4	12.8	20.6	27.1	30.2	26.9	20.0	10.3	-0.2	-5.9
	-0.8	1.7	0.4	1,4	6.5	11.9	16.8	20.1	20.9	19.4	15.5	9.5	4.3
	-1.6	5.6	3.9	3.4	5.3	8.8	12.4	15.4	17.3	17.4	15.9	12.5	8.5
	-3.2	10.1	8.6	7.4	6.9	7.6	9.1	10.9	12.6	13.8	14.2	13.6	12.1
西宁	0.0	-8.2	-2.5	6.1	12.2	16.6	21.1	22.2	20.0	15.9	8.6	0.6	-5.8
	-0.8	-0.7	-0.9	2.0	7.1	11.4	15.0	17.0	17.1	15.4	12.0	6.8	2.5
	-1.6	3.4	1.9	2.5	5.3	8.8	11.5	13.7	14.8	14.4	12.8	9.7	6.3
	-3.2	7.9	6.4	5.6	5.8	7.0	8.4	9.8	11.0	11.7	11.7	11.0	9.7
兰州	0.0	-7.4	-1.0	7.9	16.3	20.5	25.7	27.3	24.3	19.5	10.8	2.0	-6.2
	-0.8	1.4	-0.7	4.4	10.6	14.4	18.1	20.9	21.1	19.1	15.1	9.4	4.1
	-1.6	6.2	4.6	5.1	8.4	11.4	14.0	16.5	17.9	17.6	15.9	12.6	8.9
	-3.2	10.7	9.2	8.3	8.5	9.7	11.0	12.3	13.8	14.6	14.7	13.9	12.5
乌鲁木齐	0.0	-18.3	-12.7	-3.0	10.4	17.5	24.2	27.2	24.8	17.9	7.7	-3.8	-12.4
	-0.8	-0.1	10.7	0.4	5.0	10.5	15.2	18.4	19.1	17.6	12.7	7.0	2.8
	-1.6	4.6	3.2	2.7	4.3	7.6	11.1	14.0	16.1	16.1	14.0	10.7	7.4
	-3.2	8.8	7.3	6.1	5.6	6.4	7.9	9.9	11.9	13.1	13.2	12.7	11.0
济南	0.0	-1.8	1.5	8.3	17.7	24.9	29.5	30.3	28.8	24.2	16.6	7.4	0.3
	-0.8	5.1	4.8	7.6	13.5	19.0	23.0	26.0	26.4	23.9	20.1	14.8	8.8
	-1.6	10.7	9.4	10.1	12.5	16.6	20.5	22.8	24.5	23.9	21.3	18.3	15.2
	-3.2	16.1	14.4	13.5	13.5	14.7	16.6	18.5	19.9	20.9	20.7	19.7	18.3

参考文献

[1] 城市热力网设计规范. 北京：中国建筑出版社，CJJ34-2002.

[2] 暖通空调制图标准. 北京：中国建筑工业出版社，GB/T50114-2010.

[3] 供暖通风设计手册. 北京：中国建筑工程出版社.

[4] 供热术语标准. 北京：中国建筑工程出版社，CJJ55-93.

[5] 暖通空调制图规范. 北京：中国建筑工程出版社，GBT50114-2010.

[6] 贺平 孙刚，供热工程. 北京：中国建筑工程出版社，1993.

[7] 王宇清，集中供热工程施工. 哈尔滨：哈尔滨工业大学出版社，2011.

[8] 王宇清，采暖及供热管网系统安装. 北京：机械工业出版社，2010.

[9] 工艺管道安装设计施工图册（第三分册 管道支吊架）.pdf.